Informationstechnik
und
Datenverarbeitung

Reihe „Informationstechnik und Datenverarbeitung“

M. M. Botvinnik: Meine neuen Ideen zur Schachprogrammierung. Übersetzt aus dem Russischen von A. Zimmermann. X, 177 S., 42 Abb. 1982.

K. L. Bowles: Pascal für Mikrocomputer. Übersetzt aus dem Englischen von A. Kleine. IX, 595 S., 107 Abb. 1982.

W. Kilian: Personalinformationssysteme in deutschen Großunternehmen. Ausbaustand und Rechtsprobleme. Unter Mitarbeit von T. Heissner, B. Maschmann-Schulz. XV, 352 S. 1982.

A. E. Çakir (Hrsg.): Bildschirmarbeit. Konfliktfelder und Lösungen. XI, 256 S., 75 Abb. 1983.

W. Duus, J. Gulbins: CAD-Systeme. Hardwareaufbau und Einsatz. IX, 107 S., 41 Abb. 1983.

H. Niemann, D. Seitzer, H. W. Schüßler (Hrsg.): Mikroelektronik - Information - Gesellschaft. XI, 213 S., 80 Abb. 1983.

J. Kwiatkowski, B. Arndt: Basic. 2., korr. Auflage. XI, 179 S. 1984.

E. E. E. Hoefer, H. Nielinger: SPICE. Analyseprogramm für elektronische Schaltungen. 223 S., 162 Abb., 36 Tab. 1985.

R. Gleaves: Modula-2 für Pascal-Programmierer. X, 183 S. 1985.

W. Junginger: FORTRAN 77 - strukturiert. XIII, 451 S., 75 Abb. 1988.

F. J. Heeg: Empirische Software-Ergonomie. Zur Gestaltung benutzergerechter Mensch-Computer-Dialoge. X, 227 S., 79 Abb. 1988.

H. Lochner: APL2-Handbuch. X, 331 S., 19 Abb. 1989.

G. Staubach: UNIX-Werkzeuge zur Textmusterverarbeitung. Awk, Lex und Yacc. X, 157 S. 1989.

J. A. Brown, S. Pakin, R. P. Polivka: APL2 - Ein erster Einblick. XIV, 373 S. 1989.

M. Dürr, K. Radermacher: Einsatz von Datenbanksystemen. Ein Leitfaden für die Praxis. XIII, 217 S., 78 Abb. 1990.

W. F. Clocksin, C. S. Mellish: Programmieren in Prolog. XIV, 331 S., 43 Abb. 1990.

E. Heck, F. Kumpmann: NeWS - Das Netzwerkfähige Window-System. Einführung und Anleitung. VIII, 120 S., 37 Abb. 1990.

K. Jensen, N. Wirth: Pascal-Benutzerhandbuch. Unter Berücksichtigung der DIN-Norm 66 256. Bearbeitet von Andrew B. Mickel und James F. Miner. Ca. 250 S., 80 Abb. 1991.

S. Pappe: Datenbankzugriff in offenen Rechnernetzen. X, 205 S., 69 Abb. 1991.

Stefan Pappe

Datenbankzugriff in offenen Rechnernetzen

Mit 69 Abbildungen

Springer-Verlag
Berlin Heidelberg New York
London Paris Tokyo
Hong Kong Barcelona

Stefan Pappe
IBM Research Division, Almaden Research Center
Department K 56/801
650, Harry Road
San Jose, CA 95120-6099, USA

ISBN-13: 978-3-540-53232-3 e-ISBN-13: 978-3-642-76134-8
DOI: 10.1007/978-3-642-76134-8

CIP-Titelaufnahme der Deutschen Bibliothek
Pappe, Stefan:
Datenbankzugriff in offenen Rechnernetzen/Stefan Pappe. - Berlin; Heidelberg; New York; London; Paris; Tokyo; Hong Kong; Barcelona: Springer, 1991
(Reihe „Informationstechnik und Datenverarbeitung")
ISBN-13: 978-3-540-53232-3 (Berlin ...) brosch.

2145/3140-543210 - Gedruckt auf säurefreiem Papier

Vorwort

Datenbanksysteme haben bei der Realisierung vieler Anwendungen eine Schlüsselrolle. Bedingt durch die zunehmende Verbreitung von Rechnernetzen wächst das Bedürfnis, auch auf entfernte Datenbanksysteme zuzugreifen. Unter den verschiedenen Ansätzen zum Fernzugriff auf Datenbanken gewinnen in letzter Zeit Client/Server-Systeme immer mehr an Bedeutung. Hierbei greift ein Anwendungsprogramm auf der Client-Seite auf ein oder mehrere entfernte Server-Datenbanksysteme zu. Die Verwendung von standardisierten Kommunikationsprotokollen erlaubt den Fernzugriff auch in heterogenen, offenen Netzen, in denen Rechner unterschiedlicher Architektur (bezüglich Hardware, Software und Datenbanksystemen) kooperieren. Die vorliegende Arbeit entwickelt Kommunikationsfunktionen für einen auf dem Client/Server-Modell basierenden Zugriff auf entfernte Datenbanken in offenen Rechnernetzen (Remote Database Access - RDA).

Es werden zunächst bestehende Ansätze, die einen Fernzugriff auf Datenbanken realisieren, mit Hilfe eines eigenen Modells klassifiziert. Diese Klassifikation umfaßt verteilte Datenbanksysteme, föderative Datenbanksysteme und verteilte Transaktionssysteme. Darauf aufbauend werden Anforderungen an einen allgemeinen RDA in offenen Netzen hergeleitet.

Die Diskussion der mit einem RDA-Kommunikationselement verbundenen Probleme und ihrer Lösungen wird in den Einzel-Server-Fall, in dem ein Client mit genau einem Server kommuniziert, und den Multi-Server-Fall, in dem ein Client auf mehrere Server zugreift, gegliedert. Dabei werden die Verbindungsverwaltung, der Transfer von Datenbankoperationen, die Unterstützung der Datenrepräsentation und die Transaktionsverwaltung untersucht. Den eigenen Vorschlägen werden jeweils die ISO/OSI-Ansätze gegenübergestellt.

Als Schwerpunkt wird die Verwaltung verteilter Transaktionen in offenen Rechnernetzen behandelt. Wegen der Charakteristika offener Systeme kann keine generelle Aussage über ihre Zuverlässigkeit gemacht werden. Daher unterscheiden die hierfür entworfenen neuen Kommunikationsprotokolle sichere und unsichere Systeme. Für sichere Systeme wird trotz der Beteiligung unsicherer Systeme eine konsistente Terminierung einer Transaktion in endlicher Zeit garantiert.

Abschließend wird eine prototypische Implementierung des ISO/OSI-Standardvorschlags zum RDA vorgestellt, die in Zusammenarbeit mit der Forschungsgruppe „Verteilte Anwendungen“ des Europäischen Zentrums für Netzwerkforschung der Firma IBM erstellt wurde.

Die vorliegende Arbeit entstand während meiner Tätigkeit als wissenschaftlicher Mitarbeiter am Fachbereich Informatik der Universität Kaiserslautern im Rahmen des gemeinsam mit dem Europäischen Zentrum für Netzwerkforschung (ENC) der Firma IBM durchgeführten Projekts „Datenbankzugriff in heterogenen Netzen".

Ich möchte mich an dieser Stelle bei Herrn Prof. Dr. Theo Härder für die mir gewährte Unterstützung und Diskussionsbereitschaft sowie für viele wichtige Hinweise bedanken. Herr Prof. Dr. Wolfgang Effelsberg betreute in seiner Zeit als Leiter der ENC-Forschungsgruppe „Verteilte Anwendungen" das oben genannte Projekt. Ihm danke ich für die Anregung, mich mit diesem Thema zu befassen, seine fortlaufende Unterstützung und die Übernahme der zweiten Berichterstattung. Herr Dr. Kurt Rothermel, Mitglied der ENC-Forschungsgruppe „Verteilte Anwendungen", betreute mich in der entscheidenden Phase meiner Arbeit. Für seine wichtigen Anregungen und Hinweise sowie die vielen wertvollen Diskussionen gilt ihm mein besonderer Dank. Weiterhin danke ich Herrn Dr. Martin Bever vom ENC für seine hilfreichen Anmerkungen.

Herrn Dr. Günter Müller, Leiter des Europäischen Zentrums für Netzwerkforschung der IBM, danke ich dafür, daß er mir es ermöglichte, meine Arbeit innerhalb des ENC anzufertigen. Ihm und den Mitarbeitern des ENC danke ich für das anregende und kollegiale Umfeld, das ich im ENC hatte.

San Jose, Kalifornien, im Juni 1990 Stefan Pappe

Inhaltsverzeichnis

1. Einleitung

Mit der zunehmenden Verbreitung von Rechnern wächst auch das Bedürfnis nach Datenfernübertragung und Datenfernverarbeitung. Da die direkte Verbindung von Rechnern oft nicht ökonomisch ist, haben sich flächendeckende *Rechnernetze* etabliert. Mit Hilfe standardisierter Protokolle können in *offenen Rechnernetzen* Rechner unterschiedlicher Hersteller und Bauart miteinander kommunizieren. Offene Rechnernetze schaffen die Voraussetzung für eine Vielzahl neuartiger, verteilter Anwendungen. Eine Schlüsselrolle zur Realisierung dieser Anwendungen fällt *Datenbanksystemen* zu. Nur mit ihrer Hilfe können große Datenbestände effizient und unter Einhaltung komplexer Konsistenzbedingungen abgerufen und verändert werden. Ein Beispiel für eine verteilte datenbankgestützte Anwendung wäre ein Informationssystem, das die neuesten Aktienkurse seinen entfernten Benutzern zur Verfügung stellt. In anspruchsvolleren Anwendungen können entfernte Datenbestände nicht nur abgefragt, sondern auch geändert werden. Als Beispiele ließen sich Reisebuchungssysteme, „home banking" oder verteilte Dokumentenerstellung mit mehreren Autoren anführen. Eine zentrale Komponente solcher Anwendungen ist ein Mechanismus zum *Datenbankfernzugriff* (Remote Database Access - RDA). Um herstellerunabhängig zu sein, muß dieser Mechanismus auf einer offenen Netzarchitektur aufbauen. Bei einer offenen Architektur können sich die beteiligten Rechner zum einen hinsichtlich der Hardware, Software und der Betriebssysteme und zum anderen auch hinsichtlich der Datenbanksysteme unterscheiden. Die vorliegende Arbeit stellt unter Berücksichtigung bestehender Ansätze Anforderungen an einen Mechanismus zum *Datenbankzugriff in offenen Rechnernetzen* auf, diskutiert die dabei auftretenden Probleme und entwickelt dafür neuartige Protokolle.

Im folgenden soll ein kurzer historischer Rückblick auf verschiedene Methoden zum Datenbankfernzugriff erfolgen. Danach werden die wichtigsten Konzepte des Datenbankfernzugriffs und die dafür notwendige Terminologie eingeführt. Abschließend wird ein Überblick über den Inhalt der Arbeit gegeben.

In den 50er Jahren wurden Computer nur als zentrale Ressourcen von wenigen großen Unternehmen eingesetzt. Die typischen Anwendungen dieser Zeit waren stapelorientiert und hatten meist lange Laufzeiten. Das wachsende Leistungsvermögen von Rechnern und die fallenden Hardware-Preise erlaubten in den 60er Jahren komfortablere, interaktive Anwendungen, die von mehreren Benutzern gleichzeitig ausgeführt wurden. Es mußten dabei viele Terminals mit einem zentralen Großrechner verbunden werden. Damit begann die Entwicklung der Rechnernetze. Rechnernetze dienten damals nur zur Kommunikation von zentralen Großrechnern mit entfernten

Terminals und anderen Peripheriegeräten. Mit diesen Voraussetzungen entstanden Informationssysteme, in denen ein Benutzer von seinem Terminal aus auf entfernte Datenbestände zugreift. Um in solchen Anwendungen die Unterstützung vieler verschiedener Terminal-Typen und die Synchronisation bei der Benutzung gemeinsamer Ressourcen zu vereinfachen, wurden sogenannte *Transaktionssysteme* entwickelt. Transaktionssysteme ermöglichen es einem Benutzer, entfernte Anwendungsprogramme (Transaktionsprogramme) parametrisiert aufzurufen. Auf der Benutzerseite befindet sich ein Terminal, das lediglich für Ein- und Ausgabezwecke dient und auf dem keine weitere Verarbeitung mehr stattfindet. Auf dem entfernten Rechner werden durch den Benutzer Transaktionsprogramme, die auf Datenbestände zugreifen, gestartet und mit Parametern versorgt. Das Kommunikationssystem unterstützt den Datenaustausch zwischen Terminals und Transaktionsprogrammen (siehe Abschnitt 2.2.3.).

Anfangs wurde in Transaktionssystemen nur auf Dateisysteme zugegriffen. Es zeigte sich aber, daß Dateisysteme in solchen Anwendungen schwerwiegende Nachteile haben. Viele gleiche Funktionen mußten wiederholt in den Anwendungsprogrammen realisiert werden. Gleiche Daten, die von verschiedenen Anwendungsprogrammen benötigt wurden, mußten redundant gespeichert werden. Die Anwendungsprogramme waren vor allen Dingen stark von den verwendeten Speicherungsstrukturen abhängig.

Diese Gründe führten zur Einführung von *Datenbanken.* Datenbanken sind nach [Date81] eine Sammlung gespeicherter operationaler Daten. Eine Datenbank wird von einem *Datenbankmanagementsystem* (DBMS) verwaltet. Ein DBMS stellt einem menschlichen Benutzer oder einem Anwendungsprogramm eine Schnittstelle zum Speichern, Wiederauffinden und Ändern der Daten einer Datenbank zur Verfügung. Datenbank und DBMS werden üblicherweise unter dem Namen *Datenbanksystem* zusammengefaßt. Datenbanksysteme bieten im Gegensatz zu Dateisystemen einen hohen Grad an Datenunabhängigkeit. Unter Datenunabhängigkeit versteht man die Entkoppelung der Datenrepräsentation von den Anwendungsprogrammen. Anwendungsprogramme sind dadurch unabhängig von den Änderungen in den Daten- oder Speicherungsstrukturen. Die Koppelung von Datenbanksystemen und Transaktionssystemen bezeichnet man als *DB/DC-Systeme (Data Base / Data Communication Systems)*.

Mit stark fallenden Hardware-Preisen in den 70er Jahren und der damit einhergehenden raschen Verbreitung von Rechnern wandelten sich auch die Kommunikationserfordernisse. Kommunikation bedeutete nicht mehr nur die Verbindung von Terminals mit zentralen Rechnern, sondern immer mehr die Unterstützung der Koordination von verteilten autonomen Rechnern. Solche Rechnernetze sind bis heute noch vorwiegend auf geschlossene organisatorische Einheiten mit herstellerspezifischen Systemen beschränkt (Beispiele hierzu sind SNA [SNA85] oder DECNET [DECNET]). Auf der Basis von solchen Netzarchitekturen wurden, motiviert durch eine fortschreitende Dezentralisierung der Unternehmen, Ende der 70er Jahre *ver-*

teilte Datenbanksysteme entwickelt. Bei verteilten Datenbanksystemen greift ein Anwendungsprogramm auf ein lokales DBMS zu, das Teil einer Menge von kooperierenden DBMSs ist, die zusammen ein verteiltes Datenbanksystem bilden. Die kooperierenden DBMSs stellen Anwendungsprogrammen einen logisch integrierten Datenbestand zur Verfügung. Dadurch bleibt dem Anwendungsprogramm der Speicherungsort der Datenbestände verborgen (Ortstransparenz). Auf allen Knoten eines verteilten Datenbanksystems befinden sich lokale, in der Funktionalität identische DBMSs. Das Kommunikationssystem dient zum Datenaustausch zwischen diesen lokalen DBMSs (siehe Abschnitt 2.2.1.).

Ebenfalls in den 70er Jahren kamen Mikroprozessoren auf den Markt, die zur Verbreitung von kleinen, aber zunehmend leistungsfähigeren PCs und Workstations führten. Solche Rechner werden heute sowohl in der Produktion und der Verwaltung als auch im privaten Bereich eingesetzt. Nach wie vor existieren zentrale Großrechner, sie besitzen aber nicht mehr das Monopol in der Informationsverarbeitung. Dadurch wandeln sich erneut die Kommunikationserfordernisse. Auf der einen Seite findet man auf bestimmte Aufgaben spezialisierte Rechner, wie z.B. Supercomputer oder Rechner mit sehr großen Datenbeständen. Auf der anderen Seite hat man eine Vielzahl von meist kleineren Rechnern, die autonome Informationsverarbeitung betreiben, aber auch Dienste von den spezialisierten Rechnern in Anspruch nehmen wollen. Diese Art der Kommunikation entspricht dem *Client/Server-Modell* [Svob85]. In diesem Modell fragt ein Client bei einem Server Dienste nach. Der Server führt den gewünschten Dienst aus und schickt gegebenenfalls eine Antwort zurück. Kommunikation nach dem Client/Server-Modell findet man in lokalen Netzen, in denen z.B. eine Workstation die Dienste eines File-Server in Anspruch nimmt, genauso wie in Weitverkehrsnetzen, in denen beispielsweise ein PC-Benutzer von zu Hause aus auf dem Großrechner einer Bank sein Girokonto verwaltet. Durch die Asymmetrie des Client/Server-Modells haben die kommunizierenden Systeme klar definierte Rollen inne. Damit kann das Kommunikationsverhalten in komplexen verteilten Anwendungen einfach modelliert werden. Im Client/Server-Modell stellt der Server nur wenig Ansprüche bezüglich der Funktionalität des Client. Es genügt, wenn der Client über ein Netz mit dem Server kommunizieren kann und sich beide an die vereinbarte Schnittstelle halten. Die Funktionalität von Client/Server-Systemen ist nicht von vornherein festgelegt, sondern ist von den Diensten des jeweiligen Server bestimmt. Die dafür notwendige Kommunikationsunterstützung muß daher beliebigen Server-Funktionalitäten genügen.

Das Client/Server-Modell bietet sich auch zur Modellierung des Zugriffs auf entfernte Datenbanken an [Gray86, Gray87]. Auf der Client-Seite befindet sich dabei typischerweise ein Anwendungsprogramm und auf der Server-Seite ein Datenbanksystem. Der Client gibt Operationen in Auftrag, die auf dem entfernten Server bearbeitet werden. Solche Operationen können aus Anweisungen, die in einer Datenbanksprache formuliert sind, oder aus Aufrufen von höherwertigen Funktionen des Server bestehen, wie z.B. aus zu Transaktionen zusammengefaßten Operationsfolgen.

Ein Beispiel für Client/Server-Systeme zum Datenbankfernzugriff sind sogenannte *föderative Datenbanksysteme* [Heim85] (siehe Abschnitt 2.2.2.).

Auf dem ständig wachsenden Markt für Informationsverarbeitung drängen sich heute immer mehr Hersteller mit immer mehr Produkten, die sich in ihrer Hardware, Software und den Betriebssystemen unterscheiden. Damit solche heterogenen Systeme miteinander kommunizieren können, muß man sich auf gemeinsame Protokolle einigen. Daher ist neben der Kommunikation über herstellerspezifische Netze ein zunehmender Trend zu einer herstellerunabhängigen Datenkommunikation über genormte Protokolle festzustellen. Eine diesbezügliche Architektur wird von der Internationalen Standardisierungsorganisation (International Standardization Organisation - ISO) im Rahmen des *Basis-Referenzmodells* für die Kommunikation *offener Systeme* (Open Systems Interconnection - OSI) vorgeschlagen [I7498]. Das weithin akzeptierte ISO/OSI-Referenzmodell definiert frei von Hardware-, Software- und Betriebssystemeigenschaften und ohne spezielle Realisierungsvorstellungen den Datenaustausch zwischen heterogenen Systemen. Das Modell besteht aus sieben aufeinander aufbauenden, funktionalen Schichten, die einen komplexen Kommunikationsvorgang strukturieren. Jede Schicht fügt zu der Funktionalität der unteren Schicht die eigene Funktionalität hinzu. Die oberste siebte Schicht heißt *Anwendungsschicht* und definiert die Kommunikation zwischen Anwendungsprogrammen. Man geht bei der Festlegung der Dienste dieser Schicht davon aus, daß in vielen verteilten Anwendungen die wünschenswerten Funktionen sich so ähneln, daß eine Standardisierung der Funktionalität und damit auch der Protokolle möglich ist. Beispiele hierfür, deren Normung abgeschlossen ist, sind Protokolle für die Dateiübertragung (File Transfer) und elektronische Post (Message Handling).

Dagegen ist die Standardisierung des Datenbankfernzugriffs in offenen Netzen *(Remote Database Access - RDA)* [I9579], der ebenfalls in der Anwendungsschicht angesiedelt ist, noch im Gange. Dieser Vorschlag basiert auf dem Client/Server-Modell und der ISO/OSI-Architektur. Die RDA-Normungsaktivitäten begannen 1985 auf Initiative der Vereinigung der europäischen Computer-Hersteller (European Computer Manufacturers Association - ECMA). Seit 1987 liegt die Hauptverantwortlichkeit bei der ISO. In dieser recht langen Entwicklungszeit hat der RDA-Normungsvorschlag viele und auch elementare Änderungen erfahren. Ein Grund dafür ist die Komplexität des RDA-Standards. Der RDA ist die bisher komplexeste Anwendung innerhalb der ISO/OSI-Architektur. Darüberhinaus hat sich in den letzten Jahren die Struktur der Anwendungsschicht des Basis-Referenzmodells grundlegend geändert (siehe auch [Papp87a, Papp87b]).

Die Wissenschaft hat sich mit dem Datenbankzugriff in offenen Rechnernetzen bisher kaum befaßt. Nach dem Wissen des Autors gibt es bisher keine umfassende Diskussion der Problematiken, die sich bei Datenbankzugriffen in offenen Rechnernetzen ergeben. Die vorliegende Arbeit versucht möglichst allgemein, ohne Beschränkung auf die ISO/OSI-Architektur, Anforderungen an einen Mechanismus zum Datenbankfernzugriff in offenen Netzen aufzustellen. Die sich durch diese Anforderungen ergebenden Probleme werden strukturiert und diskutiert, um danach neuartige, über die ISO/OSI-Vorschläge hinausgehende, Lösungen vorzuschlagen.

Es wird dabei der *Einzel-Server-RDA*, bei dem ein Client mit genau einem Server kommuniziert, vom *Multi-Server-RDA* unterschieden, bei dem ein Client auf mehrere Server zugreift. Die Diskussion des RDA wird in vier Problemkreise gegliedert, nämlich in: *Verbindungsverwaltung, Transfer von Datenbankoperationen, Unterstützung der Datenrepräsentation* und *Transaktionsverwaltung*.

Da Anwendungen in offenen Netzen nach den bisher verabschiedeten internationalen Normen verbindungsorientiert kommunizieren, benötigt man Funktionen zum Verbindungsauf- und -abbau. Client und Server gehen mit dem Aufbau einer Verbindung eine Beziehung ein, an die bestimmte Vereinbarungen geknüpft sind. Es muß die Datenrepräsentation unterstützt werden, da heterogene Systeme mit unterschiedlicher lokaler Datendarstellung miteinander kommunizieren. Weiterhin werden Dienste zur Übertragung von Datenbankoperationen und deren Resultaten diskutiert. Ein grundlegendes Konzept von Datenbankanwendungen im allgemeinen ist das Transaktionskonzept, das die Fehlerbehandlung vereinfacht. Da beim Datenbankfernzugriff die möglichen Fehlersituationen sehr komplex sein können, ist die Unterstützung von Transaktionen ebenfalls eine elementare Forderung an den RDA und bildet den Schwerpunkt dieser Arbeit.

Eine Transaktion ist eine atomare Arbeitseinheit, die aus einer Menge logisch zusammengehörender Operationen besteht. Durch ihre Realisierung wird garantiert, daß eine Transaktion entweder vollständig oder überhaupt nicht ausgeführt wird, Ergebnisse einer erfolgreich abgeschlossenen Transaktion trotz eventueller Fehler erhalten bleiben und daß eine parallele Ausführung von Transaktionen genau das gleiche Ergebnis liefert wie irgendeine serielle Ausführung dieser Transaktionen. Bei verteilten Transaktionen kann die Ausführung einer Transaktion über mehrere Systeme im Netzwerk verteilt sein. Dabei ist insbesondere eine konsistente Terminierung aller an einer Transaktion beteiligten Systeme zu gewährleisten. Das bedeutet, daß entweder alle Systeme ihren jeweiligen Teil der Transaktion erfolgreich beenden oder alle Systeme die Transaktion zurücksetzen.

„Konventionelle" Protokolle zur Verwaltung verteilter Transaktionen, wie sie z.B. in verteilten Datenbanken benutzt werden, gehen bezüglich der beteiligten Systeme im allgemeinen von zwei grundlegenden Annahmen aus: (1) Ein System, das aufgrund eines Fehlers nicht mehr funktionstüchtig ist, arbeitet nach endlicher Zeit wieder korrekt. (2) Ein System funktioniert entweder korrekt oder ist nicht funktionstüchtig und bleibt dann untätig. Es sendet im zusammengebrochenen Zustand insbesondere keine „falschen" Nachrichten (fail-stop). Diese Annahmen treffen in offenen Rechnernetzen nicht grundsätzlich zu, da hier durch die Heterogenität der beteiligten Systeme keine generelle Aussage über deren Zuverlässigkeit gemacht werden kann. In offenen Rechnernetzen können Fehler auftreten, die obigen Annahmen widersprechen.

Neben vorübergehenden Systemausfällen, wie sie in konventionellen Transaktionsprotokollen angenommen werden, können in offenen Netzen Systeme unbestimmte Zeit funktionsuntüchtig bleiben (wenn z.B. ein Arbeitsplatzrechner ausgeschaltet wird und nie wieder an der begonnenen Transaktion teilnimmt) oder es können beliebige Fehler auftreten, wie das Senden von irreführenden Nachrichten (wenn z.B. die Software eines Arbeitsplatzrechners fehlerhaft ist). Daher werden in der vorliegenden Arbeit Protokolle entwickelt, die permanent funktionsuntüchtige Systeme und in einem zweiten Schritt auch beliebig fehlerhafte Systeme tolerieren. Dabei wird trotz solch fehlerhafter Systeme allen Systemen, die höchstens vorübergehend funktionsuntüchtig sind, konsistente Terminierung einer Transaktion in endlicher Zeit garantiert.

Übersicht

Im zweiten Kapitel werden Anforderungen an die Kommunikationsunterstützung für den Datenbankfernzugriff in offenen Netzen aufgestellt. Dazu werden bestehende Ansätze, die einen Fernzugriff auf Datenbanken realisieren, mit Hilfe eines eigenen Modells klassifiziert. Dieses Modell enthält die funktionalen Elemente *Terminal, Datenkommunikations-Manager, Lokaler Ressourcen-Manager* und *Kommunikationsnetz,* die bei einem Datenbankfernzugriff beteiligt sein können. Zusätzlich wird ein zu dem funktionalen Modell orthogonales *Metamodell* eingeführt. Mit diesem kann beschrieben werden, welche Elemente des funktionalen Modells eine Datenverteilung erkennen und welchen Elementen dies verborgen bleibt (Verteilungstransparenz). Mit dem funktionalen Modell und dem Metamodell können die bestehenden Ansätze zum Fernzugriff auf Datenbanken - *verteilte Datenbanksysteme, föderative Datenbanksysteme* und *verteilte Transaktionssysteme* - bezüglich ihrer Kommunikationsunterstützung analysiert werden. Dabei wird der Datenkommunikations-Manager des funktionalen Modells weiter untergliedert in die Funktionen *Transaktionsverwaltung, Datenrepräsentation, globale Integritätskontrolle, Verteilungskontrolle* und *Basiskommunikation.* Mit Hilfe dieser Klassifikation werden Anforderungen an einen allgemeinen RDA in offenen Netzen hergeleitet. Die wichtigsten Forderungen sind, daß gemäß des Client/Server-Modells verteilte, transaktionsorientierte Datenbank-Anwendungen unabhängig von der konkreten Datenbanksprache unterstützt werden sollen. Bei der verteilten Transaktionsverarbeitung in offenen Systemen soll die Integration von unzuverlässigen Systemen möglich sein.

Im Kapitel 3 wird ein *Verarbeitungsmodell* für den RDA entworfen. Damit wird die Grundlage für die in den nachfolgenden Kapiteln 4 und 5 behandelten Themen bereitgestellt. Das Verarbeitungsmodell besteht aus einem *Systemmodell* und einem *Fehlermodell.* Die Ausführung der Funktionen der RDA-Kommunikationsunterstützung wird mit Hilfe des Systemmodells modelliert. Das Fehlermodell dient zur Erklärung der bei dieser Ausführung möglichen Fehler. Fehler werden dabei in drei Klassen eingeteilt: *transiente Omissions-Fehler, permanente Omissions-Fehler* und *by-*

zantinische Fehler. Bei der darauffolgenden Entwicklung von Protokollen zur Verarbeitung verteilter Transaktionen ist diese Fehlerklassifikation von besonderem Interesse.

In Kapitel 4 wird eine RDA-Kommunikationsunterstützung für den Einzel-Server-Fall entworfen. Nach der Erläuterung der zugrundeliegenden Software-Architektur wird im Abschnitt *Verbindungsverwaltung* das *Dialog-Konzept* eingeführt, durch welches Zustandsinformationen einer RDA-Anwendung auch bei abgebauter Verbindung erhalten bleiben. Damit lassen sich RDA-Anwendungen unterbrechen und später an gleicher Stelle wieder fortsetzen. Im Abschnitt über den *Transfer von Datenbankoperationen* wird das Prinzip der *Spezialisierung* vorgestellt, womit sich generische Dienste definieren lassen, die unabhängig von einer bestimmten Datenbanksprache sind. Unter Spezialisierung wird die Benutzung von generischen Diensten mit einer spezifischen Datenbanksprache verstanden. Es werden Dienste zur unmittelbaren Ausführung von Datenbankkommandos sowie zur Definition und zum späteren Aufruf der vordefinierten Kommandos spezifiziert. Für die Spezialisierung werden verschiedene Übertragungsformate diskutiert. Der dann folgende Abschnitt über die *Unterstützung der Datenrepräsentation* beschreibt die notwendigen Transformationen bei der Kommunikation in heterogenen Umgebungen. Dabei ergeben sich im Fall des RDA spezifische Probleme bei der Übertragung und Transformation der in einem Datenbankkommando enthaltenen Variablen. Der Abschnitt *Transaktionsverwaltung* stellt ein Protokoll zur Initiierung und Terminierung von Transaktionen vor. Dazu ist es notwendig, ein Modell zur Beschreibung der Transaktionsverarbeitung im Einzel-Server-Fall einzuführen. Danach wird im Abschnitt *ISO/OSI-Ansatz* der Vorschlag der ISO zur Standardisierung des RDA diskutiert.

Das fünfte Kapitel beschreibt die Erweiterungen des Protokolls zur *Transaktionsverwaltung*, die beim Multi-Server-RDA notwendig werden. Im Multi-Server-Fall werden verteilte Transaktionen betrachtet, wodurch sich zusätzliche Anforderungen bezüglich der konsistenten Terminierung aller Teilnehmer einer Transaktion ergeben. Da der RDA in offenen Netzen angewendet wird, muß je nach teilnehmenden Knoten auch mit permanenten Zusammenbrüchen oder mit beliebigen Fehlern gerechnet werden. Es werden drei Protokollklassen eingeführt, die sich im Grad der Toleranz gegenüber verschiedenen Fehlern unterscheiden. Alle drei Klassen garantieren die konsistente Terminierung einer verteilten Transaktion in endlicher Zeit für alle Systeme, die sich korrekt verhalten oder vorübergehend ausgefallen waren. Protokollklasse 0 führt ein konventionelles Protokoll ein, welches nur vorübergehende Zusammenbrüche toleriert. Darauf aufbauend werden in Klasse 1 neuartige Protokolle definiert, die permanente Fehler tolerieren. In der Protokollklasse 2 können darüberhinaus beliebige Fehler auftreten. Die vorgestellten Protokolle werden bezüglich ihres Nachrichtenaufkommens und zeitlichen Aufwands verglichen. Wie im Kapitel 4, das den Einzel-Server-RDA behandelt, wird auch im Multi-Server-Kapitel zum Abschluß auf den *ISO/OSI-Ansatz* eingegangen. Dabei werden zwei verschiedene Normungsvorschläge zur Verwaltung verteilter Transaktionen und ihre Benutzung innerhalb des ISO/OSI-RDA beschrieben. Daneben werden die beim Multi-Server-Fall notwendigen Erweiterungen des ISO/OSI-Modells eingeführt.

Das Kapitel 6 stellt eine prototypische Realisierung des ISO/OSI-RDA-Standardvorschlags vor. Diese soll als Testumgebung für die Implementierung der in dieser Arbeit vorgeschlagenen Protokolle dienen. Das Kapitel ist untergliedert in die Beschreibung der Implementierung des *Client*, des *Server* und des *RDA-Kommunikationselementes*. Der Client enthält ein Anwendungsprogramm mit eingebetteten SQL-Kommandos, die von einem Präprozessor in Aufrufe an die Anwendungsprogrammschnittstelle des Client umgewandelt werden. Diese werden abgebildet auf Dienste des RDA-Kommunikationselementes. Der Server leitet die empfangenen RDA-Dienste an das Datenbanksystem weiter und schickt die entsprechenden Resultate über das RDA-Kommunikationselement zurück. Zur Realisierung des RDA-Kommunikationselementes wurde eine Sammlung von Werkzeugen zur Erstellung von Kommunikations-Software benutzt.

Das letzte Kapitel faßt die gewonnenen Ergebnisse zusammen und zeigt Perspektiven auf, wie ein Datenbankzugriff in offenen Netzen in Zukunft weiterentwickelt werden könnte.

2. Klassifikation

Ziel dieses Kapitels ist es, Anforderungen an eine Kommunikationsunterstützung für den Datenbankfernzugriff (Remote Database Access - RDA) aufzustellen. Dieser Datenbankfernzugriff soll in einem möglichst breiten Spektrum von verschiedenen Anwendungen einsetzbar sein. Die diesbezüglichen Anforderungen werden aus den Kommunikationserfordernissen bestehender Systeme, die auf entfernte Datenbanken zugreifen, hergeleitet. Mechanismen für Datenbankfernzugriffe finden ihre Anwendung insbesondere in verteilten Datenbankmanagementsystemen (Distributed Database Management System - DDBMS), in föderativen Datenbankmanagementsystemen (Federated Database Management System - FDBMS) und in verteilten Transaktionssystemen (siehe auch [Effe87]). Um den Vergleich der Kommunikationsaspekte dieser Systeme strukturieren zu können, wird ein eigenes Modell eingeführt.

Im ersten Abschnitt des Kapitels 2 wird ein allgemeines Systemmodell für den Datenbankfernzugriff und seine einzelnen Elemente vorgestellt. Im zweiten Abschnitt findet das Modell Anwendung in der Beschreibung der drei Systemklassen der DDBMSs, FDBMSs und der verteilten Transaktionssysteme. Dadurch werden die Kommunikationsanforderungen der jeweiligen Systemklassen herausgearbeitet. Der dritte Abschnitt beschäftigt sich mit den Anforderungen an den Datenbankfernzugriff, um daraus seine erforderliche Funktionalität herzuleiten. Nachfolgend wird ein existierender Normungsvorschlag für den Datenbankfernzugriff vorgestellt. Für das Verständnis ist es notwendig, eine Einführung in das ISO/OSI-Modell voranzustellen.

2.1. Funktionales Modell und Klassifikationskriterien

Bevor auf das allgemeine Systemmodell genauer eingegangen wird, soll mit Hilfe eines *Metamodells* der Begriff der *Sichtbarkeit* eingeführt werden. Dieser Begriff soll später mit dem Systemmodell in Verbindung gebracht werden, um verschiedene Möglichkeiten einer verteilten Verarbeitung aufzuzeigen. Sichtbarkeit ist ein zentrales Konzept im Zusammenhang mit dem Zugriff auf verteilte Daten. Unter Verteilung soll hier einerseits die physische Trennung zwischen demjenigen, der auf Daten zugreift und demjenigen, der die Daten bereitstellt, verstanden werden. Andererseits kann Verteilung auch die physische Trennung von Datenbeständen untereinander bezeichnen.

Beim Zugriff auf verteilte Daten unterscheidet man eine *lokale* und eine *globale Sicht* auf die benötigten Daten [Meye87] (siehe Abb. 1 auf Seite 10). Unter lokaler

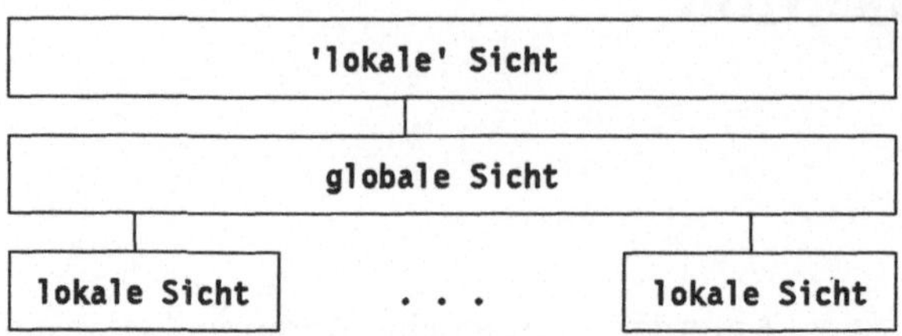

Abb. 1. Metamodell

Sicht soll verstanden werden, daß keine Verteilung der Daten erkennbar ist. Globale Sicht heißt, daß die Verteilung sichtbar ist. Bei globaler Sicht müssen Zugriffe zu den entsprechenden Datenbeständen weitergeleitet werden; eventuell müssen sogar Zugriffsaufträge in Teilaufträge aufgespalten und die Ergebnisse danach wieder zusammengefaßt werden. Die lokale Sicht kennt nur einen einzigen Datenbestand.

Nachfolgend soll nun das Systemmodell eingeführt werden, um das Kommunikationsverhalten verschiedener Systeme für die Datenbankunterstützung in Netzen einzuordnen und vergleichbar zu machen. Abschließend wird erläutert, wie durch Anwendung des Metamodells auf das Systemmodell die Bestandteile des Systemmodells identifiziert werden können, die eine globale Sicht besitzen. Damit lassen sich dann verschiedene Möglichkeiten der verteilten Verarbeitung modellieren.

Das Systemmodell besteht aus einer Menge von *Komponenten*, die durch ein Kommunikationsnetz verbunden sind. Eine Komponente wird entweder von einem *Terminal* oder einem *Knoten* gebildet. Ein Terminal ist eine nicht-intelligente Komponente. Ein Knoten ist eine intelligente Komponente. Eine intelligente Komponente führt im Gegensatz zu einer nicht-intelligenten Komponente eigene Verarbeitung mit Hilfe eines Prozessors und Speichers durch. Auf einer intelligenten Komponente, also einem Knoten, können sich die folgenden *Elemente* befinden: Anwendungsprogramm (Application Program - AP), Datenkommunikationsmanager (Data Communication Manager - DCM) und lokaler Ressourcenmanager (Local Resource Manager - LRM). Lokale Terminals eines Knotens werden nicht explizit modelliert. Abb. 2 auf Seite 11 zeigt ein Szenarium, das all diese Komponenten enthält.

Anhand dieser Abbildung soll ein kurzer Überblick über die Funktionen und das Zusammenspiel der verschiedenen Elemente gegeben werden. Die verschiedenen Komponenten des Modells sind durch ein Kommunikationsnetz verbunden. Dieses erlaubt es, von einer Komponente zu einer entfernten Komponente Nachrichten zu schicken. In dieser Arbeit ist nur die Kommunikation zwischen physisch getrennten Elementen, die sich auf unterschiedlichen Komponenten befinden, von Interesse. Kommunikation zwischen Komponenten ist in der obigen und in den folgenden Abbildungen mit dicken Strichen gekennzeichnet. Nachfolgend sollen die wichtigsten Interaktionsformen zwischen den einzelnen Elementen skizziert werden.

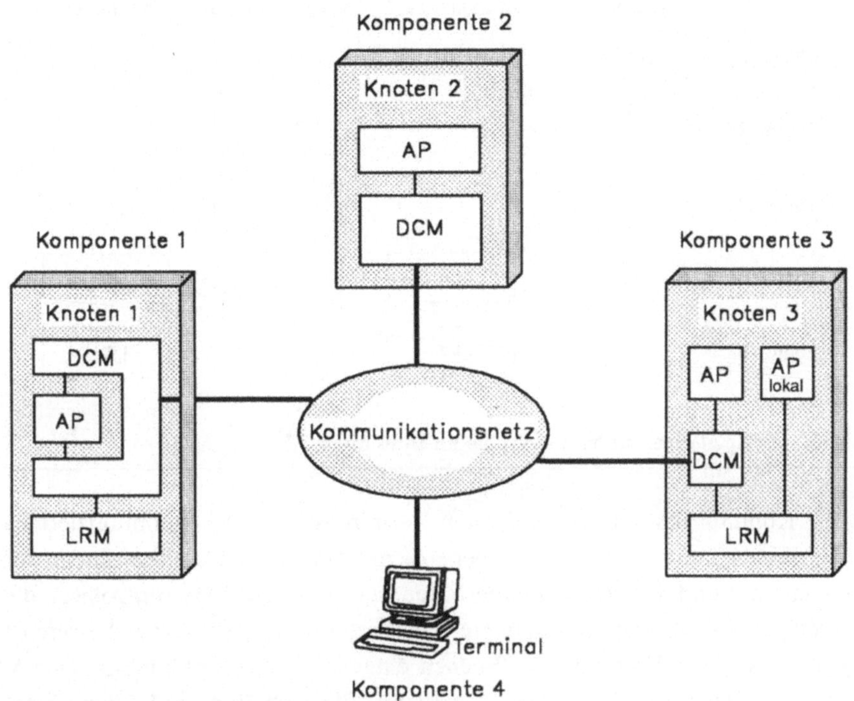

Abb. 2. Elemente des Systemmodells in einem Beispielszenarium

Mit Hilfe von Terminals ruft ein Benutzer ein lokales oder ein entferntes AP auf. APs enthalten Aufrufe, die auf lokale oder entfernte Datenbestände zugreifen. Diese Datenzugriffe können auch indirekt über andere APs erfolgen. Ein AP kommuniziert nur über einen DCM mit Elementen auf anderen Komponenten. Das DCM-Element kommuniziert entweder über das Kommunikationsnetz mit anderen entfernten DCMs, um Aufträge weiterzuleiten, oder mit einem lokalen LRM, falls der Auftrag sich auf lokale Ressourcen bezieht. Das LRM-Element ist für alle lokalen, auf einer Komponente ablaufenden Datenverwaltungsfunktionen verantwortlich. Einem LRM werden Datenzugriffswünsche normalerweise durch ein DCM übermittelt. Falls allerdings ein AP nur auf lokalen Datenbeständen operiert, kann es auch direkt mit dem LRM kommunizieren.

Um das Metamodell und das Systemmodell zusammenzuführen, ist es sinnvoll, sich die Aufrufhierarchie im Systemmodell anhand eines einfachen Beispiels vor Augen zu führen (siehe Abb. 3 auf Seite 12).

In diesem Beispiel schickt ein Terminal (Komponente 1) einen Auftrag zu einem entfernten AP auf Komponente 3. Der „obere“ DCM (Ebene 2) der Komponente 3

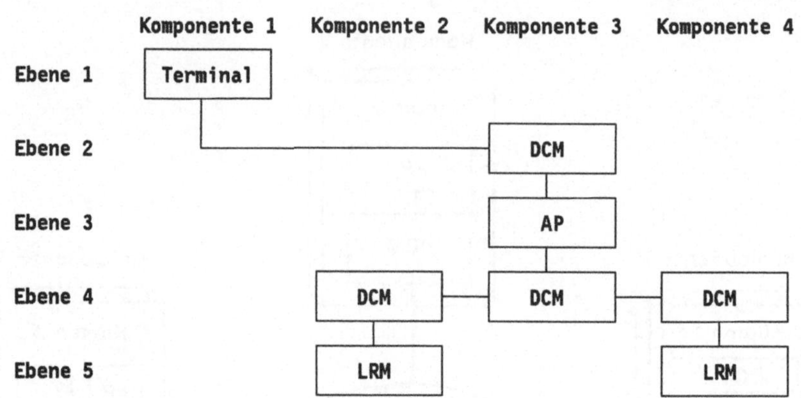

Abb. 3. Beispiel einer Aufrufhierarchie im Systemmodell

dient zur Kommunikation mit entfernten Terminals. Das AP kommuniziert daraufhin über seinen „unteren" DCM (Ebene 4) mit verteilten Datenbeständen auf den Komponenten 2 und 4. Diese Datenbestände werden von LRMs kontrolliert, die über ihre jeweiligen DCMs mit Komponente 3 in Verbindung stehen. Zur besseren Übersichtlichkeit ist diese Hierarchie in Ebenen eingeteilt. Konzeptionell ist eine Verteilung auf jeder der fünf Ebenen denkbar (wobei die Verteilung auf Ebene 1 ein Spezialfall ist). Das heißt, die globale Sicht, wie sie im Metamodell eingeführt wurde, könnte auf jeder Ebene der Aufrufhierarchie angesiedelt sein. Globale Sicht auf Ebene n bedeutet, daß der Ebene $n\text{-}1$ die Verteilung verborgen bleibt. Ebene $n\text{-}1$ hat also eine für sie lokale Sicht auf den globalen Datenbestand. Die Ebene $n+1$ kennt auch keine Verteilung, da sie nur ihren eingeschränkten lokalen Datenbestand sieht.

Ein einfacher Ansatz wäre die globale Sicht in „Ebene" 1 (Terminal) anzusiedeln, die eigentlich gar keine richtige Ebene ist, da in ihr keine Funktion des Systems erbracht wird. Terminals bieten dem Benutzer lediglich einen Zugang zum System. Globale Sicht auf Terminalebene würde bedeuten, daß der Benutzer eine globale Sicht hat und seine Aufträge selbst verteilt. Globale Sicht auf Ebene 2 (DCM) bewirkt die Nachrichtenverteilung an verschiedene APs. Die Einheit der Verteilung wäre der Aufruf eines AP mit allen für den Ablauf des Programms notwendigen Nachrichten. Globale Sicht in Ebene 3 (AP) bedeutet, daß das AP die Trennung der Datenbestände kennt. Eine Migration des Datums X von LRM 1 zu LRM 2 würde in diesem Fall eine Änderung des AP nach sich ziehen. Für das AP hat die globale Sicht, egal ob sie in Ebene 4 oder 5 erbracht wird, die gleiche Bedeutung. Das AP hat eine „lokale" Sicht auf alle Daten und irgendeine darunterliegende Ebene verbirgt die Verteilung. Globale Sicht in Ebene 4 (DCM) heißt, daß die Aufrufe an die betreffenden LRMs verteilt werden. Globale Sicht in Ebene 5 (LRM) bedeutet, daß allen darüberliegenden Ebenen eine Verteilung der Daten innerhalb eines LRMs (wenn z.B. ein LRM aus einem verteilten Datenbanksystem besteht) verborgen bleibt.

Nun soll auf die einzelnen Bestandteile des Systemmodells im Detail eingegangen werden.

2.1.1. Anwendungsprogramm

Ein Anwendungsprogramm greift auf lokale und entfernte Daten zu. Der lokale Zugriff wird ohne Einschaltung eines DCM direkt vom LRM abgewickelt. Der Fernzugriff ist auf verschiedene Arten möglich. Ein AP kann Primitive einer Zugriffssprache enthalten, die einen Zugriff auf einen entfernten Datenbestand spezifizieren. Diese Primitive können sich auf entfernte Datenbanken, aber auch auf entfernte Datei-Systeme beziehen. Die Sprachmittel, für den Zugriff auf diese zwei unterschiedlichen Systemklassen sollen im folgenden, falls eine explizite Unterscheidung nicht notwendig ist, als *Datenzugriffsprimitive* bezeichnet werden. Neben der direkten Anforderung über Datenzugriffsprimitive kann ein AP auch noch mit Hilfe entfernter APs auf Daten zugreifen. Dabei spezifiziert das rufende AP die Daten, auf die zugegriffen werden soll, nicht über Datenzugriffsprimitive, sondern ruft ein vordefiniertes Zugriffsprogramm auf. Diese entfernten vordefinierten APs werden im Zusammenhang mit Transaktionssystemen (siehe 2.2.3.) als *Transaktionsprogramme* (TAP) bezeichnet. Ein TAP garantiert, daß es entweder vollständig oder gar nicht ausgeführt wird. TAPs können von einem Terminal aus oder von einem AP oder einem anderen TAP aus aufgerufen werden. Die Kommunikation zwischen einem TAP und anderen Elementen geschieht immer über den DCM.

2.1.2. Terminal

Das Terminal ist Bestandteil des Systemmodells, um Transaktionssysteme mit in die Betrachtungen einschließen zu können. Terminals sollen in dem Modell keine Intelligenz besitzen, also keine eigene Verarbeitung durchführen können. Auf Terminals sind Bildschirmmasken darstellbar, mit deren Hilfe ein menschlicher Benutzer entfernte TAPs aufrufen und mit Parametern versorgen kann (parametrischer Benutzer) [Meye88]. Terminals müssen nicht von einheitlicher Bauart sein. Sie können sich z.B. bezüglich ihres Zeichensatzes, der Art ihrer Ansteuerung usw. unterscheiden. Um ein Programm von verschiedenen Terminaltypen unabhängig zu machen, wird in der Regel das Konzept des virtuellen Terminals eingesetzt, das eine einheitliche Schnittstelle vorgibt.

Bei den anderen betrachteten Systemklassen DDBMS, FDBMS und RDA spielt das Terminal keine Rolle in der Modellierung. Denn dort kommuniziert das Terminal nur lokal mit dem AP. Da in dem Modell nur Kommunikation zwischen entfernten Komponenten betrachtet wird, braucht dieses Element hier nicht explizit modelliert zu werden. Weiterhin sind in den anderen Systemen die APs nicht auf eine bestimmte Anwendungsklasse mit einer bestimmten Art der Benutzerinteraktion beschränkt, so wie es bei Transaktionssystemen der Fall ist.

2.1.3. Datenkommunikationsmanager

Der Datenkommunikationsmanager beinhaltet alle Funktionen, die die Kommunikation mit entfernten Komponenten betreffen. Je nachdem, welche Elemente miteinander zu welchem Zweck kommunizieren, können an den DCM unterschiedliche Forderungen gestellt werden. Ein DCM kann über das Kommunikationsnetz ausschließlich mit DCMs auf anderen Komponenten in Verbindung treten. Eine Ausnahme bildet der Fall, in dem ein Terminal direkt mit einem entfernten DCM kommuniziert. Dieser Fall ist spezifisch für Transaktionssysteme. Daher soll er nur in Abschnitt 2.2.3 betrachtet und nicht verallgemeinert werden. DCMs unterstützen den Zugriff von APs auf entfernte Datenbestände, die von einem LRM verwaltet werden. Dieser Zugriff kann, wie z.B. bei Transaktionssystemen oder FDBMSs, auch über entfernte APs erfolgen. Die entfernten Datenbestände werden meist von transaktionsorientierten Systemen verwaltet. Daher ist die Transaktionsverwaltung ein wichtiger Bestandteil des DCM-Elementes.

Die weitere Strukturierung dieses Abschnitts orientiert sich an der Funktionalität von DDBMSs, FDBMSs und Transaktionssystemen [Glig83, Lars85] und deren Einflüsse auf die dafür notwendigen Kommunikationsprotokolle. Nach der Erläuterung der Transaktionsverwaltung, die bei allen Systemklassen vorhanden ist, wird auf die Datenrepräsentation eingegangen, die bei der Kommunikation von heterogenen Systemen notwendig wird, wie z.B. bei einigen FDBMSs. Unterstützung der globalen Integritätskontrolle ist bei DDBMSs notwendig. Ortstransparenz ist eine elementare Eigenschaft von DDBMSs und auch FDBMSs und erfordert spezielle Kommunikationsprotokolle. Die Unterstützung von Replikaten und Fragmenten innerhalb eines DDBMS kann ebenfalls Eingang in die Kommunikationsprotokolle finden. Der Abschnitt über Basiskommunikation beschäftigt sich mit verschiedenen grundlegenden Kommunikationsmechanismen.

2.1.3.1. Transaktionsverwaltung

Eine Transaktion ist eine atomare Arbeitseinheit, die aus einer Menge logisch zusammengehörender Operationen besteht [Gray78]. In verteilten Systemen, wie sie hier betrachtet werden, können an der Bearbeitung einer Transaktion mehrere Komponenten mitwirken. Die Ausführung einer verteilten Transaktion erfordert Kommunikation und Koordination zwischen den beteiligten Komponenten.

Transaktionen besitzen folgende Eigenschaften [Haer83]:

- *Atomarität (atomarity):* Alle Operationen einer Transaktion werden entweder vollständig oder gar nicht ausgeführt („all-or-nothing property“).
- *Konsistenz (consistency):* Eine Transaktion bewahrt die Konsistenz der Datenbank.
- *Isoliertheit (isolation):* Änderungen auf Datenbeständen innerhalb einer Transaktion sind für andere parallel ablaufenden Transaktionen nicht sichtbar. Die Ergebnisse einer Transaktion werden erst nach ihrer Beendigung anderen Transaktionen zugänglich gemacht.
- *Dauerhaftigkeit (durability):* Die Ergebnisse einer erfolgreich abgeschlossenen Transaktion dürfen auch durch Auftreten von Fehlern nicht verlorengehen.

Um diese ACID-Eigenschaften, wie sie abgekürzt genannt werden, von Transaktionen zu garantieren, sind verschiedene Verfahren vorgeschlagen worden. An dieser Stelle sind nur die Auswirkungen der Verfahren auf die Kommunikation von Interesse. Die gebräuchlichsten Verfahren sollen nachfolgend unter den Oberbegriffen Recovery und Synchronisation kurz skizziert werden.

Zur Terminierung von verteilten Transaktionen werden globale *Recovery*-Verfahren benutzt. Um die Atomarität von Transaktionen zu erhalten, müssen die beteiligten Komponenten, auf denen Teiltransaktionen laufen, sich gegenseitig über den Abschluß der verteilten Transaktion verständigen. Eine Möglichkeit dafür ist das *Zwei-Phasen-Commit-Protokoll* (2PC) [Gray78]. Beim 2PC übt eine spezielle Komponente, meist diejenige, auf dem die verteilte Transaktion gestartet wurde, Koordinationsfunktion aus. Sie trifft die Entscheidung, ob die verteilte Transaktion erfolgreich beendet (COMMIT) oder zurückgesetzt (ROLLBACK) wird.

Darüberhinaus werden in der Literatur noch mehrphasige oder optimierte Zwei-Phasen-Commit-Protokolle vorgeschlagen [Bern80a, Moha83]. Davon werden zwei wichtige Verfahren in Abschnitt 2.2.1.1. skizziert. Diese erfordern natürlich auch spezielle Kommunikationsprotokolle.

Die ACID-Eigenschaften von Transaktionen werden durch parallel ablaufende Transaktionen gefährdet. Falls diese gleichzeitig auf dieselben Daten unkontrolliert zugreifen, können dadurch Inkonsistenzen wie verlorengegangene Änderungen (lost updates), Abhängigkeiten von nicht freigegebenen Änderungen (dirty read/dirty overwrite) und inkonsistente Änderungen (unrepeatable read) auftreten [Rahm87]. Die Vermeidung solcher Probleme sind Aufgaben der *Synchronisation* (concurrency control). Als Kriterium für korrekte Synchronisation wird allgemein die Serialisierbarkeit von Transaktionen angesehen [Bern87]. Es wird gefordert, daß das Ergebnis einer parallelen Ausführung von Transaktionen äquivalent ist zu irgendeiner seriellen Ausführung der Transaktionen.

Das gebräuchlichste Verfahren zur Synchronisation von Transaktionen ist das sogenannte Zwei-Phasen-Sperrprotokoll (2-phase locking, 2PL) [Eswa76]. Dabei fordert eine Transaktion, falls sie sicher gehen will, daß die von ihr benötigten Datenobjekte von keiner anderen Transaktion in irgendeiner Weise verändert werden,

Sperren für die betreffenden Datenobjekte an. Man unterscheidet zwischen Lesesperren (read locks, shared locks) und Schreibsperren (write locks, exclusive locks). Bei Lesesperren können auch andere Transaktionen lesend auf die Objekte zugreifen, ein schreibender Zugriff wird allerdings abgelehnt. Schreibsperren sind exklusiv, d.h., jede Lese- oder Schreibanforderung auf dieses Objekt wird bis zur Freigabe der Schreibsperre zurückgewiesen. In der ersten Phase (growing phase) des 2PL-Protokolls kann die Transaktion Sperren anfordern, in der zweiten Phase (shrinking phase) dürfen die Sperren nur noch freigegeben, jedoch keine neuen Sperren mehr angefordert werden. Ein Nachteil dieser Technik sind die möglichen Verklemmungen (deadlocks). Eine Verklemmung ist eine zyklische Wartebeziehung zwischen zwei oder mehr Transaktionen. Im wesentlichen unterscheidet man vier Maßnahmen zur Behandlung von Verklemmungen: Deadlock-Verhütung (prevention), Deadlock-Vermeidung (avoidance), Timeout-Verfahren und Deadlock-Erkennung (detection) [Kohl81].

Ein weiteres Verfahren zur Synchronisation, das vorwiegend in verteilten Systemen angewandt wird, ist das Zeitmarken-Verfahren. Hier werden die Transaktionen bei ihrer Initiierung mit einer Zeitmarke versehen. Transaktionen, bei denen Konflikte durch Zugriffe auf dieselben Datenbestände auftreten, werden dann in der Reihenfolge ihrer Zeitmarkenangabe ausgeführt, wodurch sich eine serielle Ausführungsreihenfolge dieser Transaktionen ergibt. Eine Transaktion darf alle Änderungen von Transaktionen mit „älteren" Zeitmarken sehen, jedoch keine Änderungen von „jüngeren" Transaktionen. Der Vorteil dieser Technik ist, daß keine Deadlocks auftreten können. Dies wird allerdings durch eine hohe Rücksetzrate von Transaktionen erkauft.

Im Gegensatz zu den 2PL- und Zeitmarken-Verfahren werden bei optimistischen Methoden die Transaktionen immer vollständig abgewickelt. Die von einer Transaktion geforderten Schreiboperationen werden zuerst auf Kopien der Daten ausgeführt. Am Ende der Transaktion wird ein Validierungstest durchgeführt, der überprüft, ob die Terminierung der Transaktion die Serialisierbarkeit nicht verletzt. Fällt der Validierungstest erfolgreich aus, werden die Änderungen in die Datenbank eingebracht, andernfalls wird die Transaktion zurückgesetzt, später erneut gestartet und nochmals durchgeführt.

Der Transaktionsbegriff, wie er oben eingeführt wurde, basiert auf einer flachen, einstufigen Struktur. Falls der Benutzer innerhalb einer Transaktion einen Fehler feststellt, kann er nur die gesamte Transaktion zurücksetzen. Gerade bei sehr langen und komplexen Transaktionen kann sich dies nachteilig auswirken. Ein Ansatz, der diese Nachteile beseitigen möchte, ist das Konzept der *geschachtelten Transaktionen* (nested transactions) [Moss81]. Bei geschachtelten Transaktionen wird eine äußere Transaktion (top-level transaction) in eine Menge von Subtransaktionen zerlegt, die ihrerseits wiederum geschachtelt sein können. Die äußere Transaktion behält dabei ihre gesamten ACID-Eigenschaften, während die Subtransaktionen nur noch atomar und isoliert ablaufen. Ein wesentlicher Vorteil ist die feinere Recovery-Kontrolle innerhalb einer Transaktion, so daß der Aufwand für Recovery gegebenenfalls stark verringert werden kann [Haer87].

Ein anderes Transaktionsmodell unterscheidet sich von dem herkömmlichen Transaktionsbegriff dahingehend, daß die Forderung nach globaler Serialisierbarkeit aufgegeben wird. Solche Transaktionen werden als *Sagas* bezeichnet [Alon87, Garc87]. Sagas motivieren sich aus der Tatsache, daß bei herkömmlichen Transaktionen unter Umständen benötigte Betriebsmittel sehr lange gesperrt sein können. Eine Saga besteht aus einer geordneten Sammlung kleinerer Subtransaktionen, die mit beliebigen anderen Transaktionen parallel ablaufen können. Jede Subtransaktion einer Saga ist auf der ausführenden Komponente konsistenzerhaltend. Die Subtransaktionen werden entweder alle ausgeführt oder kompensiert. Diese Eigenschaft wird bei Sagas mit *semantischer Atomarität* bezeichnet. Falls eine Saga abgebrochen wird, müssen alle Subtransaktionen, die schon erfolgreich abgeschlossen wurden, kompensiert werden, um ihre Auswirkungen so weit wie möglich rückgängig zu machen. Ein System, das Sagas unterstützt, muß also für jede Subtransaktion über eine passende kompensatorische Subtransaktion verfügen. Das Konzept der Sagas wird zur Zeit häufig im Zusammenhang mit FDBMSs diskutiert [Alon87, Garc87].

2.1.3.2. Datenrepräsentation

Verfahren zur Umsetzung einer Datenrepräsentation sind dann nötig, wenn in einem Kommunikationsnetz heterogene Systeme Daten austauschen. Heterogene Systeme können sich hinsichtlich der Hardware, der Betriebssysteme und der Programmiersprachen, in der die kommunizierenden Programme geschrieben sind, unterscheiden. Den Daten kommunizierender Programme kann eine logische und eine physische Beschreibung zugeordnet werden. Die logische Beschreibung der Daten erfolgt mit Hilfe der Typkonzepte der verwendeten höheren Programmiersprache. Die physische Beschreibung der Daten beinhaltet Codierungsaspekte, wie sie durch die Hardware oder den Übersetzer festgelegt werden. Kommunizierende Programme in heterogenen Umgebungen können unterschiedliche logische und physische Beschreibungen der Daten besitzen. Um zu gewährleisten, daß diese kommunizierenden Programme unabhängig von der lokalen Datendarstellung des jeweiligen Partners bleiben, sind zwei Ansätze denkbar [Zimm87]. Erstens könnten für *n* verschiedene Datendarstellungen $n(n-1)$ Daten-Transformationen realisiert werden, um jedes Programm mit jedem beliebigen anderen Programm kommunizieren zu lassen. Wegen des dafür notwendigen hohen Implementierungsaufwands geht der zweite Ansatz von einer netzweit einheitlichen Datendarstellung aus. Voraussetzung dafür ist eine netzweit einheitliche Typbeschreibungssprache und einheitliche Codierungsregeln. Auf diese Weise wird eine gemeinsame Sicht auf die Daten erreicht. Eine ausführliche Diskussion der Datenrepräsentationsproblematik ist in Abschnitt 4.3. zu finden.

2.1.3.3. Globale Integritätskontrolle

Durch die Kontrolle der *semantischen Integrität* soll gewährleistet werden, daß die Datenbank nur gültige Zustände der Miniwelt, die sie beschreibt, darstellt [Haer78]. Durch Integritätsbedingungen (integrity constraints) wird die logische Korrektheit der Daten festgelegt. Sie werden normalerweise unterteilt in solche, die aus dem Datenmodell herrühren und solche, die aus der Miniwelt eingebracht werden. Die zweite Gruppe schränkt die Zustände, die aufgrund des Datenmodells gültig sind, weiter ein. Integritätsbedingungen können sich auf verschiedene Granulatsgrößen der Daten beziehen.

In verteilten Systemen kann die Überprüfung von Integritätsbedingungen Kommunikation zwischen den einzelnen Komponenten notwendig machen. Ein Beispiel hierfür wäre der Fall, in dem auf der einen Komponente die Zulieferer von bestimmten Teilen gespeichert sind und auf einer anderen Komponente die betreffenden Teile. Eine Integritätsbedingung könnte nun fordern, daß, falls auf der ersten Komponente ein Zulieferer gelöscht wird, auf der zweiten Komponente auch dessen Teile gelöscht werden, falls es nicht noch andere Zulieferer dafür gibt.

2.1.3.4. Verteilungskontrolle

Zur Einführung der Begriffe Fragmentierung, Replikation und Verteilung wird an dieser Stelle ein Modell von [Ceri84] benutzt. Dieses Modell geht von einem globalen *konzeptionellen Schema* aus, in dem die gesamten Datenbestände definiert sind. Angelehnt an das Datenbankmodell des amerikanischen Normungsausschusses ANSI/SPARC [ANSI75] wird unter einem Schema die Beschreibung einer Datenstruktur verstanden. Das konzeptionelle Schema umfaßt die Beschreibung aller logischen Datenstrukturen. Mit dem konzeptionellen Schema wählt man ein geeignetes Datenmodell aus, das eine vollständige, redundanzfreie und neutrale Darstellung der logischen Datenstrukturen gewährleistet [Haer78]. Es wird hier das relationale Modell [Date81] zur Definition des globalen konzeptionellen Schemas benutzt.

Das globale konzeptionelle Schema besteht aus einer Anzahl von *globalen Relationen*. Jede globale Relation kann in mehrere disjunkte Teile zerlegt sein, die *Fragmente* genannt werden. Fragmente sind Teile einer globalen Relation, die physisch vollständig auf einer oder mehreren Komponenten gespeichert sind. Falls ein und dasselbe Fragment auf unterschiedlichen Komponenten vorhanden ist, spricht man von redundanter Datenhaltung oder von *Replikaten*.

Mit diesem Modell können nun verschiedene Stufen der Verteilungstransparenz beschrieben werden. Verteilungstransparenz befreit den Benutzer von verteilten Datenbeständen von dem Wissen um die Verteilung. Er benutzt die verteilten Daten, als ob sie lokal verfügbar wären. Die höchste und damit mächtigste Stufe der Verteilungstransparenz wird durch die Fragmentierungstransparenz gebildet. Dadurch arbeitet der Benutzer nur noch auf globalen Relationen. Es ist in der Verantwortung des Systems, eine Benutzeroperation auf den entsprechenden Fragmenten auszuführen und den Ort der Fragmente herauszufinden. Danach wird auf eines oder alle Replikate dieses Fragments zugegriffen, je nachdem, ob lesend oder schreibend auf die Relation zugegriffen wird.

Sowohl bei der Kontrolle von Fragmenten, als auch bei der Lokalisierung und der Kontrolle der Replikate müssen vom DCM Datenobjektnamen auf die entsprechenden Komponentenadressen abgebildet werden. Die sich hieraus ergebenden Probleme, wie z.B. die Notwendigkeit global eindeutiger Objektnamen oder die Verwaltung der Zuordnung von globalen Namen auf Objektadressen mit Hilfe von Katalogen, sind beispielsweise in [Lind81] ausgeführt.

Eine weitere Funktion, die im Falle von Fragmentierungs-, Lokalisierungs- und Replikationskontrolle vom DCM-Element bereitgestellt werden muß, ist die Möglichkeit zur Weiterleitung und zur Aufspaltung von Nachrichten. Unter der Weiterleitung von Nachrichten (request forwarding) soll verstanden werden, daß z.B. eine Komponente B, die eine Anfrage von A nicht erfüllen kann, diese zu einer dritten Komponente C weiterleitet. Eine Antwort kann über denselben Pfad (nämlich von C über B nach A) zurückgeschickt werden, oder, falls es die Topologie des Netzes und das Kommunikationsprotokoll erlaubt, über eine direkte Verbindung von C nach A.

Neben der Weiterleitung von Nachrichten ist auch die Zerlegung von Nachrichten in mehrere Teil-Nachrichten denkbar (request splitting), die dann jeweils zu anderen Komponenten geschickt werden. Das wäre dann sinnvoll, wenn eine Nachfrage von der aufgerufenen Komponente nicht oder nicht vollständig verarbeitet werden kann und sie zur Bearbeitung noch mehrere andere Komponenten hinzuziehen muß.

Fragmentierungstransparenz

Man kann globale Relationen auf verschiedene Art und Weise aufteilen, nämlich horizontal und vertikal. Unter *horizontaler Fragmentierung* versteht man die Aufteilung aller Tupel einer globalen Relation in verschiedene Teilrelationen. Bei einer *vertikalen Fragmentierung* wird eine globale Relation in Fragmente aufgeteilt, die jeweils verschiedene Attributspalten einer Relation enthalten. Fragmentierungstransparenz ermöglicht dem Benutzer eine Sicht auf globale Relationen. Die Aufteilung in verschiedene Fragmente ist für ihn nicht erkennbar.

Ortstransparenz

Durch Ortstransparenz bleibt dem Benutzer der Speicherungsort der Datenbestände verborgen. Diese Datenbestände sind entweder Fragmente oder globale Relationen, je nachdem, ob Fragmentierung unterstützt wird oder nicht. Im Falle, daß bei Fragmentierungsunterstützung Ortstransparenz, aber keine Fragmentierungstransparenz erbracht wird, sieht der Benutzer zwar einzelne Fragmente einer globalen Relation, braucht deren Speicherungsort aber nicht zu kennen. Nach der Fragmentierungstransparenz ist die Ortstransparenz die nächsttiefere Stufe von Verteilungstransparenz. Falls ein System keine Fragmentierung von Relationen unterstützt und nur ganze Relationen verteilt sind, bildet die Ortstransparenz die höchste Verteilungstransparenzstufe.

Replikationstransparenz

Die wichtigste Motivation für die Replizierung von Daten liegt in der Verbesserung der Verfügbarkeit. Dadurch, daß Daten auf mehreren Komponenten gehalten werden, kann ein Benutzer trotz eines Ausfalls einiger Komponenten erfolgreich weiterarbeiten, falls die benötigten Daten repliziert auf einer intakten Komponente zur Verfügung stehen. Replizierte Datenhaltung kann auch durch verbesserte Leistung begründet werden. Da es viele Kopien eines Datums gibt, findet ein Benutzer mit höherer Wahrscheinlichkeit die benötigten Daten in kürzerer Entfernung. Durch replizierte Daten kann die Lokalität des Datenzugriffs erhöht werden.

Die Vorteile von Replikaten erkauft man sich allerdings durch einen hohen Aufwand beim schreibenden Zugriff auf Daten, da hier alle Kopien ebenfalls geändert werden müssen, um weiterhin globale Konsistenz zu garantieren. Generell kann man sagen, daß die Vorteile der replizierten Datenhaltung um so größer werden, je größer das Verhältnis der Lesezugriffe zu den Schreibzugriffen ist. Replikationstransparenz bedeutet, daß dem Benutzer die Replikation von Daten verborgen bleibt. Der Benutzer arbeitet auf jeweils einzelnen Datenobjekten, ohne sich um die Verwaltung der Replikate kümmern zu müssen.

Die Erbringung von Replikationstransparenz erfordert Kommunikation mit anderen Komponenten, da bei der Änderung eines Replikats alle anderen Replikate mitgeändert werden müssen. Erhöhter Aufwand entsteht auch bei der Sperrverwaltung, um inkonsistentes Lesen oder Ändern der Replikate zu verhindern. Es wurden verschiedene Verfahren vorgeschlagen, um diesen Aufwand zu verringern. Das Konzept der Primärkopie (primary copy) schlägt vor, auf Basis des 2PL-Protokolls Sperren nur auf ein einziges ausgezeichnetes Replikat eines Objektes zu setzen [Ston79]. Der „Majority Consensus"-Algorithmus weicht davon ab, daß, wie sonst üblich, alle Änderungen zum Transaktionsende synchron eingebracht werden müssen. Er garantiert nur, daß Replikate auf konsistente Werte konvergieren [Thom79].

2.1.3.5. Basiskommunikation

Dieser Abschnitt führt verschiedene Möglichkeiten der Kommunikation mit entfernten Komponenten ein. Im Gegensatz zu den obigen Abschnitten, die sich mit „höherwertigen" Kommunikationsprotokollen des DCM-Elementes beschäftigen, wird hier auf die Realisierung von Basiskommunikationsprotokollen eingegangen. Dafür werden einige fundamentale Unterscheidungsmerkmale zwischen verschiedenen Kommunikationstechniken eingeführt.

Grundsätzlich kann bei der Datenkommunikation zwischen verbindungsorientierten und verbindungslosen Diensten unterschieden werden. Bei verbindungsorientierten Diensten muß vor dem Datenaustausch eine Verbindung aufgebaut werden. Die Kommunikation gliedert sich dadurch in Verbindungsaufbau-, Datentransfer- und Verbindungsabbauphase. In der ersten Phase wird eine Übereinkunft über gewisse Parameter und damit Eigenschaften der kommunizierenden Systeme bzw. der nachfolgenden Datentransferphase getroffen. In dieser Phase werden zwischen den verbundenen Kommunikationspartnern Daten ausgetauscht. Während der letzten Phase wird die Verbindung zwischen den Kommunikationspartnern abgebaut. In vielen Systemen ist es möglich, Verbindungsaufbau- bzw. Verbindungsabbauwünsche des Partners abzulehnen. Dagegen ist bei bestehender Verbindung die Ablehnung eines Datentransfers normalerweise nicht möglich. Eine Ausnahme bildet der Fall, in dem der Empfänger nicht in der Lage ist, Nachrichten mit der Geschwindigkeit ihres Eintreffens entgegenzunehmen. Dabei wird dann der Sender solange blockiert, bis der Empfänger wieder empfangsbereit ist. Dieses wesentliche Merkmal verbindungsorientierter Kommunikation wird mit Flußkontrolle (flow control) bezeichnet. Eine weitere typische Eigenschaft ist die Einhaltung der Reihenfolge der Nachrichten (Sequencing). Nachrichten treffen beim Sender in derselben Reihenfolge an, wie sie beim Empfänger weggeschickt wurden. Darüberhinaus ist eine Fehlerkontrolle während verbindungsorientierter Kommunikation relativ einfach zu realisieren. Viele verbindungsorientierte Systeme haben eine automatische Wiederholung der Übertragung im Falle, daß eine Nachricht verlorengeht, implementiert. Dies ist leicht machbar, da eine eindeutige Reihenfolgebeziehung zwischen den einzelnen Nachrichten besteht. Durch diese Reihenfolgebeziehung können auch Duplikate erkannt und entfernt werden. Als weitere Eigenheit verbindungsorientierter Systeme senden viele Systeme ihren Kommunikationsteilnehmern eine Nachricht, wenn die Verbindung zusammenbricht. Dadurch können die Anwendungen entsprechend reagieren.

Bei verbindungsloser Kommunikation wird eine Dateneinheit mit einer einzigen Operation übertragen, ohne daß vorher eine explizite Verbindung aufgebaut werden muß. Verbindungslose Kommunikation garantiert nicht die Erhaltung der Reihenfolge. Die Sequenz der empfangenen Nachrichten muß nicht der des Senders entsprechen (Überholvorgänge im Netz). Dadurch wird die Fehlerkontrolle wesentlich schwieriger. Es können nicht ohne weiteres Duplikate oder verlorengegangene Nachrichten entdeckt werden. Weiterhin gibt es bei verbindungsloser Kommunikation keine Flußkontrolle, was ebenfalls zusätzlichen Aufwand in den Anwendungsprogrammen nach sich ziehen kann. Allerdings sind hier, im Gegensatz zur verbindungsorientierten Kommunikation, die Setup-Kosten besonders bei relativ kleinen Nachrichten niedrig, da keine Verbindungen auf- und abgebaut werden müssen.

Es gibt sowohl Verfechter der einen als auch der anderen Methode. Es ist jedoch keine generelle Aussage möglich, welcher Ansatz der bessere ist. Auf jeden Fall ist festzustellen, daß der verbindungsorientierte Ansatz der am weitesten verbreitete ist [Davi81a]. Die meisten existierenden Anwendungsprogramme und Betriebssysteme verstehen verbindungsorientierte Dienste, was den Entwurf von Schnittstellen zur verbindungsorientierten, systemübergreifenden Kommunikation erleichtert.

Es gibt zwar auch bei der ISO Arbeiten, die sich mit verbindungsloser Kommunikation beschäftigen, doch vollziehen sich die Fortschritte dort eher schleppend. Der weitaus größere Teil der ISO-Gemeinschaft setzt sich für verbindungsorientierte Kommunikation ein. Wegen all den aufgeführten Gründen konzentrieren sich die folgenden Betrachtungen auf die verbindungsorientierte Kommunikation.

Es gibt eine Vielzahl von Protokollen für die Kommunikation in verbindungsorientierten Systemen, die aus verschiedenen Anforderungen heraus motiviert sind. Im folgenden soll die Kommunikation zwischen genau zwei Komponenten betrachtet werden (peer-to-peer communication). Die Möglichkeit zur Kommunikation mit mehreren Komponenten gleichzeitig (multicasting) ist oft in lokalen Netzen anzutreffen (siehe Abschnitt 2.1.5.1.). In Weitverkehrsnetzen (Abschnitt 2.1.5.2.) wird multicasting meist nicht angeboten und muß, falls notwendig, von der Anwendung selbst realisiert werden.

Weiterhin unterscheidet man zwischen synchroner und asynchroner Kommunikation. Bei synchroner Kommunikation bleibt die Ausführung eines Programms solange blockiert, bis es eine Antwort erhält. Diese Art der Kommunikation gleicht den Prozeduraufrufen in höheren Programmiersprachen. Bei asynchroner Kommunikation kann das aufrufende Programm nach dem Versenden einer Nachricht sofort mit anderen Aktivitäten fortfahren.

Ein weiteres Kommunikationscharakteristikum ist die Art der Regelung der Kommunikationsrichtung. Man unterscheidet zwischen wechselseitiger (half-duplex) und beidseitiger (full-duplex) Kommunikation. Bei der wechselseitigen Kommunikation ist nur eine Komponente berechtigt, etwas zu senden. Die Regelung des Senderechts geschieht über sogenannte Berechtigungsmarken (token) [Goer85]. Gleichzeitig senden dürfen die Komponenten bei beidseitiger Kommunikation.

In verteilten Systemen ist die „Client-Server"-Beziehung ein wichtiges Paradigma [Svob85]. Dabei sendet ein Client an einen Server einen Auftrag (request). Je nach Protokoll folgt auf diesen Auftrag eine Antwort (response) vom Server an den Client. Allgemein spricht man von unbestätigtem (nur request) oder bestätigtem (request und response) Nachrichtenaustausch. Auf dieser Basis lassen sich verschiedene Kommunikationsmuster konstruieren. Es ist z.B. denkbar, daß ein Client an einen Server mehrere Aufträge schickt und darauf nur eine Antwort erwartet [Roth87]. Ein anderes Kommunikationsmuster ergibt sich, wenn ein Client an einen Server einen einzigen Auftrag schickt, auf den mehrere Antworten vom Server folgen.

Die oben aufgeführten Klassifikationsmerkmale von Basiskommunikationssystemen können nicht eindeutig unterschiedlichen Klassen von Systemen zum Datenbankfernzugriff zugeordnet werden. Jede Implementierung benutzt die Kommunikationsart, die für sie am geeignetsten oder die eben verfügbar ist. Systeme für den Datenbankfernzugriff unterscheiden sich allerdings wesentlich in der Art, wie sie die Operationen eines durchzuführenden Auftrags spezifizieren. Dies kann einerseits durch eine Übermittlung eines Datenzugriffsprimitivs geschehen, das auf dem angesprochenen System ausgeführt wird. Andererseits kann auf dem entfernten System ein Anwendungsprogramm realisiert sein, das per Namen aufgerufen wird (eventuell mit Parameter) und das Ergebnis dem nachfragenden System übermittelt. Eine dritte Möglichkeit ist die Übermittlung von systemnahen Zugriffsplänen (access plans), die auf dem entfernten System ausgeführt werden (siehe auch 2.2.1.2.).

2.1.4. Lokaler Ressourcen-Manager

Der lokale Ressourcen-Manager ist für die lokalen Datenverwaltungsfunktionen verantwortlich. Alle Aspekte, die mit globaler Sichtweise auf verteilte Datenbestände und mit Kommunikation zusammenhängen, sind dem DCM zugeordnet. Ein LRM wird über Datenzugriffsprimitive angesprochen, die von einem DCM oder einem TAP übermittelt werden. In dem Systemmodell kann der LRM entweder durch ein Dateisystem (bei Transaktionssystemen), durch ein autonomes Datenbankmanagementsystem (bei Transaktionssystemen und FDBMSs) oder durch spezielle Sofware, die nur für lokale Verwaltung zuständig ist (bei DDBMSs), realisiert sein. Ein Dateisystem befreit den Benutzer von der Kenntnis über die physischen Zugriffsmechanismen auf die Daten. Es bietet dem Benutzer eine Schnittstelle an, um auf Dateien lesend und schreibend zugreifen zu können. DBMSs entkoppeln den Benutzer von der Kenntnis über die Daten- und Speicherungsstruktur, die er bei Dateisystemen noch benötigt. Ein DBMS stellt dem Benutzer eine Schnittstelle zum Speichern, Wiederauffinden und Ändern der Daten einer Datenbank zur Verfügung. Zudem garantiert ein DBMS lokal für seine Datenbestände die Einhaltung der ACID-Transaktionseigenschaften. Darüberhinaus ermöglicht ein DBMS die Definition lokaler Integritätsbedingungen, die aber für unser Modell nicht von Interesse sind.

2.1.5. Kommunikationsnetz

Entfernte Komponenten des Systemmodells sind über ein Kommunikationsnetz miteinander verbunden. Dieses erlaubt es ihnen, untereinander Nachrichten auszutauschen. Es gibt eine Vielzahl von Ansätzen zur Implementierung von Netzwerken, von denen im folgenden einige kurz eingeführt werden.

2.1.5.1. Lokale Netze

Unter lokalen Netzen (Local Area Networks - LAN) werden spezielle Kommunikationsnetze verstanden, welche durch eine eng begrenzte räumliche Ausdehnung von nur wenigen Kilometern, ein gemeinsames Übertragungsmedium sowie im allgemeinen eine dezentrale Steuerung gekennzeichnet sind. Die Internationale Standardisierungsorganisation (International Standardization Organisation - ISO) definiert ein lokales Netz als ein Netzwerk für bitserielle Übertragung von Informationen zwischen unabhängigen, untereinander verbundenen Komponenten, welches sich rechtlich unter der Kontrolle des Betreibers befindet und auf den Bereich innerhalb der Grundstücksgrenzen beschränkt ist. Durch ein LAN können verschiedenste Typen von Geräten miteinander verbunden sein, wie z.B. Computer, Terminals, Peripheriegeräte, Sensoren, Telefone usw.. In der Literatur [Stal84, Mayn86] werden LANs durch typische quantitative Merkmale charakterisiert mit Datenraten von üblicherweise 1 bis zu mehreren 100 Mbps (Mbps = Megabits per second), räumlichen Ausdehnungen von 0,1 bis 25 km und einer geringen Fehlerwahrscheinlichkeit von 10^{-8} bis 10^{-10}.

Es gibt eine Vielzahl von verschiedenen LAN-Typen, abhängig von der mengen- und zeitmäßigen Verteilung der zu übertragenden Daten, den Anwendungsbereichen und von der Koppelungsfähigkeit zu anderen Netzen. Die für die unterschiedlichen Anforderungen entwickelten LANs werden bezüglich der Netztopologie, des Übertragungsmediums, des Übertragungsverfahrens und des Zugriffsverfahrens auf das Übertragungsmedium unterschieden.

Lokale Netze bestehen aus Endsystemen (Stationen), welche durch Übertragungseinrichtungen verbunden sind. Der Begriff *Topologie* in Verbindung mit Kommunikationsnetzwerken bezeichnet die Art und Weise, wie die einzelnen Stationen eines Netzwerkes physikalisch miteinander verbunden sind. Die typischen LAN-Topologien sind Stern, Bus und Ring. In der Stern-Topologie ist jede Station mit einer zentralen Station verbunden. Jegliche Kommunikation wird von der zentralen Station kontrolliert. Dadurch werden die Aufgaben der zentralen Station komplex, wohingegen die Kommunikationsaufgaben der anderen Stationen minimal sind. Diese Art von Topologie findet man vorwiegend bei digitalen Nebenstellenanlagen und Terminalnetzen. Verbreiteter ist dagegen die Bus-Topologie. Hier sind alle Stationen durch ein linear angeordnetes Übertragungsmedium verbunden. Alle Stationen teilen sich ein gemeinsames Übertragungsmedium. Nur eine Station kann zu einem Zeitpunkt senden. Übertragungen von einer Station können von allen anderen Stationen empfangen werden. In Ring-Topologien sind die Stationen in einem geschlossenen Kreis verbunden. Zwischen den Stationen und dem Übertragungsmedium sitzen Schnittstellenbausteine (Repeater), die auch bei inaktiver Station einen geschlossenen Ring realisieren. Außerdem kann durch diese Repeater eine Nachricht auf den Ring gebracht, vom Ring genommen oder einfach nur unverändert weitergeleitet werden. Die Daten werden im Ring meist nur in einer Richtung übertragen.

Als *Übertragungsmedien* werden in LANs verdrillte Doppeladern (Twisted Pair), Koaxialleitungen sowie Lichtwellenleiter eingesetzt. Twisted Pair-Leitungen sind einfache unabgeschirmte Kupferleitungen und sind daher sehr preisgünstig. Diese Art von Leitungen kann allerdings nur für recht geringe Datenraten verwendet werden. Koaxialkabel sind abgeschirmte Kupferadern und teurer als Twisted Pair-Leitungen. Mit Koaxialkabeln können aber höhere Datenraten erzielt werden. Lichtwellenleiter erlauben es, sehr hohe Datenraten über lange Entfernungen zu senden. Dabei ist die

Störanfälligkeit und die Abhörsicherheit sehr gering. Allerdings sind die Kosten dafür relativ hoch.

Bei den *Übertragungsverfahren* unterscheidet man grundsätzlich Basisband- und Breitbandverfahren. Bei der Basisbandübertragung nimmt die Übertragung des Signals die volle Bandbreite des Mediums in Anspruch. Es ist also zu einer Zeit immer nur ein Signal transportierbar. Es genügt bei dieser Technik, die digitale Information direkt auf elektrische abzubilden. Es ist keine Frequenzmodulation nötig. Das Breitbandverfahren zeichnet sich dadurch aus, daß mehrere Signale auf einmal transportiert werden können. Das wird erreicht, indem das Medium in mehrere logische Kanäle aufgeteilt wird und die digitalen Signale auf verschiedene analoge Trägerschwingungen aufmoduliert werden.

Unter *Zugriffsverfahren* versteht man die Protokolle, mit denen jede einzelne Station auf das physikalische Medium zugreift. Diese Protokolle lassen sich in statistische und deterministische Verfahren gliedern [Goer85]. Der prinzipielle Unterschied besteht darin, daß bei statistischen Verfahren nicht synchronisierter, wahlfreier Zugang (Random Access) vorliegt, wohingegen bei deterministischen Verfahren der Zugang genau geregelt wird. Ein Beispiel für statische Verfahren ist das verbreitetste Zugriffsprotokoll für Bussysteme, das CSMA/CD-Verfahren (Carrier Sense Multiple Access with Collision Detection). Hier haben die Stationen jederzeit Zugriff zum Übertragungsmedium, es sei denn, es sendet gerade eine andere Station. Durch die „Carrier-Sensing"-Methode kann die Belegung oder Nicht-Belegung des Mediums festgestellt werden. Dennoch kann es zu Kollisionen bei simultanem Senden von mehreren Stationen kommen, die gleichzeitig das Medium frei vorgefunden haben. Falls die Stationen einen Konfliktfall durch die Verfälschung ihrer Übertragung durch andere Stationen feststellen, wird die Übertragung abgebrochen. Nach einem berechneten, für alle Stationen unterschiedlichen Zeitraum wird erneut ein Sendeversuch gestartet. Ein Beispiel für deterministische Netzzugangsprotokolle ist das Token-Verfahren. Es geht von einer ringförmigen Anordnung der beteiligten Stationen aus. Unter einem Token versteht man ein Kontrollpaket, mit dem das Zugangsrecht zum Medium gesteuert wird. Das Token kann sich in einem freien oder in einem belegten Zustand befinden. Die Station, die im Besitz eines freien Tokens ist, besitzt das momentane Senderecht. Ist sie nicht sendewillig, reicht sie das Token weiter. Andernfalls fügt sie an das Token die zu sendenden Daten an und kennzeichnet es als belegt. Die Empfängerstation liest die Daten, markiert im Token den Empfang und leitet das belegte Token weiter. Die Absenderstation nimmt das belegte Token mit den Daten vom Ring und reicht in jedem Fall ein freies Token weiter, selbst wenn sie weitere Daten zu senden hat (Fairneß).

2.1.5.2. Weitverkehrsnetze

Wie der Name schon sagt, dienen Weitverkehrsnetze (Wide Area Networks - WAN) zum Datentransport über große Entfernungen [Tane81]. In den meisten Ländern ist der Weitverkehr über Grundstücksgrenzen hinweg in der Verantwortung der Postverwaltungen bzw. von autorisierten Unternehmen. Diese Unternehmen bieten ihren Kunden Anschlußmöglichkeiten an das von ihnen betriebene Netz an. Ein Benutzer dieses Netzes ist über eine Zwischenstation mit dem WAN verbunden. Innerhalb des WAN können sich noch viele Zwischenstationen befinden, die dem Benutzer aber verborgen bleiben. An den einzelnen Zwischenstationen werden die ankommenden Daten entsprechend der Zieladresse an weitere Zwischenstationen bis zum Empfänger weitergeleitet. Dies nennt man Vermittlungsleistung des Netzes. Weitverkehrsnetze sollen nachfolgend bezüglich der benutzen Übertragungsmedien, der Vermittlungstechniken und der Nachrichtentypen bzw. der angebotenen Dienste klassifiziert werden.

Datenkommunikation über Telefonleitungen ist immer noch verbreitet, da sie in früheren Tagen der Computer-Kommunikation das einzig verfügbare *Übertragungsmedium* war. Telefonnetze wurden für die Übertragung der menschlichen Stimme entwickelt. Für die Dauer einer Unterhaltung von zwei Teilnehmern ist eine temporäre Verbindung zwischen ihnen geschaltet. Anfangs wurden Telefonnetze für die Verbindung von entfernten Terminals an die Rechner benutzt, später dann auch für die Kommunikation zwischen verschiedenen Computern. Um digitale Geräte an Telefonleitungen anzuschließen, ist es notwendig, entweder ein Modem (Modulator-Demodulator) zu benutzen, das digitale elektrische Signale in analoge umwandelt und umgekehrt, oder einen Akustikkoppler zwischenzuschalten, der digitale Signale in bestimmte Geräuschmuster umwandelt. Wegen der geringen Bandbreite von Telefonleitungen sind die maximalen Datenraten sehr gering.

Höhere Datenraten durch höhere Bandbreiten ermöglichen besondere Datenleitungen der Postverwaltungen, die aus Koaxialkabeln oder aus Lichtwellenleitern bestehen. Diese sind speziell für die Computer-Kommunikation ausgelegt. Die hiermit erreichbaren Datenraten bewegen sich in Bereichen, die teilweise von Rechnern überhaupt nicht mehr verarbeitet werden können. Daher sind diese Medien oft mit Hilfe des Frequenzmultiplex-Verfahrens in mehrere logische Kanäle mit geringeren Datenraten aufgeteilt.

Kommunikation über sehr weite Entfernungen ist mit Satellitenfunk möglich. Mit Satelliten ist man in der Lage, ein gesendetes Signal sehr vielen Empfängern gleichzeitig zugänglich zu machen. Die Kosten der Satellitenverbindungen sind unabhängig von den Entfernungen, die damit überbrückt werden. Außerdem sind die Übertragungsraten von Satellitenkommunikation höher als die der meisten anderen Weitverkehrsnetze (bis auf Lichtwellenleiter basierte Netze). Ein Nachteil für manche Anwendungen ist die Möglichkeit zum unkontrollierten Mithören.

Bei den *Vermittlungstechniken* unterscheidet man üblicherweise zwischen der Durchschaltevermittlung (Circuit Switching), der Nachrichtenvermittlung (Message Switching) und der Paketvermittlung (Packet Switching). Bei der Durchschaltevermittlung wird mit einer Verbindungsaufbauprozedur eine Leitung für die Dauer einer Verbindung bereitgestellt. Das gängigste Beispiel hierfür ist das Telefonsystem. Bevor

Daten gesendet werden können, muß eine physische „End-zu-End"-Verbindung zwischen den beiden Kommunikationspartnern hergestellt werden. Die Verzögerung, bis Daten gesendet werden können, kann also ziemlich lang sein, wohingegen die Zeitdauer, die benötigt wird, um Daten vom Sender zum Empfänger zu schicken, nur von der maximalen Datenrate des benutzten Mediums abhängt. Es können keine Staus auftreten, da eine Leitung exklusiv für eine Verbindung zur Verfügung steht. Andererseits kann durch diese Zuordnung die Auslastung einer Leitung nicht optimiert werden.

Ein anderer Ansatz ist die Nachrichtenvermittlung, bei der keine dedizierte Leitung zwischen den beiden Kommunikationspartnern reserviert werden muß. Der Absender schickt seine beliebig lange Nachricht mit Empfängerangabe zu der nächsten „Annahmestelle" des Netzes. Dort wird die Nachricht kurz zwischengespeichert und dann zur nächsten Zwischenstation weitergeleitet, bis die Nachricht beim Empfänger angekommen ist. Dadurch müssen Sender und Empfänger nicht gleichzeitig verfügbar sein. In jeder Zwischenstation muß eine Entscheidung getroffen werden, wer der unmittelbar nächste Empfänger sein soll. Diese Entscheidungen hängen von vielen Parametern ab (z.B. momentane Auslastung von Zwischenstationen), so daß aufeinander folgende Nachrichten nicht unbedingt den gleichen Weg nehmen müssen. Daher kann auch die Reihenfolge der empfangenen Nachrichten eine andere sein als die Sendereihenfolge. Diese Methode wird auch mit „Store-and-Forward" bezeichnet. Sie ist in Netzen für elektronische Post (electronic mail) sehr weit verbreitet. Durch diese Technik kann die Leitungskapazität besser als bei der Durchschaltevermittlung ausgelastet werden. Außerdem kann eine Nachricht leicht an mehrere Empfänger auf einmal gesendet werden. Ein gewichtiger Nachteil der Nachrichtenvermittlung ist die lange und großen Varianzen unterworfene Übertragungszeit.

Die Paketvermittlung versucht die beiden obigen Techniken zu kombinieren. Im Prinzip ist die Paketvermittlung nichts anderes als eine Nachrichtenvermittlung mit einer festgelegten Maximalgröße der Nachrichten (Pakete). Wegen der vorbestimmten Größe ist die Pufferung der Pakete in den den Zwischenstationen sehr viel einfacher als bei einer unbestimmten Paketgröße. Innerhalb der Paketvermittlungstechnik haben sich zwei verschiedene Ansätze herausgebildet: der Datagramm-Ansatz und der Virtual-Circuit-Ansatz. Beim Datagramm-Ansatz wird jedes Paket unabhängig von den anderen behandelt, genauso wie bei der Nachrichtenvermittlung. Ein einzelnes Paket wird dabei als Datagramm bezeichnet. Jedes Datagramm sucht sich seinen eigenen Weg durch das Netz. Die Eigenschaften beim Datagramm-Ansatz entsprechen denen der Nachrichtenvermittlung bis auf die Leistungsverbesserung durch die Verwendungsmöglichkeit von schnellen Speichern. Beim Virtual-Circuit-Ansatz wird eine logische Verbindung zwischen den beiden Kommunikationspartnern aufgebaut, bevor die Pakete verschickt werden können. Es wird keine physische Verbindung, wie bei der Durchschaltevermittlung hergestellt. Die Datenpakete werden nach wie vor in den Zwischenstationen gespeichert. Allerdings werden dort keine Entscheidungen mehr über die Wegewahl getroffen, da die Route der Pakete zur Verbindungsaufbauzeit bereits festgelegt wurde. Alle Pakete nehmen denselben Weg durch das Netz; dadurch bleibt im Normalfall die Reihenfolge der Pakete erhalten. Bei Übertragungsfehlern, durch die Pakete verloren gehen können, sorgt eine Nummerierung der Pakete für die Einhaltung der korrekten Reihenfolge.

Als Beispiel für *Weitverkehrsnetzdienste* sollen zwei Dienste der Deutschen Bundespost aufgeführt werden: der DATEX-L- und der DATEX-P-Dienst. Das seit 1976 betriebene DATEX-L-Netz arbeitet nach dem Leitungsvermittlungsprinzip. Durch eine Verbindungsaufbauprozedur wird eine durchgehende Leitung zwischen den beiden Kommunikationspartnern bereitgestellt. Dieser Dienst ist vor allem für Stapelanwendungen und für Kurzverbindungen mit begrenztem Volumen und optimierter Nutzung des Mediums gedacht. Bei sporadischem Nachrichtenaustausch, wie z.B. während eines Dialogbetriebs, wäre eine exklusive Schaltung einer Leitung zwischen den Endgeräten zu teuer. Die Transparenz während der Datenübertragungsphase in DATEX-L-Netzen ermöglicht die Nutzung von Geräten mit privaten Protokollen. Es werden verschiedene DATEX-L-Unterdienste angeboten, die bezüglich der maximalen Datenraten eingeteilt sind. Der seit 1980 angebotene DATEX-P-Dienst basiert auf einem paketvermittelten Netz. Der DATEX-P-Dienst ist vor allem für Dialoganwendungen gedacht. DATEX-P bietet einen Basisdienst an, der das genormte X.25-Protokoll realisiert, sowie verschiedene Unterdienste, die für die Verbindung zwischen entfernten Terminals und Rechnern konzipiert sind (z.B. Packet Assembly Disassembly, PAD).

2.2. Beschreibung existierender Ansätze und Einordnung in das Modell

Mechanismen für Datenbankfernzugriffe finden ihre Anwendung insbesondere in verteilten Datenbanksystemen (DDBMS), föderativen Datenbanksystemen (FDBMS) und in verteilten Transaktionssystemen. In diesem Abschnitt wird für jede dieser Systemklassen die erforderliche Funktionalität eines Datenkommunikationselementes herausgearbeitet. Dazu wird jeweils mittels der in 2.1. eingeführten Elemente ein Systemmodell erstellt, anhand dessen die Funktionalität des jeweiligen DCM-Elementes analysiert wird.

2.2.1. Verteilte Datenbanksysteme

Als Motivation für die Entwicklung von verteilten Datenbankmanagementsystemen werden Verbesserungen gegenüber zentralisierter Datenhaltung im Bereich der Zuverlässigkeit und Verfügbarkeit genannt [Ceri84]. Ebenso sollen DDBMSs ein inkrementelles Wachstum der Datenbestände und des Leistungsvermögens parallel zum

Unternehmenswachstum ermöglichen. Daneben sprechen auch häufig vorzufindende verteilte Organisationsstrukturen für eine DDBMS-Lösung.

Ein DDBMS besteht aus einer Menge von lokalen Komponenten, die durch ein Kommunikationsnetz verbunden sind. Eine lokale DDBMS-Komponente wird in der Literatur mit „site" bezeichnet [Bray82, Deen82, Ceri84] und soll im folgenden kurz Knoten genannt werden. Ein Knoten ist allerdings nicht gleichzusetzen mit einem physischen Rechner, da ein Rechner auch mehrere Knoten eines DDBMS beinhalten kann [Haas82, Will81]. Einem Anwendungsprogramm, welches das DDBMS benutzt, steht der gesamte Datenbestand aller beteiligten Knoten zur Verfügung. Das AP arbeitet mit einem globalen konzeptionellen Schema (siehe 2.1.3.4.), in dem die gesamten Datenbestände definiert sind. Der logisch integrierte Datenbestand eines DDBMS ist physisch auf mehrere Knoten verteilt [Baye84]. Das AP muß dabei nicht den Ort der benötigten Daten kennen. Ortstransparenz ist eine grundlegende Eigenschaft von DDBMSs. Die Definition eines globalen konzeptionellen Schemas ermöglicht es prinzipiell, auch Fragmentationstransparenz und Replikationstransparenz (siehe 2.1.3.4.) zu realisieren, wie z.B. in [Roth80] gezeigt wurde. Im Zuge einer größtmöglichen Knotenunabhängigkeit (site autonomy) ist man in vielen DDBMSs bestrebt, APs lokal auf einem Knoten ohne Einbeziehung anderer Knoten ablaufen lassen zu können, falls diese keine Daten eines anderen Knotens benötigen. Ein DDBMS soll allerdings hier nicht als ein möglicher Zusammenschluß von existierenden zentralen DBMS verstanden werden. Die Software auf den beteiligten Knoten ist als spezielle Entwicklung im Rahmen eines DDBMS zu sehen. Der Ansatz, in dem existierende zentrale DBMSs zu einer Föderation zusammengeschlossen werden, wird nachfolgend in dem Abschnitt über FDBMSs betrachtet werden.

Knoten, auf denen die einzelnen DDBMS-Komponenten realisiert sind, können sich bezüglich der Hardware und des Betriebssystems unterscheiden. Es ist denkbar, daß in den DDBMS-Komponenten verschiedene Versionen (releases) der DDBMS-Software implementiert sind. Im folgenden Abschnitt werden nur DDBMS-Komponenten betrachtet, die über identische DDBMS-Software verfügen. Damit ist ein einheitliches Datenmodell und eine einheitliche Datenbanksprache (Database Language - DBL) gewährleistet. Von Problemen mit unterschiedlichen Software-Versionen, die bei verteilter Query-Compilierung und -Optimierung auftreten können [Lohm84], wird hier abstrahiert. Auch die übrigen Charakteristika (Hardware, Betriebssystem) sollen bei den hier betrachteten DDBMSs einheitlich sein. Es handelt sich also um vollständig homogene DDBMSs, die sich weder in der Hardware, noch im Betriebssystem noch in der DDBMS-Komponenten-Software unterscheiden. Zur Vertiefung des Gebietes der heterogenen DDBMSs sei auf die Literatur verwiesen [Land82, Ferr83].

2.2.1.1. Modell

Eine wesentliche Eigenschaft eines DDBMS ist es, seinen Benutzern die Verteilung der Daten zu verbergen. Dafür muß irgendein Teil des Systems die globale Sicht besitzen und die Verteilung vornehmen. Bei der Modellierung eines DDBMS mit den in 2.1. eingeführten Modellelementen spielt das Terminal und damit auch der DCM-Teil, der die Terminalkommunikation unterstützt, keine Rolle. Die Ansteuerung eines Terminals gehört nicht zu den Aufgabenbereichen eines DDBMS. In der Aufrufhierarchie verbleiben somit die folgenden drei Elementtypen: APs, die über DCMs auf LRMs zugreifen. Wie oben erwähnt, verbirgt das DDBMS die Verteilung. Das AP hat also keine globale Sicht, es sieht die Verteilung nicht. Damit kann laut Metamodell noch eine Verteilung auf der DCM- oder auf der LRM-Ebene stattfinden.

Die erste Möglichkeit wäre, das Wissen um die Verteilung in den DCMs anzusiedeln. Das bedeutet, daß die LRMs nur ihre lokalen Datenbestände kennen. Als zweite Alternative könnten die LRMs die globale Sicht haben. Damit besäßen die DCMs nur die Funktion, die AP-Aufträge an den LRM desselben Knotens, auf dem auch das AP sitzt, weiterzuleiten. Die LRMs würden die Verteilung kennen und dann über eine im LRM integrierte Kommunikationsmöglichkeit auf die verteilten Daten zugreifen. Damit wäre allerdings die Definition eines LRM in dem Systemmodell nicht mehr haltbar, die besagt, daß LRMs ausschließlich ihre lokalen Datenbestände kennen. Aber gerade durch diese Definition kann man alle Kommunikationsaspekte in einem einzigen Element modellieren und dadurch einfach vergleichen. Deshalb wird hier der erste Ansatz verfolgt.

Damit kann ein DDBMS mit Hilfe des Systemmodells, wie in Abb. 4 aufgezeigt, strukturiert werden. Ein AP greift auf den logisch integrierten Datenbestand, der ihm durch die LRM 1 bis n zur Verfügung gestellt wird, über den DCM zu. Ein LRM besteht aus einem lokalen Datenmanager und einem lokalen Transaktionsmanager [Bern87]. Der lokale Datenmanager verwaltet die Zugriffe auf die lokalen Da-

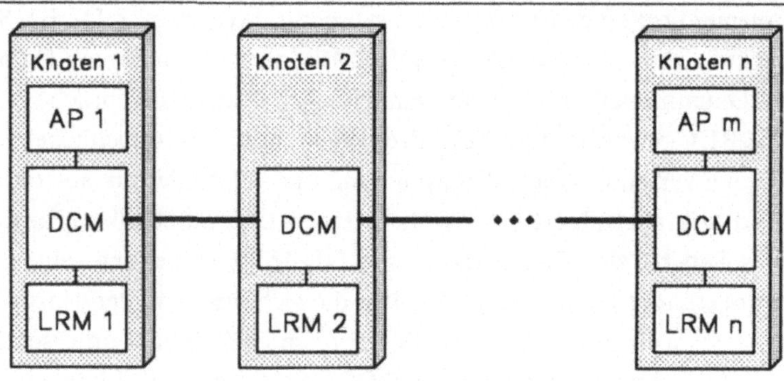

Abb. 4. Modell eines DDBMS

tenbestände. Der lokale Transaktionsmanager garantiert die Einhaltung der ACID-Eigenschaften für Transaktionen, die lokal auf dem LRM ablaufen. Ein AP hat keinen direkten Zugriff auf den LRM seines Knotens. Falls für die Erfüllung der Aufträge des AP andere Datenbestände als die lokal verfügbaren benötigt werden, kommuniziert der betreffende DCM mit einem DCM eines anderen Knotens. Je nach Funktionalität des DDBMS kann auch in anderen Fällen eine Kommunikation mit einem anderen DCM bzw. Knoten notwendig sein. Falls z.B. Replikationstransparenz unterstützt wird, müssen bei Änderungen alle übrigen Replikate auf anderen Knoten mitgeändert werden. Diese Aspekte werden im DCM-Teil dieses Abschnitts weitergehend betrachtet. In konkreten Implementierungen von DDBMSs sind die einzelnen Elemente meist nicht so strikt in globale und lokale Elemente getrennt [Ceri84].

2.2.1.2. Funktionalität des Datenkommunikationsmanagers

Um die Anforderungen an ein DCM-Element, das die Kommunikation innerhalb eines DDBMS unterstützt, aufstellen zu können, ist es erforderlich, die funktionalen Bausteine eines DDBMS näher zu betrachten (siehe auch Abb. 5). Die Gliederung dieses Abschnitts orientiert sich an der oben eingeführten Struktur des DCM-Elementes.

Die Kommandos des DDBMS-Benutzers werden zunächst einer semantischen Integritätsüberprüfung unterzogen. Das betrachtete Modell soll alle drei Transpa-

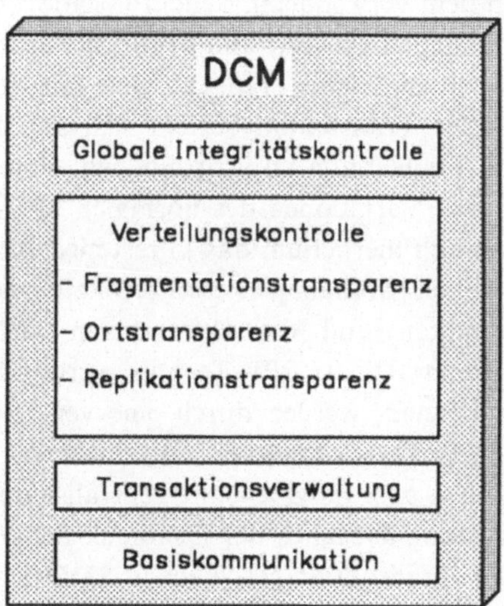

Abb. 5. DCM einer DDBMS-Komponente

renzstufen, wie sie in 2.1.3.4. eingeführt wurden, erbringen. Daher werden durch die Verteilungskontrolle die globalen Relationen des Benutzers in ihre entsprechenden Fragmente aufgeteilt. Diese Fragmente können auf verschiedenen Knoten repliziert sein. Für die korrekte Bearbeitung von Replikaten ist die Replikationsverwaltung verantwortlich. Die Transaktionsverwaltung gewährleistet die Einhaltung der Transaktionseigenschaften auf globaler Ebene. Mit Hilfe der Basiskommunikation werden die Kommandos an die Knoten, auf denen sich die betreffenden Datenobjekte befinden, geschickt.

Im folgenden sollen die DCM-Modellelemente eines DDBMS genauer diskutiert werden. Die möglichen Funktionen, die ein DCM unterstützen kann (siehe Abschnitt 2.1.3.), werden mit den Anforderungen eines DDBMS in Beziehung gestellt. Diese Forderungen werden exemplarisch an zwei existierenden Systemen aufgezeigt. Dabei handelt es sich um R* von IBM und SDD-1 von der Computer Cooperation of America (Übersichtsartikel: [Will81, Roth80]). Die Entwicklung dieser Systeme hat 1979 bzw. 1976 begonnen. Beide Systeme sind Forschungsprototypen. R* und SDD-1 sind homogene DDBMS und basieren auf dem relationalen Modell.

Transaktionsverwaltung

Die Transaktionsverwaltung des DCM gewährleistet die Einhaltung der ACID-Eigenschaften auf globaler Ebene. Wie in 2.1.3.1. gezeigt, benutzt man zur Erhaltung der Atomarität von verteilten Transaktionen für die Terminierung von Transaktionen ein n-phasiges Commit-Protokoll ($n \geq 2$). Die globale Serialisierbarkeit aller zu einer globalen Transaktion gehörenden Subtransaktionen garantiert die globale Synchronisation. Abhängig von dem verwendeten Synchronisationsverfahren müssen eventuell auftretende Verklemmungen erkannt und behoben werden.

In R* und SDD-1 werden flache Transaktionen mit den gesamten ACID-Eigenschaften unterstützt. Eine Transaktion bezieht sich auf den gesamten Datenbestand. In R* beginnt eine Transaktion implizit mit dem ersten Datenbank-Zugriffskommando. R* benutzt zwei Variationen des normalen 2PC-Protokolls für verteilte Transaktionen. Es handelt sich hierbei um das „Presumed Abort"-Protokoll und das „Presumed Commit"-Protokoll [Moha83]. Diese Protokolle verringern die Anzahl der auszutauschenden Nachrichten und die Operationen auf der Log-Datei. Für Concurrency Control wird in R* die 2PL-Technik verwendet. Deadlocks, die bei dieser Technik auftreten können, werden durch eine verteilte Deadlock-Erkennung behandelt [Ober82, Haas83]. Dabei tauschen die einzelnen Knoten Informationen über wartende Transaktionen aus. Es gibt keine zentralisierte Kontrolle. Jeder Knoten hat dieselbe Verantwortung bezüglich der Deadlock-Behandlung.

Die Terminierung von Transaktion geschieht in SDD-1 mit Hilfe eines vierphasigen Commit-Protokolls (4PC). Dieses soll vor dem Ausfall des logischen Koordinators schützen. Concurrency Control wird durch die Benutzung von Konflikt-Graphen und Zeitmarken gewährleistet. Mit Hilfe der Konflikt-Graphen werden Transaktionen vor ihrer Ausführung auf mögliche Konflikte überprüft. Falls Konflikte auftreten, wird zur Laufzeit die Zeitmarken-Methode verwendet. Durch das Zeitmarken-Verfahren werden Deadlocks vermieden. Daher braucht man keine weiteren Verfahren zur Deadlock-Behandlung [Bern80a, Bern80b].

Datenrepräsentation

Da hier nur vollständig homogene DDBMSs betrachtet werden (gleiche Hardware, gleiches Betriebssystem in allen Knoten), ist keine Transformation der Datendarstellungen zwischen den einzelnen Knoten nötig.

Integritätskontrolle

Prinzipiell sind in DDBMSs globale semantische Integritätsüberprüfungen realisierbar, da ein globales konzeptionelles Schema vorhanden ist, für das diese Bedingungen definiert werden können. Ein solcher Mechanismus ist allerdings recht aufwendig. In R* und SDD-1 ist es nicht möglich, globale Integritätsbedingungen zu formulieren.

Verteilungskontrolle

Eine essentielle Eigenschaft von DDBMSs ist die Erbringung von Ortstransparenz. Im Prinzip ist es bei DDBMSs möglich, alle drei eingeführten Transparenzstufen zu unterstützen, da ein globales konzeptionelles Schema vorhanden ist. Um diese Transparenzen zu unterstützen, muß vom Kommunikationssystem sowohl die Weiterleitung als auch die Aufspaltung von Anfragen sowie das Zusammenführen von Resultaten realisiert werden.

R* unterstützt keine Fragmentation von Relationen. SDD-1 realisiert Fragmentationstransparenz und erlaubt es, globale Relationen sowohl horizontal als auch vertikal zu fragmentieren. R* erlaubt kein Replikation von Datenobjekten. SDD-1 realisiert Replikationstransparenz.

Basiskommunikation

Da in den hier betrachteten DDBMSs in allen Knoten jeweils eine Kopie derselben Software läuft, ist es möglich, spezielle Datenzugriffsprimitive zu verschicken. Diese Primitive sind von den Benutzeranfragen abgeleitet, auf spezielle Zugriffsmechanismen ausgerichtet und werden meist *Zugriffspläne* (access plans) genannt.

Um Datenzugriffsprimitive auf entfernten Knoten zur Ausführung zu bringen, verschickt R* neben diesen Primitiven noch Zugriffspläne [Lind84, Lohm84]. Der Zugriffsplan ist in einer prozeduralen Sprache spezifiert und beschreibt, in welcher Reihenfolge und mit welchen Methoden auf Daten zugegriffen werden soll.

Auch in SDD-1 werden nicht die ursprünglichen Datenzugriffsprimitive an die entfernten Knoten verschickt. Hier werden sogenannte „envelopes" übertragen, die mit Hilfe von Relationen-Algebra definiert sind [Good81].

2.2.2. Föderative Datenbanksysteme

Föderative Datenbanksysteme schließen existierende DBMSs zu einer Föderation zusammen, um einen gegenseitigen Datenaustausch zu ermöglichen [Heim85, Heim87]. Die einzelnen DBMSs sollen dabei die größtmögliche lokale Autonomie beibehalten. Daher fordert ein FDBMS von den einzelnen DBMSs nicht, sich einem globalen konzeptionellen Schema unterzuordnen. Jedes an einer Föderation beteiligte DBMS bestimmt selbst, welchen Teil seiner Daten es der Föderation zur Verfügung stellt. Diese Entscheidungen können dynamisch geändert werden. Jedes lokale DBMS verwaltet seine Daten weiterhin eigenverantwortlich. Zum Zweck der Kooperation bietet jedes an einer Föderation beteiligte DBMS ein *Export-Schema* an (siehe folgende Abbildung). Das konzeptionelle Schema eines lokalen DBMS wird *Privat-Schema* genannt. Ein DBMS kann einerseits das gesamte Privat-Schema der Föderation zur Verfügung stellen. Damit wäre das Export-Schema mit dem Privat-Schema identisch (siehe DBMS 1 und DBMS 2 in der Abb. 6). Andererseits kann ein DBMS, z.B. wegen Schutzaspekten, nur eine Teilmenge seines Privat-Schemas als Export-Schema deklarieren (siehe DBMS 3 in der Abb. 6). Fremde Daten, auf die ein Benutzer der föderativen Datenbank zugreifen möchte, werden in einem *Import-Schema* definiert. Üblicherweise setzt sich das Import-Schema aus Daten unterschiedlicher angebotener Export-Schemata zusammen. Jede Föderation hat ein föderatives Datenwörterbuch (Federal Dictionary), in dem die Export-Schemata der einzelnen Föderationsmitglieder verzeichnet ist.

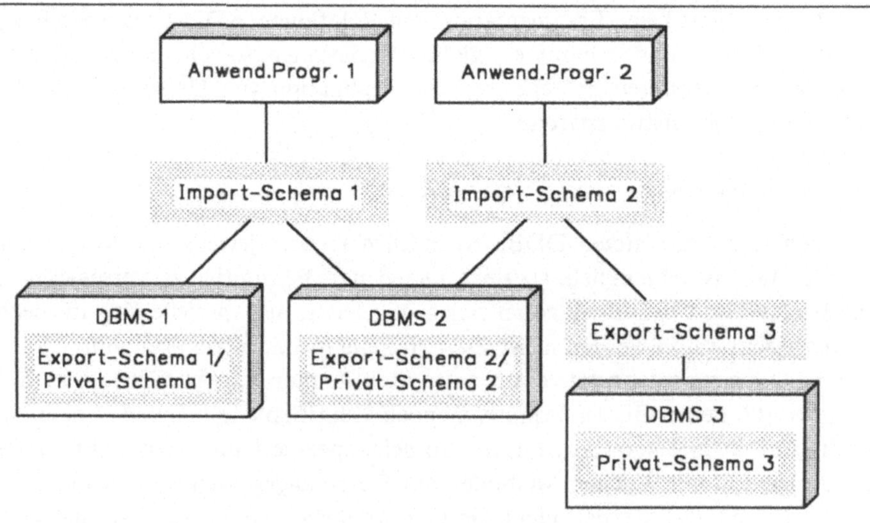

Abb. 6. Architektur eines föderativen Datenbanksystems

In FDBMSs ist keine Überprüfung von Integritätsbedingungen zwischen den Export-Schemata vorgesehen. Globale Integritätsbedingungen würden dem Grundgedanken von FDBMSs widersprechen, der den einzelnen Föderationsmitgliedern größtmögliche Autonomie beläßt.

2.2.2.1. Modell

Ebenso wie bei DDBMSs gibt es bei FDBMSs nur lokale Terminals, die direkt mit den lokalen APs kommunizieren. Daher werden auch hier Terminals nicht modelliert. In der Aufrufhierarchie verbleiben somit AP-, DCM- und LRM-Elemente. Auch bei FDBMSs sollen alle Kommunikationsaspekte und somit auch die globale Sicht des Metamodells in den DCMs (und nicht in den LRMs) angesiedelt sein. Da eine der wesentlichen Eigenschaft von FDBMSs die Integration von existierenden DBMSs ist, kann auf der LRM-Ebene auch gar keine globale Sicht vorhanden sein, da sonst die DBMSs erweitert werden müßten.

Somit kann die Kommunikation in einem FDBMS mit dem Systemmodell wie in Abb. 7 dargestellt werden. Bedingt durch die Autonomie der einzelnen Knoten eines FDBMS, kann ein AP sowohl lokal auf einen Datenbestand eines LRM zugreifen als auch über den DCM des betreffenden Knotens auf Daten anderer Föderationsteilnehmer. Für den Fernzugriff auf möglicherweise verteilte Daten erbringt der DCM alle erforderlichen Kommunikationsaufgaben. Das LRM-Element, das die lokalen Datenbestände eines Knotens verwaltet, wird in einem FDBMS von einem autonomen DBMS gebildet.

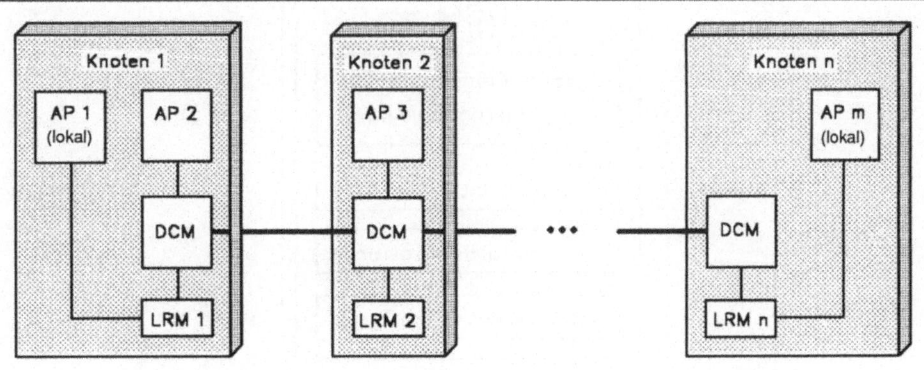

Abb. 7. Modell eines FDBMS

2.2.2.2. Funktionalität des Datenkommunikationsmanagers

Der Benutzer eines FDBMS wird durch die Verteilungskontrolle von der Kenntnis über den Ort der benötigten Datenbestände befreit. Die Transaktionsverwaltung unterstützt die Durchführung verteilter Transaktionen. Verfahren zur Datenrepräsentation sind notwendig, da in einem FDBMS heterogene Systeme zusammengeschlossen sein können.

Im folgenden werden die Kommunikationseigenschaften von FDBMS analog der Strukturierung des DCM-Modellelementes in Abschnitt 2.1.3. aufgelistet. Es werden keine existierende Systeme als Beispiele benutzt, da die wenigen FDBMSs, die bereits verfügbar sind, sich in ihren Eigenschaften wesentlich unterscheiden.

Transaktionsverwaltung

Bei verteilten transaktionsorientierten Systemen hat sich ein flaches Transaktionsmodell etabliert. In der Literatur über FDBMSs werden verschiedene Transaktionsmodelle vorgeschlagen, die alle für verschiedene Anwendungen geeignet sind. Wird das flache Transaktionsmodell bei FDBMSs angewendet, muß globale Serialisierbarkeit garantiert werden, z.B. durch die Benutzung von 2PL-Protokollen. Für Anwendungen mit langlebigen Transaktionen ist das Konzept der Sagas entwickelt worden, die meist im Zusammenhang mit FDBMSs diskutiert werden [Alon87, Garc87a] (siehe auch 2.1.3.1.).

Datenrepräsentation

Bei FDBMSs ist eine Transformation der Daten notwendig, falls sich heterogene Sy-

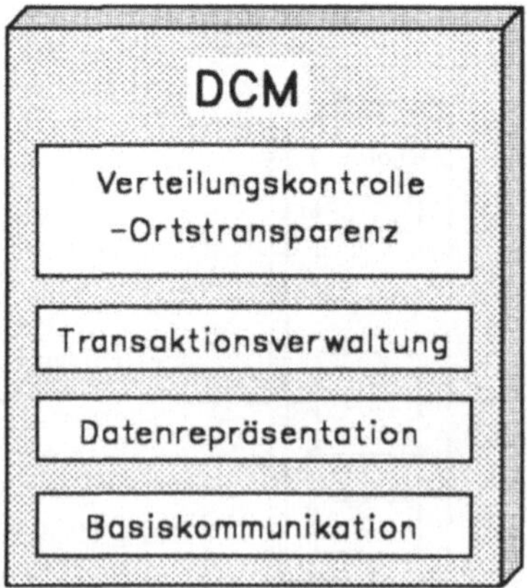

Abb. 8. DCM eines FDBMS-Knotens

steme in der Föderation befinden. Ein Ansatz dafür ist der, daß die Mitglieder einer Föderation selbstbeschreibende Daten austauschen, so daß sowohl die Daten als auch deren Formate interpretiert werden können [Mark87]. Es gibt noch keinen generellen Ansatz für diese Repräsentationsproblematik in FDBMSs. Falls keine gemeinsame globale Repräsentation unterstützt wird, muß die Konvertierung der Daten lokal durch die Anwendung geschehen.

Integritätskontrolle

FDBMSs erlauben es nicht, globale Integritätsbedingungen zwischen verschiedenen Föderationsmitgliedern zu definieren. Da kein globales konzeptionelles Schema existiert, kann keine globale Überprüfung realisiert werden.

Verteilungskontrolle

Ohne globales konzeptionelles Schema können auch keine Fragmente unterstützt werden; sie würden zudem dem Autonomiegedanken widersprechen. FDBMSs bieten Ortstransparenz. Der Ort der benötigten Datenobjekte ist im föderativen Datenwörterbuch verzeichnet, welches in einer Verhandlungsphase zur Definition des Importschemas benutzt wird. Replikate sind wegen des fehlenden globalen konzeptionellen Schemas nicht möglich.

Basiskommunikation

In FDBMSs können zum Zugriff auf entfernte Daten sowohl Datenbankzugriffsprimitive als auch Aufrufe an entfernte Transaktionsprogramme verschickt werden. Da in FDBMSs heterogene Systeme zusammengeschlossen sein können, ist es nicht möglich, implementierungsnahe Zugriffspläne auszutauschen.

2.2.3. Verteilte Transaktionssysteme

Transaktionssysteme ermöglichen es dem Endbenutzer, über ein Dialogsystem vom Arbeitsplatz auf entfernte Datenbestände zuzugreifen. Typischerweise sind Transaktionssysteme in den Bereichen Auskunfts-, Buchungs- und Datenerfassungssysteme zu finden. Die Datenbestände müssen sich nicht notwendigerweise in einem Datenbanksystem befinden, sondern können auch in Dateisystemen abgespeichert sein. Ein Transaktionssystem verwaltet dazu eine Menge von auf die jeweilige Anwendung zugeschnittenen Programmen *(Transaktionsprogramm - TAP)*. Transaktionsprogramme werden von dem Benutzer durch eine problemorientierte Schnittstelle aufgerufen, die von den konkreten Programmen, Dateien oder Datenbanken abstrahiert und nur noch anwendungsbezogene Funktionen kennt. Der Begriff Transaktionssystem subsummiert die Komponenten Hardware, Betriebssystem, Datenbank- oder

Dateisystem, TAPs sowie als integraler Bestandteil den *TP-Monitor* (Teleprocessing- oder Transaction Processing-Monitor).

Die Funktionen eines Transaktionssystems werden über einen Namen *(Transaktionscode - TAC)* oder indirekt durch Menüauswahl aufgerufen und im Dialog mit Hilfe von Bildschirmmasken abgewickelt, in die der Benutzer seine Parameter einträgt. Daraus ergibt sich eine geringe Variationsmöglichkeit im Verarbeitungsablauf und eine hohe Parametrisierbarkeit der Anwendung [Meye88].

Durch Transaktionssysteme wird die Abwicklung von wenigen Typen stark formalisierter und kurzer Verarbeitungsvorgänge im Dialog unterstützt. An der problemorientierten Schnittstelle des Benutzers sollen weder Satzstrukturen, Felder, Beziehungen noch Programme sichtbar sein. Diese Eigenschaft wird als *Daten- und Programmunabhängigkeit* bezeichnet. Im aktuellen Betrieb können viele Benutzer parallel die vorhandenen TAPs, mit unterschiedlichen oder gleichen Parametern versorgt, mit hoher Frequenz aufrufen. Der Benutzer eines Transaktionssystems kann über verschiedenartige Terminaltypen seinen Dialog führen. Ein Benutzer könnte also von unterschiedlichen Terminaltypen aus verschiedene Anwendungen über unterschiedliche Übertragungsprozeduren anstoßen und mit Parametern versorgen, bei deren Ausführung auf unterschiedliche Dateien zugegriffen wird.

Das mit TP-Monitoren verfolgte Ziel ist es, TAPs von all diesen Unterschieden unabhängig zu machen. Die Unabhängigkeit von verschiedenen Terminaltypen wird durch das Konzept des virtuellen Terminals gewährleistet. Es wird ein abstrakter Terminaltyp definiert, der von den Transaktionsprogrammen angesprochen wird. Für jedes reale Terminal wird ein Treiber implementiert, der die abstrakten Terminalsteuerzeichen in gerätespezifische Steuerzeichen umsetzt. Damit wird ein bestimmter Terminaltyp definiert, um die Kommunikation zum TAP zu standardisieren. TP-Monitore befreien TAPs weiterhin von Funktionen wie Ablaufkontrolle, Synchronisation auf globalen Daten, Verteilung der Betriebsmittel und Recovery.

Bei dem Datenzugriff auf Dateisysteme mit Hilfe eines TP-Monitors bleiben die Struktur und die Organisation der Daten weiterhin für das TAP sichtbar. Die Unabhängigkeit von Datenstrukturen wird durch die Koppelung eines Transaktionssystemes mit einem DBMS erreicht. Die Aufgaben der Datenverwaltung werden vom DBMS übernommen. Die Kopplung von DBMS und TP-Monitor wird üblicherweise *DB/DC-System* (Data Base/Data Communication System) genannt.

Unter verteilten Transaktionssystemen versteht man Systeme, die aus mehreren, untereinander verbundenen Knoten bestehen, auf denen sich jeweils ein lokales Transaktionssystem befindet. Die lokalen Transaktionssysteme innerhalb eines verteilten Transaktionssystems sind homogen bezüglich der Software (gleiche Funktionalität, gleiche Schnittstellen). Die beteiligten Knoten können allerdings unterschiedliche Hardware besitzen. Verteilte Transaktionssysteme erlauben es einerseits einem Benutzer an einem Terminal, TAPs anderer Knoten aufzurufen. Andererseits kann ein TAP eines Knotens auf Datenbestände anderer Knoten zugreifen.

In der nachfolgenden Modellierung werden verschiedene Möglichkeiten aufgezeigt, wie die Verteilung innerhalb eines verteilten Transaktionssystems realisiert werden kann.

2.2.3.1. Modell

Im Gegensatz zu DDBMSs und FDBMSs werden Terminalelemente bei verteilten Transaktionssystemen explizit modelliert, da hier die Kommunikation zwischen Terminal und AP nicht nur lokal, sondern auch über das Netz erfolgen kann. Die Aufrufhierarchie würde in einem Transaktionssystem folgendermaßen aussehen: ein Terminal (Ebene 1) ruft über ein DCM (Ebene 2) ein TAP (Ebene 3) auf, welches wiederum über einen DCM (Ebene 4) auf Daten des LRM (Ebene 5) zugreift. Die globale Sicht auf verteilte Ressourcen ließe sich konzeptionell in jeder Ebene ansiedeln [Meye88]. Falls der Benutzer an seinem Terminal die Verteilung kennt, würde er wechselweise mit verschiedenen lokalen Transaktionssystemen in Verbindung treten. Globale Sicht in Ebene 2 (DCM) bedeutet, daß Aufrufe von TAPs an den Ort, an dem die betreffenden TAPs gespeichert sind, geleitet werden (Transaction Routing). Falls die globale Sicht in Ebene 3 vorhanden ist, verteilt das TAP die Zugriffsoperationen an die betreffenden Datenbestände (Distributed Transaction Processing). Verteilung in Ebene 4 (DCM) heißt, daß Zugriffsoperationen vom DCM an die jeweiligen LRMs weitergeleitet werden (Function Request Shipping). Falls die globale Sicht in Ebene 5 (LRM) vorhanden ist, würde diese Ebene durch ein DDBMS realisiert sein. Bei verteilten Transaktionssystemen ist keine generelle Aussage möglich,

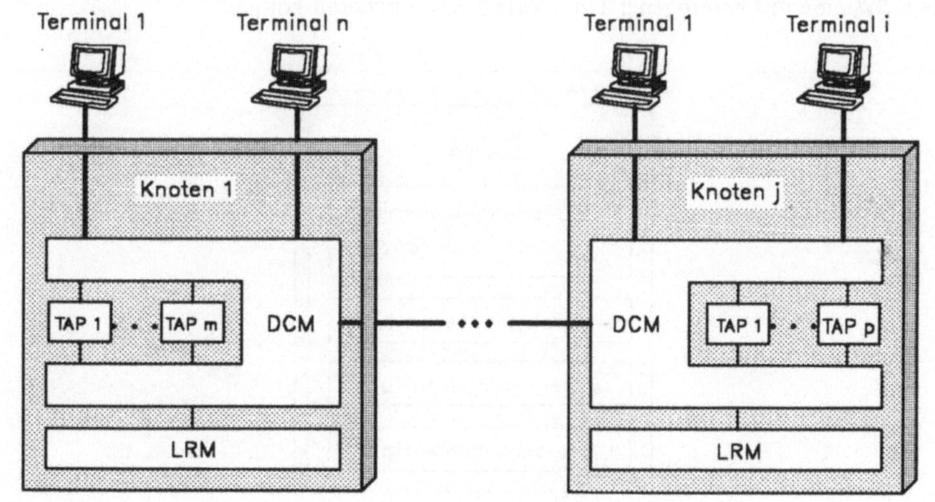

Abb. 9. Modell eines verteilten Transaktionssystems

auf welcher Ebene die globale Sicht am besten angesiedelt sein sollte [Meye88]. Einschränkend muß man jedoch feststellen, daß eine Verteilung auf Ebene 1 (Terminal) oder Ebene 5 (LRM) nicht charakteristisch für verteilte Transaktionssystem ist. Je nach den Anforderungen an ein verteiltes Transaktionssystem, die wesentlich aus den Organisationsstrukturen der benutzenden Unternehmen resultieren, sind jeweils unterschiedliche Ansätze sinnvoll. Daher realisieren Hersteller verteilter Transaktionssysteme in ihren Produkten mehrerer Konzepte parallel (so bietet z.B. IBM in ihrem Transaktionssystem CICS globale Sicht auf Ebene 2, 3 oder 4 an [CICS87a, CICS87b]).

Die Systemstruktur eines verteilten Transaktionssystems läßt sich mit den in 2.1. eingeführten Elementen wie in Abb. 9 auf Seite 39 gezeigt modellieren. Von einem Terminal aus ruft ein Benutzer ein lokales oder entferntes TAP auf. Alle terminalspezifischen Kommunikationsaspekte werden dabei vom DCM-Element übernommen. Ein TAP greift über einen DCM entweder auf einen lokalen oder entfernten LRM zu. Darüberhinaus kann ein TAP auch ein anderes lokales oder entferntes TAP aufrufen. Ein LRM kann in einem Transaktionssystem durch ein Dateisystem oder ein DBMS realisiert sein.

2.2.3.2. Funktionalität des Datenkommunikationsmanagers

Der Benutzer eines Transaktionsystems wird durch die Verteilungskontrolle von der Kenntnis über den Ort der benötigten Datenbestände bzw. der aufgerufenen TAPs befreit. Die Transaktionsverwaltung unterstützt die Durchführung verteilter Transaktionen. Datenrepräsentation ist notwendig, da in einem verteilten Transaktionssystem Systeme mit heterogener Hardware kommunizieren können.

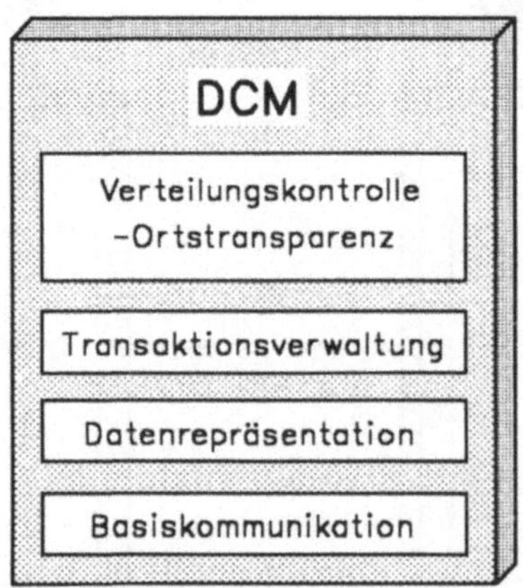

Abb. 10. DCM eines Transaktionssystem-Knotens

Nachfolgend wird der Funktionsumfang eines DCM-Elementes eines Transaktionssystemes beschrieben. Dafür wird exemplarisch CICS (Customer Information Control System) von IBM benutzt. CICS wurde seit der Markteinführung in den frühen 70er Jahren ständig weiterentwickelt und ist ein sehr weit verbreitetes Transaktionssystem [Acke82, CICS87a, CICS87b].

Transaktionsverwaltung

Der Teil von CICS, der für die Kommunikation mit entfernten Knoten verantwortlich ist, heißt ISC (Intersystem Communication). Eine CICS-Anwendung besteht aus einer oder mehreren Transaktionen. Eine „verteilte" Transaktion kann mit Hilfe von CICS auf drei verschiedenen Arten implementiert werden:

„Function Shipping" bedeutet, daß ein einzelnes Datenbankzugriffsprimitiv zu einem entfernten Knoten geschickt wird. Mit diesem Primitiv kann auf ein Dateisystem oder auf ein DBMS zugegriffen werden. Auf den entfernten Knoten wird eine Transaktion gestartet, um diese Anfrage zu verarbeiten. Diese entfernte Transaktion wird mit „Mirror Transaction" bezeichnet. Bei lesendem Zugriff wird die Transaktion auf dem entfernten Knoten gleich wieder beendet, bei schreibendem Zugriff bleibt die Transaktion bis zum COMMIT aktiv.

Bei *asynchroner Transaktionsverarbeitung* (asynchronous transaction processing) startet eine lokale Transaktion eine andere Transaktion auf einem entfernten Knoten. Diese läuft danach unabhängig von der aufrufenden Transaktion weiter. Die Transaktion auf dem entfernten Knoten kann ihrerseits wiederum andere Transaktionen aufrufen. Diese Art der Transaktionsverarbeitung garantiert für die aufrufende Transaktion keine Atomarität mehr. Die Recovery liegt in der Verantwortung der TAPs und kann nur mit Hilfe von Kompensationsmaßnahmen durchgeführt werden.

Bei *verteilter Transaktionsverarbeitung* (distributed transaction processing) ruft ebenfalls eine Transaktion eine andere Transaktion auf einem entferntem Knoten auf. Im Gegensatz zu asynchroner Transaktionsverarbeitung wartet die aufrufende Transaktion allerdings auf die Antwort der entfernten Transaktion.

Datenrepräsentation

Verfahren zur Datenrepräsentation können in Transaktionssystemen notwendig werden, falls heterogene Systeme miteinander kommunizieren. In CICS können Systeme mit heterogener Hardware kooperieren. Die TP-Monitor-Software ist auf allen Systemen von ihrer Funktionalität her identisch. Auch die Unterstützung verschiedener Terminaltypen, die typisch für Transaktionssysteme ist, fällt in den Bereich der Datenrepräsentation. Hierauf soll allerdings hier nicht näher eingegangen werden.

Integritätskontrolle

Im allgemeinen gibt es in Transaktionssystemen nicht die Möglichkeit, globale Integritätsbedingungen zu formulieren.

Verteilungskontrolle

In einigen Transaktionssystemen wird Ortstransparenz unterstützt. Falls z.B. im „Function Request Shipping"-Modus von CICS Zugriff zu einem bestimmten Datenbestand gefordert wird, verwaltet CICS die lokale oder gegebenenfalls die entfernte Ausführung des Datenzugriffsprimitivs und bietet dem Benutzer so Ortstransparenz. Bei asynchroner Transaktionsverarbeitung kann ein entferntes TAP aufgerufen werden, ohne daß der Aufrufer seinen Ort kennt. Bei verteilter Transaktionsverarbeitung bietet CICS keine Ortstransparenz. Hier muß explizit der Knoten angegeben werden, auf dem die entfernte Transaktion ablaufen soll.

Ohne globales konzeptionelles Schema können weder Fragmente noch Replikate unterstützt werden.

Basiskommunikation

Üblicherweise werden in Transaktionssystemen die Aufrufe an bestimmte TAPs zusammen mit den dazugehörigen Parametern übermittelt. Ein Sonderfall ist der „Function Request Shipping"-Modus von CICS, in dem explizite Zugriffsprimitive an Dateisysteme oder DBMSs auf entfernten Knoten geschickt werden.

2.3. Funktionalität des Datenbankfernzugriffs

In den vorherigen Abschnitten sind drei Systemklassen vorgestellt worden, die einen Zugriff auf entfernte Datenbanken realisieren. Sowohl bei DDBMSs als auch bei FDBMSs und Transaktionssystemen werden für den entfernten Datenbankzugriff sehr spezifische Mechanismen benutzt. Diese hängen stark von der verwendeten Rechner- und Netzarchitektur ab. Es werden dabei spezielle auf einen Hersteller und dessen Architektur zugeschnittene Übertragungs- und Zugriffsprotokolle verwendet. Mit solchen isolierten Lösungen ist es nicht ohne weiteres möglich, Rechner mit unterschiedlichen Architekturen zu verbinden.

Der Datenbankfernzugriff (Remote Database Access - RDA) stellt einen Mechanismus dar, mit dem auf entfernte Datenbanken, unabhängig von der Architektur der beteiligten Rechner, zugegriffen werden kann. Der RDA soll eine Verbindung zwischen Anwendungen und Datenbanken schaffen, die

- von verschiedenen Herstellern stammen können,
- unterschiedlich verwaltet werden,
- unterschiedliche Komplexität besitzen und
- auf unterschiedlichen Architekturen basieren können.

Daraus folgt schon eine der wesentlichen Eigenschaften des RDA, nämlich die Verbindung *heterogener* Systeme, um auf entfernte Datenbanken zugreifen zu können.

Als Basis für den standardisierten Datenaustausch im RDA soll das ISO/OSI-Referenzmodell [I7498] dienen. Dieses weithin akzeptierte Modell wurde von 1978 bis 1982 entwickelt und bildet die Grundlage für eine offene Kommunikation in heterogenen Rechnernetzen.

Nachfolgend sollen zunächst Anforderungen an einen allgemeinen Datenbankfernzugriffsmechanismus aufgestellt werden. Dies geschieht unter Zuhilfenahme der in Abschnitt 2.2. gewonnenen Ergebnisse. Der RDA soll für eine möglichst breite Klasse von Anwendungen, die auf entfernte Datenbanken zugreifen, als grundlegender Kommunikationsmechanismus dienen. Die Anforderungen gliedern sich in die Unterstützung verschiedener Datenmodelle, verschiedener Interaktionsformen und die Transaktionsverwaltung bei unterschiedlichen Systemklassen. Dies dient als Motivation, um anschließend die Funktionalität des RDA zu definieren. Dazu wird wieder das in 2.1. eingeführte Modell verwendet. Im nächsten Abschnitt wird ein zur Zeit in der ISO diskutierter Normungsvorschlag für den Datenbankfernzugriff vorgestellt. Zur Einführung in die Grundlagen und die Terminologie dieses Normungsvorschlags wird ein Abschnitt über das ISO/OSI-Referenzmodell vorangestellt.

2.3.1. Anforderungen

Die nachfolgenden Anforderungen an den RDA sollen dessen Notwendigkeit und dessen Funktionsumfang motivieren. Dies ist allerdings an dieser Stelle nur als Anstoß zu sehen. Die genaue technische Analyse und mögliche Realisierungsvorschläge folgen später in Kapitel 4 und 5.

Unterstützung verschiedener Datenmodelle

Zwei wichtige Klassen für die Speicherung von Daten werden von Dateisystemen und DBMSs gebildet. Die Datenobjekte sowie die Operationen auf diesen sind bei Dateisystemen meist sehr eingeschränkt. Eine Transaktionsverarbeitung wird von Dateisystemen nicht unterstützt.

DBMSs stellen im Gegensatz zu Dateisystemen u.a. mächtigere Abfragesprachen, eine zentrale Kontrolle über die Datenintegrität und erhöhte Unabhängigkeit der APs von den Daten zur Verfügung. Daher wird ein Datenfernzugriff in den meisten Fällen wohl mit Datenbanksystemen kooperieren. DBMSs können sich allerdings wesentlich bezüglich ihres unterstützten Datenmodells unterscheiden. Datenmodelle werden meist in drei verschiedene Hauptklassen eingeteilt [Date81]: in relationale Datenmodelle, in Netzwerkmodelle und hierarchische Modelle. Sie unterscheiden sich in der Darstellung der abgespeicherten Informationen. Das Relationenmodell stellt Informationen in Form von normalisierten Relationen ausschließlich durch den Inhalt der Daten dar [Haer86]. Es zeichnet sich unter anderem durch die Einfachheit seiner Datenstrukturen, seine strenge theoretische Grundlage und den hohen Grad an Datenunabhängigkeit aus. Hierarchische Datenmodelle und Netzwerkmodelle stellen Informationen durch ihre Anordnung in Speicherungsstrukturen dar. Sie vermischen die Sicht der Daten- und Zugriffsaspekte. Netzwerkmodelle unterscheiden sich von hierarchischen Modellen durch des Wegfallen der streng hierarchischen (baumstrukturierten) Beziehung der Daten.

Im Zuge der Erschließung von neuen Anwendungsbereichen für Datenbanksysteme werden an diese neue Anforderungen gestellt. Solche nicht-konventionellen Datenbanksysteme werden allgemein als Non-Standard-Datenbanksysteme bezeichnet [Haer85]. Neue Anwendungsbereiche sind z.B. Bild- und Sprachverarbeitung, Prozeßdatenverwaltung und vor allem Entwurf und Fertigung (CAD/CAM). Non-Standard-Datenbanksysteme werden nicht mehr als monolithische Datenbanksysteme entworfen, die sehr vielen Anwendungen gerecht werden, sondern sind speziell für ihr Einsatzgebiet geplant. Sie unterscheiden sich von konventionellen DBMSs u.a. durch andere Speicherungsstrukturen, mächtigere Sprachkonzepte und andere Transaktionsmodelle.

Ein Fernzugriffsmechanismus, der auf Daten in all den oben ausgeführten Fällen operieren kann, sieht sich der Schwierigkeit ausgesetzt, mit einer Vielzahl von unterschiedlichen Datenmodellen umzugehen. Daraus leitet sich die essentielle Forderung an den RDA ab, daß ein solcher unabhängig vom Datenmodell sein soll.

Interaktionsformen

Über die Unterstützung von unterschiedlichen Datenmodellen hinaus soll der RDA auch in verschiedenen Interaktionsformen anwendbar sein. Er soll ein breites Spektrum von Interaktionen zwischen verteilten transaktionsorientierten Systemen in heterogenen Umgebungen unterstützen.

Die einfachste Interaktionsform findet man in der Kommunikation zwischen genau zwei Partnern. Um eine möglichst breite Klasse von Anwendungen zu unterstützen, soll die Kommunikation gemäß dem Client/Server-Modell stattfinden [Svob85, Gray86, Gray87]. Client und Server sind dabei autonome Rechner. Der Server bietet Dienste an, die vom Client nachgefragt werden. An den Client werden keine Forderungen gestellt, außer daß er sich an die zwischen Client und Server vereinbarte Schnittstelle zu halten hat. Beim RDA befindet sich auf der Client-Seite typischerweise ein Anwendungsprogramm, das mit Informationen arbeiten möchte, die auf einer Datenbank der Server-Seite gelagert sind. Die Art der Dienste, die der Server zur Verfügung stellt, sind durch das Client/Server-Modell nicht von vorneherein festgelegt. Dies können Dienste zur Übertragung von DBL-Kommandos (DBL : Database Language) oder auch Dienste zum Aufruf vordefinierter Prozeduren sein.

Client/Server-Systeme sind offen bezüglich ihrer Funktionalität, da diese nur durch die vom Server angebotenen Dienste bestimmt ist.

Falls genau ein Client mit genau einem Server in einer Kommunikationsbeziehung steht, soll dies im folgenden als *Einzel-Server-Datenbankfernzugriff* bezeichnet werden. Es sind aber auch Anwendungen üblich, die Informationen von mehreren Datenbanken benötigen. In diesem Fall steht ein Client mit mehreren Servern in Verbindung. Das soll *Multi-Server-Datenbankfernzugriff* genannt werden.

In komplexen transaktionsorientierten Anwendungen muß neben einer nur zweistufigen Kommunikationsstruktur, in der ein Client mit einem oder mehreren Servern kommuniziert, auch eine mehrstufige Struktur möglich sein. Hierbei wird ein Server zu einem neuen Client, der wiederum einen oder mehrere Server anspricht usw. Damit erhält man eine baumartige Kommunikationsstruktur.

Transaktionsverwaltung

Der Multi-Server-RDA soll eine Kommunikationsunterstützung für verteilte Transaktionen bieten. Dabei wird eine Transaktion in mehrere Teiltransaktionen aufgespalten, die von verschiedenen Servern ausgeführt werden. Allerdings bezieht sich ein vom Client in Auftrag gegebenes DBL-Kommando immer genau auf einen Server.

Mit Hilfe des RDA sind heterogene Systeme in der Lage, miteinander zu kommunizieren. Heterogenität bedeutet, daß Rechner mit verschiedenen Architekturen kooperieren können. So soll es z.B. auch für einen Personal Computer (PC) möglich sein, eine Datenbank eines Großrechners abzufragen bzw. zu ändern. Solch ein Szenarium läßt sich einerseits durch die zunehmende Verbreitung von PCs und Workstations, an denen ein Benutzer lokal viele Aufgaben lösen kann, motivieren. Andererseits vollzieht sich ein Wandel bei den Einsatzgebieten der klassischen Großsysteme, die statt als Universalrechner mit vielen einfachen Terminals zunehmend als Erbringer von Diensten eingesetzt werden, die sehr große Rechenleistung und/oder sehr große Datenvolumina erfordern.

Solch verschiedene Rechnerarchitekturen unterscheiden sich natürlich sehr stark bezüglich ihrer Verfügbarkeit, Zuverlässigkeit, Wartung und Benutzerverhalten, um nur einiges zu nennen. Der Benutzer eines PCs kann z.B. ohne weiteres sein Gerät abschalten und dadurch eventuell gewisse Datenbestände auf einem non-stop operierenden Großrechner blockieren. Ebenso ist es denkbar, daß ein PC-Benutzer wissentlich (z.B. „Hacker“) oder unwissentlich (durch fehlerhafte Software) involvierte Server-Datenbanken in einen inkonsistenten Zustand versetzt. Viele Anwendungen möchten solche Ereignisse ausschließen. Um dieses zu gewährleisten, muß die Transaktionsverwaltung des RDA Protokolle beinhalten, die mit unterschiedlichen Systemklassen von Rechnern operieren können.

Eine zweite Anforderung an die Transaktionsverwaltung ist die Unterstützung von sowohl freidefinierten Transaktionen als auch vordefinierten Transaktionen (canned transactions). Unter freidefinierten Transaktionen soll hier der Fall verstanden werden, in dem ein Client mit Hilfe von ihm formulierter Datenzugriffsprimitive Datenbestände abfragt oder manipuliert. Der Client einigt sich zu diesem Zweck mit dem Server über eine Datenbanksprache (DBL). Diese Art des Zugriffs bietet dem Client durch die freie Formulierung in einer DBL sehr große Flexibilität. Allerdings kann der Server nicht ohne weiteres kontrollieren, welche Operationen der Client auf welchen Server-Daten durchführt. Eine Zugriffskontrolle kann nur durch die Vergabe von Verfügungsrechten über bestimmte Objekte an bestimmte Benutzer implementiert werden. Weiterhin müssen bei freidefinierten Transaktionen, die häufig in gleicher Form ausgeführt werden, jedesmal die kompletten Zugriffsprimitive übertragen werden. In diesen beiden Punkten unterscheiden sich freidefinierte von vordefinierten Transaktionen.

Unter vordefinierten Transaktionen sollen Transaktionsprogramme verstanden werden, deren Zugriffsprimitive im Server abgelegt sind und für den Client nicht mehr sichtbar sind. Der Client ruft solch eine vordefinierte Transaktion nur noch per Operations-Code auf und übergibt eventuell dazugehörige Parameter. Diese Vorgehensweise entspricht dem parametrisierten Aufruf von TAPs in Transaktionssystemen. Vordefinierte Transaktionen können sowohl vom Server vorgegeben sein als auch vom Client im Server etabliert werden. Die Motivation für den ersten Fall ist eine gute Steuerungsmöglichkeit der Zugriffskontrolle durch den Server. Für den zweiten Fall spricht die Verringerung des Kommunikationsaufwands bei häufig aufgerufenen identischen Transaktionen.

2.3.2. Modell

Unter Betrachtung der aufgestellten Forderungen soll nun festgelegt werden, welche Eigenschaften der RDA besitzt. Dazu wird das in 2.1. eingeführte Modell verwendet.

Bei der Modellierung des RDA spielen Terminal-Elemente keine Rolle. Die Kommunikation mit Terminals fällt nicht in den Aufgabenbereich des Datenbankfernzugriffs. Hierfür werden andere Kommunikationsprotokolle definiert, wie z.B. das „Virtual Terminal Protocol“ der ISO. Die Aufrufhierarchie würde daher wie folgt aussehen: APs greifen über DCMs auf LRMs zu. Die globale Sicht läßt sich also in drei verschiedenen Ebenen ansiedeln.

Globale Sicht in der AP-Ebene würde bedeuten, daß das AP die Verteilung der Datenbestände kennt und die Zugriffsoperationen entsprechend adressiert. Die Verteilung der Daten wäre somit im AP festgeschrieben. Eine Änderung der Verteilung würde eine Änderung des AP nach sich ziehen. Dadurch würde Flexibilität eingebüßt werden. Allerdings könnte der Programmierer eines AP sein Anwendungswissen so ausnutzen, daß das Nachrichtenaufkommen minimiert wird. Diese Lösung bietet sich vor allem bei einer Datenverteilung auf relativ autonomen Systemen an.

Verteilung auf Ebene des DCM heißt, daß das AP die verteilten Daten so sieht, als ob alle Daten lokal vorhanden wären. Das DCM kennt die Orte der einzelnen Datenbestände und verteilt die AP-Zugriffe entsprechend. Der DCM wäre damit

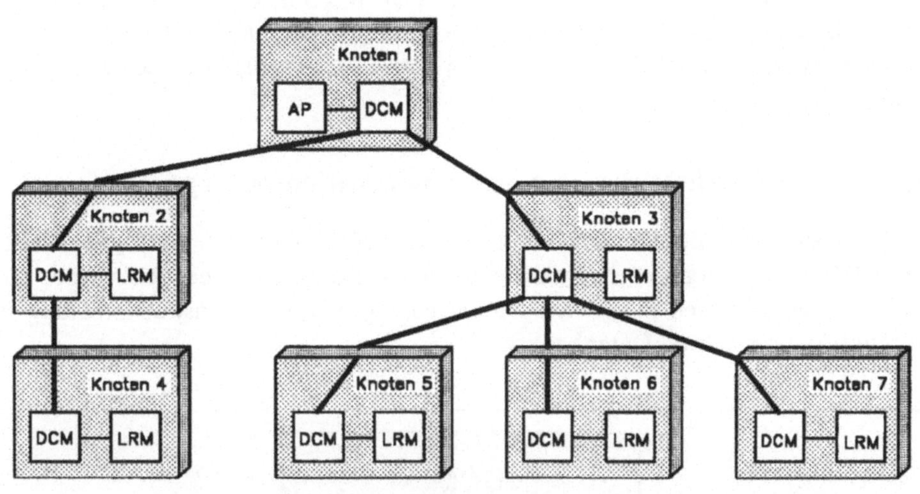

Abb. 11. Modell eines Datenbankfernzugriffs

recht mächtig und würde dem AP eine komfortable Schnittstelle zur Verfügung stellen. Diese Lösung eignet sich für die Verwaltung von enger gekoppelten Systemen, deren Daten logisch zusammengehören.

Die dritte Alternative, nämlich die globale Sicht ausschließlich auf der LRM-Ebene anzusiedeln, würde einem Einzel-Server-Datenbankfernzugriff auf ein DDBMS entsprechen. Ein Client (AP) kommuniziert mit genau einem Server (LRM, in diesem Fall DDBMS), der die interne Verteilung seiner Datenbestände gegenüber dem AP verbirgt.

Da der RDA eine möglichst allgemein einsetzbare Kommunikationsunterstützung zwischen heterogenen und unabhängigen Systemen bieten will, wird die globale Sicht auf der AP-Ebene angesiedelt. Dadurch müssen die DCMs keine Kenntnis über die Datenverteilung auf entfernten Knoten besitzen.

Der RDA soll mit den eingeführten Elementen wie in Abb. 11 aufgezeigt modelliert werden. Gemäß Abschnitt 2.3.1.2. soll der RDA baumartige Kommunikationsstrukturen unterstützen. Ein AP auf Knoten 1 greift auf Datenbestände der Koten 2 und 3 zu. Die Kommunikation wird ausschließlich über die DCM-Elemente abgewickelt. Die Knoten 2 und 3 greifen, zur Ausführung der Aufträge des APs auf Knoten 1, ihrerseits auf Datenbestände weiterer Knoten zu. Die Daten der einzelnen Knoten werden von dem LRM zur Verfügung gestellt. Ein LRM wird von einem DBMS und einem Server gebildet. Die Architektur und Sprache des DBMS ist nicht festgelegt. Der Server transformiert die Aufträge, die durch das DCM angeliefert werden, in Aufrufe an das jeweilige DBMS. Umgekehrt werden die Resultate des DBMS auf Dienste des DCM-Elementes abgebildet. Die Funktionalitäten der einzelnen DCM-Elemente sind nicht identisch. Der Wurzelknoten 1 hat Client-Funktionen, die Blattknoten 4, 5, 6 und 7 operieren als Server und die Knoten 2 und 3, die weder Wurzel noch Blätter sind, haben sowohl Client als auch Server Funktionalität.

2.3.3. Funktionalität des Datenkommunikationsmanagers

Der RDA stellt eine Zusammenfassung von Grundfunktionen zur Verfügung, wie sie in den DCMs der vorgestellten Systeme existieren. Damit bietet der RDA einer Vielzahl von Anwendungen in offenen Netzen eine Kommunikationsunterstützung für den Zugriff auf entfernte Datenbanken.

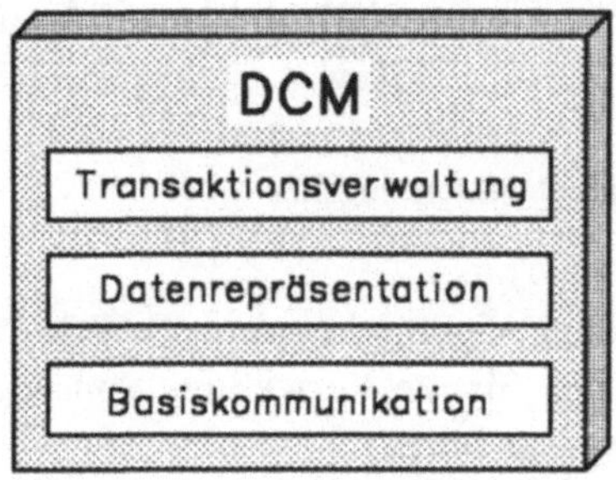

Abb. 12. DCM eines RDA-Knotens

Transaktionsverwaltung

Wie in 2.3.1. begründet wurde, unterstützt die Transaktionsverwaltung des RDA die Durchführung verteilter baumstrukturierter Transaktionen. Es wird ermöglicht, „unsichere" Systeme zu integrieren, ohne daß sie „sichere" Systeme blockieren oder diese in inkonsistente Zustände bringen können. Darüberhinaus werden sowohl freidefinierte als auch vordefinierte Transaktionen unterstützt.

Die Transaktionsverwaltung des RDA basiert auf einem flachen Modell. Obwohl geschachtelte Transaktionsmodelle in einigen Punkten flachen Transaktionsmodellen überlegen sind (siehe 2.1.3.1.), gibt es nach Wissen des Verfassers kein weit verbreitetes Produkt, das dieses Modell implementiert. Daher macht es auch für den RDA keinen Sinn, geschachtelte Transaktionen zu unterstützen.

Falls mit Hilfe des RDA innerhalb einer Transaktion auf mehrere DBMSs zugegriffen wird, muß eine globale Serialisierbarkeit gewährleistet werden. Die lokale Serialisierbarkeit der Teiltransaktionen wird durch die jeweiligen DBMSs garantiert. Dazu benutzen die DBMSs bestimmte Synchronisationsverfahren, von denen einige in 2.1.3.1. skizziert sind. Allerdings kann bei Verwendung unterschiedlicher Synchronisationstechniken (z.B. 2PL zusammen mit Zeitmarken-Verfahren) innerhalb einer verteilten Transaktion keine Aussage über die globale Serialisierbarkeit gemacht werden [Ceri84]. In diesem Fall müßte zur Gewährleistung der globalen Serialisierbarkeit die Ausführungsreihenfolge der Teiltransaktionen einer globalen Kontrollinstanz mitgeteilt werden. Falls diese globale Synchronisationsinstanz aufgrund der ihr mitgeteilten Ausführungsreihenfolgen die Verletzung der globalen Serialisierbarkeit bemerkt, müssen die entsprechenden Teiltransaktionen zurückgesetzt und wieder neu gestartet werden. Um nun eine für die globale Serialisierbarkeit passende Ausführungsreihenfolge innerhalb der neu gestarteten Teiltransaktion zu erzielen, müßte die globale Synchronisationsinstanz den einzelnen DBMSs die gewünschte Reihenfolge vorschreiben können. Diese Einflußnahme auf ein DBMS ist mit Hilfe einer DBL-Schnittstelle allerdings nicht möglich. Da mit dem RDA auf DBMSs nur mit Hilfe einer DBL zugegriffen werden soll, können keine DBMSs mit unterschiedlichen Synchronisationsverfahren innerhalb einer globalen Transaktion zugelassen werden. Bei der Sichtung verschiedener auf dem Markt etablierten DBMS-Produkte stellt man fest, daß die 2PL-Technik sehr weit verbreitet ist. Somit kann die Forderung vertreten werden, daß der RDA innerhalb einer verteilten Transaktion nur auf DBMSs zugreifen kann, die die 2PL-Technik zur Synchronisation verwenden.

Der konzeptionelle Nachteil der 2PL-Synchronisation ist das mögliche Auftreten von Verklemmungen. Bei den einzelnen Teiltransaktionen übernimmt das DBMS die Erkennung und Behebung von Verklemmungen. Jedoch sind darüberhinaus globale Verklemmungen möglich, die nicht durch die DBMSs entdeckt werden können. Daher sind im RDA Mechanismen zu realisieren, die globale Verklemmungen behandeln. Bei der Auswahl geeigneter Techniken stößt man, wie bei der Synchronisation auf das Problem, daß der RDA nur über eine DBL auf das DBMS zugreift und keine internen Verwaltungsinformationen (wie z.B. Wartegraphen) abfragen kann. Somit kommt für den RDA nur das Timeout-Verfahren zur Verklemmungsbehandlung in Frage, da dieses ohne interne DBMS-Informationen auskommt. Damit handelt man sich auch die Nachteile dieses Verfahrens ein. So ist es nicht einfach, die richtige Größe des Timeout-Zeitintervalls festzulegen [Kohl81]. Wenn es zu kurz gewählt wird, kann es vorkommen, daß eine Transaktion, die zu lange auf eine Sperre wartet, zurückgesetzt wird, ohne daß diese Transaktion bei einer Verklemmung beteiligt ist. Andererseits kann es bei einem zu großen Timeout-Zeitintervall lange dauern, bis eine Verklemmung tatsächlich entdeckt wird. Die Einstellung der richtigen Größe des Timeout-Intervalls ist zwar schwierig, aber machbar, wie die Benutzung dieses Verfahrens in einigen kommerziellen Systemen zeigt [Bern87].

Datenrepräsentation

Der RDA unterstützt die Kommunikation zwischen heterogenen Systemen. Diese Systeme können unterschiedliche Hardware, Software und Betriebssysteme besitzen. Diese Heterogenität macht Verfahren zur Datenrepräsentation notwendig. Spezielle

Anforderungen des RDA an diese Verfahren werden in Abschnitt 4.3. ausführlich diskutiert.

Globale Integritätskontrolle

Die Kontrolle von Integritätsbedingungen ist abhängig von dem verwendeten Datenmodell. Für unterschiedliche Datenmodelle sind unterschiedliche Überprüfungsmechanismen notwendig. Da jedoch eine wesentliche Anforderung an den RDA die Unabhängigkeit von dem verwendeten Datenmodell ist (siehe 2.3.1.1.), kann vom RDA keine globale Integritätskontrolle unterstützt werden.

Verteilungskontrolle

Hier soll geklärt werden, ob der RDA Orts-, Fragmentierungs- oder Replikationstransparenz unterstützt. Die Realisierung von Ortstransparenz ist in zwei verschiedenen Arten denkbar. Implizite Ortstransparenz ist dann gegeben, wenn der RDA aufgrund der Datenobjektnamen, die in dem DBL-Kommando enthalten sind, die Orte der Daten ermittelt. Diese Interpretation der DBL hätte allerdings eine Abhängigkeit von der verwendeten DBL und damit vom Datenmodell zur Folge. In 2.3.1. wird begründet, warum eine Unabhängigkeit vom Datenmodell im RDA gefordert wird. Somit ist dieser Mechanismus zur Realisierung von Ortstransparenz für den RDA nicht sinnvoll. Der zweite Ansatz wäre die explizite Ortstransparenz durch die Auswahl eines Datenobjektes außerhalb der DBL. Dieses Datenobjekt wäre ein logisches Objekt, dessen physische Adresse nur dem RDA und nicht dem Benutzer bzw. der Anwendung bekannt sein muß. Ein Problem hierbei ist die Festlegung der Granulatsgröße der logischen Datenobjekte. Es sind von ganzen Datenbanken bis hin zu einzelnen Tupeln alle Größen denkbar. Dieser Ansatz wäre mit den in 2.3.1. aufgestellten Forderungen vereinbar. Allerdings müßte dafür ein globales Datenwörterbuch (data dictionary) zur Verfügung stehen, welches die Abbildung des logischen Objektnamens auf die physische Adresse und umgekehrt ermöglicht. Das würde aber auch bedeuten, daß die an einer globalen „RDA-Transaktion" beteiligten Systeme sich einer globalen Instanz unterordnen, an die sie alle Änderungen der Orte ihrer Datenbestände mitteilen müssen. Dies würde eine Einschränkung des RDA in der Allgemeinheit seiner Anwendung bedeuten. Für den hier diskutierten RDA wird daher keine Erbringung von Ortstransparenz gefordert.

Damit ist auch keine Fragmentierungstransparenz realisierbar, da Fragmentierung von Datenbeständen in dem in 2.1.3.4. verwendeten Modell Ortstransparenz voraussetzt. Replikationstransparenz wäre zwar unabhängig von Ortstransparenz erbringbar, jedoch wäre auch hierzu ein globales Datenwörterbuch notwendig. Daher soll aus den oben aufgeführten Gründen auf die Unterstützung von Replikaten verzichtet werden.

Basiskommunikation

Der RDA basiert auf verbindungsorientierter Kommunikation. Dies motiviert sich aus den Eigenschaften eines solchen Mechanismus, wie sie in 2.1.3.5. dargelegt wurden. Die für den RDA wichtigen Charakteristika von verbindungsorientierter Kommunikation sind eine Reihenfolgebeziehung zwischen den Nachrichten, einfache Fehlerkontrolle, die Möglichkeit zur Flußkontrolle und die sehr weite Verbreitung in existierenden Systemen.

Der RDA kommuniziert asynchron, d.h., ein Client bleibt nach dem Verschicken eines Auftrags an einen Server nicht blockiert. Hier sollen zwei unterschiedliche Auslegungen des Begriffs Asynchronität betrachtet werden. Dieser kann sich auf die Kommunikation zwischen einem Client mit genau einem Server oder auf die Kommunikation zwischen einem Client mit mehreren Servern beziehen. Die Multi-Server-Kommunikation soll asynchron sein. Der Client wird durch das Ausstehen einer Antwort von einem Server nicht daran gehindert, einen weiteren Auftrag an einen anderen Server zu schicken. Dadurch kann der Grad an Parallelität erhöht werden. Doch ebenso sinnvoll ist es, die Einzel-Server-Kommunikation asynchron zu gestalten. Es wäre z.B. durchaus denkbar, daß der Server einen Auftrag seinerseits an einen anderen Server weiterleitet und somit vor Beantwortung des ursprünglichen Auftrags einen neuen Auftrag annehmen kann.

Es soll keine Regelung der Kommunikationsrichtung erfolgen. Client und Server können beidseitig senden (full-duplex). Da durch die Client/Server-Beziehung der Kommunikationspartner beim RDA die Regelung der Kommunikationsrichtung implizit festgelegt ist, ist die zusätzliche Regelung durch Berechtigungsmarken (im „half-duplex"-Fall) überflüssig.

Client und Server kommunizieren über sogenannte Anfrage/Antwort-Muster (siehe 2.1.3.5.). Der Client erwartet nach dem Verschicken eines Auftrags (request) an einen bestimmten Server die Antwort (response) von genau diesem Server. Neben diesem bestätigten Nachrichtenaustausch kann es zur Optimierung des Kommunikationsaufwand nützlich sein, auch unbestätigten Nachrichtenaustausch (nur request) anzubieten.

2.3.4. Existierender Normungsvorschlag für den Datenbankfernzugriff

In diesem Abschnitt soll ein zur Zeit in der ISO als „Draft Proposal" diskutierter Normungsvorschlag für den Datenbankfernzugriff vorgestellt werden (siehe auch [Papp87a, Papp87b]). Den Rahmen für diesen Vorschlag bildet das ISO/OSI-Referenzmodell für die Kommunikation in heterogenen Netzen.

2.3.4.1. Einführung in das ISO/OSI-Modell

Das technische Komitee 97 (TC97) der Internationalen Standardisierungsorganisation (ISO) gründete 1978 ein neues Unterkomitee (SC16) für die Normung von Kommunikation offener Systeme (OSI : Open Systems Interconnection). Dieses hatte die Aufgabe, ein Referenzmodell mit einer Architektur zu entwickeln, die als Grundlage für alle zukünftigen Standardisierungsentwicklungen für weltweite verteilte Informationssysteme dienen könnte. Mit Hilfe eines offenen Kommunikationssystems sollen räumlich verteilte, herstellerunabhängige Informationssysteme kommunizieren und kooperieren. Das Basis-Referenzmodell der ISO für die Kommunikation offener Systeme liegt seit Ende 1982 in der endgültigen Fassung vor [I7498]. Es beschreibt funktionell den Datenaustausch zwischen Systemen und ist unabhängig von internen Hardware- und Betriebssystemeigenschaften. Es ist frei von speziellen Realisierungsvorstellungen und besitzt genügend Flexibilität, um gegen neue technische Entwicklungen weitgehend invariant zu sein und um spätere Benutzeranforderungen zu integrieren. Das OSI-Referenzmodell bildet den architektonischen Rahmen, der durch verschiedene Dienst- und Protokollspezifikationen ausgefüllt wird. Die Dienstspezifikation definiert die Dienste, die dem Benutzer zur Verfügung stehen, unabhängig von den dafür notwendigen Mechanismen. Die Protokollspezifikation definiert explizit die zu sendenden Kontrollinformationen und die Prozeduren, die diese Dienste interpretieren.

Strukturierungsprinzipien

Ein *offenes System* (im ISO/OSI-Modell: *real open system*) besteht aus einem oder mehreren Rechnern mit dazugehöriger Software und Peripherie. In einem offenen System laufen Programme ab, die gemäß den ISO/OSI-Standards mit anderen offenen Systemen kommunizieren. Ein solches Programm heißt *Anwendungsprozess* (application process). Der Teil eines Anwendungsprozesses, der für die Abwicklung der Kommunikation verantwortlich ist, wird *Anwendungsinstanz* (application entity) genannt. Zweck und Inhalt der Kommunikation sind je nach Anwendung unterschiedlich. Die Kommunikation geschieht über *Verbindungen.* Diese müssen aufgebaut und wieder abgebaut werden. Das ISO/OSI-Modell definiert eine verbindungsorientierte Kommunikation, die zwischen genau zwei Partnern stattfindet (peer-to-peer). Das grundlegende Strukturierungsprinzip des Referenzmodells ist das der Schichtenbildung. Ein Kommunikationsvorgang wird in aufeinanderfolgende aufbauende, funktionale *Schichten* zerlegt. Die Grundidee ist dabei, daß jede Schicht zu den Diensten der unteren Schicht Funktionalität hinzufügt, so daß die höchste Schicht alle Dienste anbietet, die für verteilte Anwendungen notwendig sind. So wird durch Schichtung ein komplexes Problem in kleine Stücke aufgeteilt. Die Leistung einer Schicht ist durch die funktionale Differenz zwischen dem jeweils höheren und niedrigeren Kommunikationsdienst definiert. Die Funktionalität einer Schicht N wird

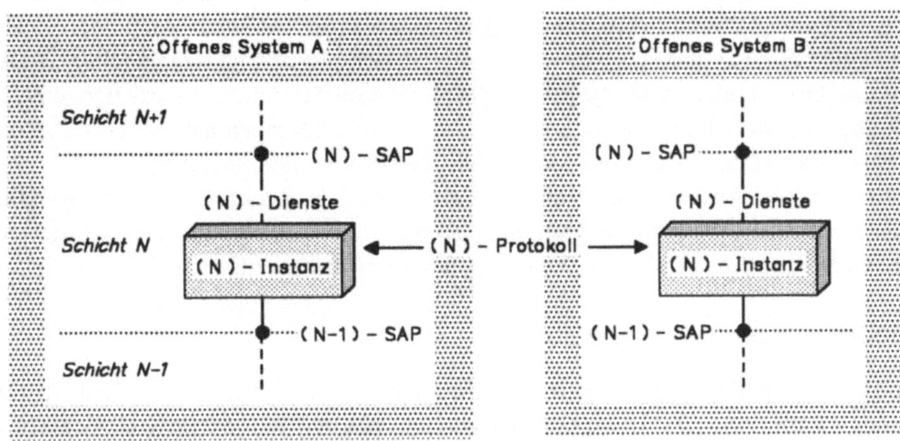

Abb. 13. Geschichtetes ISO/OSI-Kommunikationsmodell

durch sogenannte *(N)-Instanzen* (entities) erbracht (siehe Abb. 13). Eine Instanz ist dabei die Abstraktion von den in den einzelnen Schichten lokalisierten konkreten Prozessen oder Prozeßteilen. Eine (N)-Instanz kommuniziert unmittelbar mit den benachbarten (N+1)-Instanzen bzw. (N-1)-Instanzen sowie mittelbar mit den (N)-Instanzen des Partnersystems (peer entity). Zur Erbringung ihres Dienstes kommunizieren die Partnerinstanzen einer Schicht mit Hilfe der Dienste der untergelagerten Schicht. Ein Dienst ist die Fähigkeit der Schicht (N), die den (N+1)-Instanzen zur Verfügung steht.

Die (N)-Dienste werden den (N+1)-Instanzen an den (N)-*Dienstzugangspunkten* (Service Access Point - SAP) angeboten, welche die logische Schnittstelle zwischen den (N)-Instanzen und den (N+1)-Instanzen darstellen. Ein (N)-Dienstzugangspunkt wird durch genau eine (N)-Instanz bedient und durch genau eine (N+1)-Instanz benutzt. Dagegen kann eine (N)-Instanz mehrere (N)-Dienstzugangspunkte anbieten und eine (N+1)-Instanz kann mehrere (N)-Dienstzugangspunkte benutzen. Jeder Dienstzugangspunkt kann global eindeutig identifiziert werden. Die Interaktionen zwischen dem Benutzer und dem Erbringer eines Dienstes werden durch *Dienstprimitive* (Service Primitives) beschrieben. Dem Anfordern (request) eines Dienstes an einem Dienstzugangspunkt durch den Benutzer A folgt die Anzeige (indication) an dem Partner-Dienstzugangspunkt, der dem Benutzer B zugeordnet ist. Bestimmte Dienste, die bestätigt werden müssen (confirmed services), werden von dem Benutzer B beantwortet (response) und dem Benutzer A, der den Dienst angefordert hat, angezeigt (confirmation).

Das (N)-*Protokoll* verwaltet die Kommunikation zwischen verschiedenen (N)-Instanzen mit Hilfe von semantisch und syntaktisch festgelegten Regeln. Diese Regeln beschreiben, meist in Form eines erweiteren endlichen Automaten, welche Protokolldaten zwischen Partnerinstanzen ausgetauscht werden können. Auch der Zusammenhang zwischen den Dienstprimitiven und den Protokolldateneinheiten (PDU : Protocol Data Unit) ist in durch das (N)-Protokoll festgelegt. Es existiert eine Zuordnung von den Dienstprimitiven zu den Protokolldateneinheiten. Das Protokoll beschreibt zusätzlich den bitweisen Aufbau der Protokolldateneinheiten.

Durch den Aufbau einer Verbindung werden von einer (N)-Instanz sogenannte *Inkarnationen ((N)-entity-invocations)* erzeugt. Jede Inkarnation repräsentiert den durch eine Instanz realisierten Dienst gegenüber einem spezifischen Benutzer.

Die Schichten des Referenzmodells

Ähnlich wie in der strukturierten Programmierung, in welcher ein Modul benutzt werden kann, ohne dessen innere Struktur zu kennen, benutzt jede Schicht N des OSI-Referenzmodells die Dienste der darunterliegenden Schicht N-1 und fügt ihre Funktionalität hinzu, um der N + 1-Schicht ihre Dienste anzubieten. Im ISO-Modell wurden sieben Schichten festgelegt. Die *transportorientierten* Schichten 1 bis 4 hängen von den Leistungsmerkmalen der verwendeten Übertragungstechnologie ab, wohingegen die *anwendungsorientierten* Schichten 5 bis 7 problembezogen sind, also durch die zu lösende Aufgabe bestimmt werden. Die anwendungsorientierten Ebenen sind, bei passender Anwendung, auch innerhalb anderer Umgebungen einsetzbar. Im folgenden werden die sieben Schichten des OSI-Modells von der Übertragungsschicht bis zu der Anwendungsschicht „bottom up" beschrieben (siehe auch [Effe86]).

Die *Bitübertragungsschicht* (Physical Layer, Schicht 1) als unterste Schicht des ISO-Referenzmodells stellt die mechanischen, elektrischen, funktionalen und prozeduralen Standards zur Verfügung, um auf das physikalische Übertragungsmedium zuzugreifen. Sie bietet der Schicht 2 Dienste zur Herstellung, Unterhaltung und zum Abbau von ungesicherten Systemverbindungen und zur transparenten Bitübertragung. Die Bitübertragungsschicht wird innerhalb der Empfehlung X.25 der CCITT (Comité Consultatif International Télégraphique et Téléphonique) durch die CCITT-Empfehlung X.21 realisiert [CCITT80, Tiet81].

Die Aufgabe der *Sicherungsschicht* (Data Link Layer, Schicht 2) ist es, eine gesicherte Systemverbindung zur Verfügung zu stellen. [CCITT80, Tiet81]. Sie muß daher in der Lage sein, Übertragungsfehler (Fehler in der Schicht 1) zu erkennen, zu beheben und Flußregelung durchzuführen. Während in den höheren Ebenen nur ein Protokoll pro Schicht spezifiziert ist, gibt es in den unteren Schichten mehrere Protokolle. Die Protokolle der Sicherungsschicht hängen stark von der verwendeten Übertragungstechnologie ab.

Die *Vermittlungsschicht* (Network Layer, Schicht 3) sorgt für Unabhängigkeit von Übertragungsart, Wegewahl (routing) und von Vermittlungsüberlegungen bezüglich Erstellung und Betrieb einer Endsystemverbindung [CCITT80, Tiet81]. Während in den Ebenen 1 und 2 Protokolle zwischen unmittelbar benachbarten Systemen festgelegt sind, befaßt sich die Ebene 3 mit Protokollen zwischen Endsystemen, d.h. zwischen Rechnern des Senders und des Empfängers, gegebenenfalls über Transitsysteme. Zur Bereitstellung von Endsystemverbindungen, die kommunizierende Anwendungsinstanzen enthalten, muß die Schicht 3 in der Lage sein, Endsystem-Transitsystemverbindungen zu Endsystem-Endsystemverbindungen zu koppeln. Die Transitsysteme, zur Weiterleitung und Vermittlung von Daten sind oberhalb der Schicht 3 nicht mehr sichtbar.

Die Aufgabe der *Transportschicht* (Transport Layer, Schicht 4) ist es, einen transparenten Datenpfad zwischen Endsystemen herzustellen [I8072, I8073]. Dem Benutzer des Transportdienstes bleiben die speziellen darunterliegenden Netzrealisierungen verborgen. Endsystemverbindungen werden durch die Transportschicht zu Teilnehmerverbindungen erweitert, wobei unter einem Teilnehmer eine Zuordnung zwischen einer Anwendungsinstanz, einer Darstellungsinstanz und einer Kommunikationssteuerungsinstanz zu verstehen ist. Ein wichtiges Merkmal der Schicht 4 sind die Dienstgütemerkmale (Quality of Service), die beim Verbindungsaufbau als Parameter festgelegt werden. Um die verschiedenen Funktionen, ausgewählt durch die Dienstgütemerkmale, zu strukturieren, gibt es fünf Klassen von Transportschichten. In allen fünf Klassen sind sämtliche Transportdienste verfügbar. *Klasse 0* (Einfachklasse) entspricht dem Teletex-Transportprotokoll und unterstützt weder Fehlerbehandlungsmaßnahmen, noch das Aufteilen einer Transportverbindung in mehrere parallele Netzverbindungen. In *Klasse 1* (Einfache Fehlerbehebungsklasse) werden nicht-angezeigte Fehler der Schicht 3 nicht erkannt, jedoch werden von der Schicht 3 gemeldete Fehler zu beheben versucht. In *Klasse 2* (Multiplexklasse) werden mehrere Transportverbindungen über eine Netzverbindung abgewickelt. Es wird Flußregelung durchgeführt, da viele Transportverbindungen eine Netzverbindung überlasten könnten. *Klasse 3* (Fehlerbehebungs- und Multiplexklasse) umfaßt im wesentlichen die Funktionen der Klassen 1 und 2. *Klasse 4* (Fehlererkennungs- und Fehlerbehebungsklasse) enthält alle Funktionen der Klasse 3 und zusätzlich Fähigkeiten zur Erkennung und Behebung von Fehlern, die von der Schicht 3 nicht angezeigt werden.

Die *Kommunikationssteuerungsschicht* (Session Layer, Schicht 5) synchronisiert die Kommunikation zwischen zwei Partnerinstanzen [I8326, I8327]. Sie stellt Sprachmittel zur Verfügung, um eine Sitzung (Session) zu eröffnen, durchzuführen, zu unterbrechen, wiederaufzunehmen und zu beenden. Dabei ist zu jedem Zeitpunkt eine Sitzung eindeutig einer Teilnehmerverbindung zugeordnet. Allerdings können die Lebensdauer von Sitzungen und zugeordneter Teilnehmerverbindung unterschiedlich sein. Es können Synchronisationspunkte innerhalb einer Sitzung bestimmt werden, die es ermöglichen, das gemeinsame Wissen über den Fortschritt der Kommunikation beider Partner festzustellen und aufrechtzuerhalten. Ebenso kann mit Hilfe einer solchen Synchronisation die Sitzung nach einem Fehler wieder an einem wohldefinierten Punkt die Sitzung fortgeführt werden. Die Durchführung der Synchronisation liegt vollständig beim Benutzer, d.h. in den Schichten 6 und 7.

Die Funktion der *Darstellungsschicht* (Presentation Layer, Schicht 6) ist es, Daten, die zwischen offenen Systemen ausgetauscht werden, zu codieren und darzustellen, um eine gemeinsame Sicht der kommunizierenden Anwendungen herzustellen [I8822, I8823, I8824, I8825]. Die Benutzerprozesse verhandeln vor der Datenübertragungsphase einen gemeinsamen Begriffsvorrat und eine gemeinsame Syntax für die Darstellung der auszutauschenden Daten. Durch das Festlegen einer abstrakten Syntax einigen sich die beiden Anwendungsinstanzen über die Datentypen und die Strukturierung der Daten. Diese abstrakte Syntax wird durch die Menge aller Datentypdefinitionen für Anwendungs-Protokolldateneinheiten gebildet, jedoch ohne die Festlegung der bitweisen Codierung von Daten. Durch Angabe eines Namens, der eine bestimmte Syntax definiert und der sowohl der Anwendungs- als auch der Darstellungsschicht bekannt ist, wird eine abstrakte Syntax ausgewählt. Die Abbildung der Elemente der abstrakten Syntax auf eine bitweise Codierung geschieht mit Hilfe der konkreten Syntax. Da es zu einer abstrakten Syntax mehrere konkrete Syntaxen geben kann, ist eine der Hauptaufgaben der Schicht 6 das Aushandeln einer konkreten Syntax. Abstrakte und konkrete Syntax werden zusammen als Darstellungskontext bezeichnet. Neben den Darstellungsdiensten, die durch die Funktionalität der Darstellungsschicht bestimmt sind, gibt es noch andere, in denen die Synchronisationsdienste der Kommunikationssteuerungsschicht zur Anwendungsschicht durchgereicht werden.

Die *Anwendungsschicht* (Application Layer, Schicht 7) bietet als oberste Schicht des OSI-Modells anderen Schichten keine Dienste mehr an. Die Dienste der Anwendungsinstanzen werden unmittelbar von den Anwendungsprozessen benutzt. Da die Standardisierung der Schicht 7 noch nicht abgeschlossen ist, gibt es verschiedene Normierungsansätze. Es zeigt sich, daß Anwendungssysteme in Rechnernetzen viele Grundprobleme gemeinsam haben. Daher erscheint es sinnvoll, allgemein verwendbare Grundfunktionen als Bausteine der Anwendungsschicht zur Verfügung zu stellen. Im ISO/OSI „Basic Reference Model" [I7498] wird zwischen diesen allgemeinen Dienstelementen (Common Application Service Elements - CASE) und anwendungsspezifischen Dienstelementen (Specific Application Service Elements - SASE) unterschieden. Diese Unterscheidung wird heute von der ISO nicht mehr unterstützt. Um einen gewissen Einblick in den historischen Ablauf der Normungsbestrebungen zu geben, soll hier trotzdem noch an manchen Stellen der Bezug zur alten CASE-SASE-Unterscheidung hergestellt werden. Die ISO teilte die CASE-Dienste in

1. Association Control Service Element (ACSE) [I86492, I86502] und
2. Commitment, Concurrency und Recovery (CCR) [I98042, I98052]

auf. Obwohl die Begriffe CASE-SASE nicht unumstritten sind, ist die Funktionalität der beiden obigen Dienstelemente unverändert. Das Dienstelement ACSE erlaubt es, Verbindungen auf Anwendungsebene (Assoziationen) zu verwalten. Dafür werden Dienste zum Auf-, Abbau und Abbruch von Assoziationen bereitgestellt. Eine Assoziation kann unterbrochen und wiederaufgesetzt werden. Anders als beim Verbindungskonzept der tieferen Schichten kann eine Assoziation nicht ohne die Einwilligung beider Kommunikationspartner beendet werden. Falls die Verbindung in einer unteren Schicht verloren geht, bleibt die logische Assoziation erhalten und kann nach dem Aufbau einer neuen Verbindung fortgesetzt werden. Da in der ISO/OSI-Welt bislang nur verbindungsorientierte Anwendungen betrachtet werden, ist das ACSE-Dienstelement ein integraler Bestandteil jeder Anwendung.

Die CCR-Dienste haben den Sinn, mit Hilfe des Transaktionskonzepts die Kommunikation mehrerer verteilter Anwendungen zu koordinieren. In dem Modell, das CCR zugrundeliegt, kooperieren n $(n \geq 2)$ Anwendungen über paarweise Assoziationen, um eine CCR-Transaktion (atomic action) durchzuführen. Die Realisierung von Koordinierungs- und Buchhaltungsfunktionen liegt allerdings in der Verantwortung der Anwendung. Als Vertreter der historischen SASE-Linie der ISO kann z.B. FTAM (File Transfer, Access and Management) genannt werden, das für den Transfer, den Zugriff und die Verwaltung entfernter Dateien dient. FTAM bedient sich bei der Erbringung seiner Dienste der Dienste von CASE-Elementen.

Andere Dienstelemente wurden zwar nicht als CASE-Dienstelemente definiert, können aber ebenfalls als allgemein verwendbare Basisbausteine der Anwendungsschicht angesehen werden. Diese ursprünglich von der CCITT initiierten, aber auch von der ECMA (European Computer Manufacturers Association) und ISO unterstützten Dienstelemente sind:

1. Remote Operation Service Element (ROSE) [I90721, I90722] und
2. Reliable Transfer Service (RTS) [I90661, I90662].

RTS gewährleistet mit Hilfe des ACSE-Dienstelementes, daß Daten vollständig und genau einmal übertragen werden. Die durch ROSE bereitgestellten Dienste ermöglichen einer Anwendung die Übermittlung des Aufrufs, des Ergebnisses, der Fehleranzeige und der Ablehnung entfernter Operationsabwicklungen. Ein Aufruf trägt die Operationsidentifikation, Aufrufkennung und Argumente. Das Ergebnis bezieht sich auf die Aufrufkennung. Gemäß ihrer Definition in einem Anwendungskontext können Operationen synchron oder asynchron ausgeführt werden.

Es zeigte sich, daß neben den beiden historischen CASE-Dienstelementen ACSE und CCR noch weitere Dienstelemente mit ebenfalls grundlegenden Diensten vorstellbar sind, wie z.B. das ROSE-Dienstelement. Das zur Zeit noch in der Entwicklung befindliche Architekturmodell zur Strukturierung der Anwendungsebene läßt die CASE-SASE-Unterscheidung ebenfalls nicht mehr sinnvoll erscheinen. Diese Bestrebungen werden mit ULA (Upper Layer Architecture) bezeichnet und motivieren sich aus der zunehmenden Anzahl von Ebene-7-Bausteinen und deren komplexen Interferenzen [Beve87, Beve89a, I9545]. Dieses Thema wird in Kapitel 4 noch ausführlicher behandelt.

2.3.4.2. ISO/OSI-Remote Database Access

Im Rahmen der Anwendungsschicht (Schicht 7) des ISO/OSI-Referenzmodells wird derzeit ein Protokoll zur Unterstützung eines Datenbankfernzugriffs (Remote Database Access - RDA) diskutiert. Dieser Vorschlag basiert auf einer 1985 begonnenen Arbeit der ECMA, die 1987 in die ISO eingebracht wurde. Die folgenden Ausführungen beziehen sich auf den „Working Draft for 2nd Draft Proposal" der ISO [19579], wie er im Januar 1989 verabschiedet wurde.

Der RDA-Normungsvorschlag erlaubt es, aus einer Anwendungsumgebung heraus, auf eine entfernte Datenbank zuzugreifen. Als Beispiel werden derzeit nur die im Rahmen der von der ISO genormten SQL-Datenbanksprache angebotenen Datenbankoperationen verwendet. Das RDA-Modell läßt aber auch alle übrigen Datenmodelle und damit Datenbanksprachen zu, falls diese genormt sind.

Die allgemeine Struktur einer RDA-Anwendung wird von der ISO gemäß Abb. 14 dargestellt.

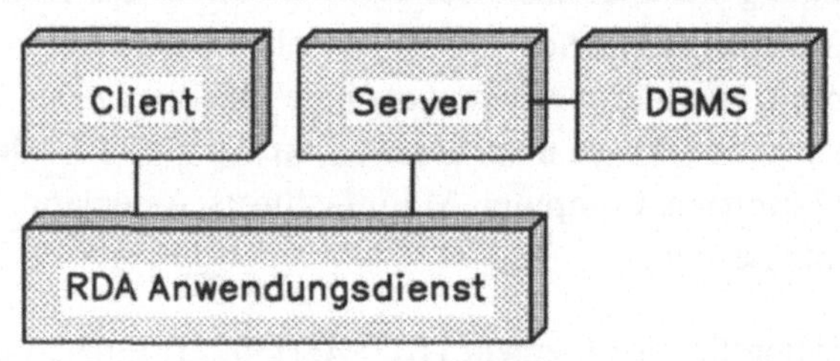

Abb. 14. Struktur einer ISO/OSI-RDA-Anwendung

Der RDA-Anwendungsdienst bietet eine Schnittstelle für den Zugriff auf eine entfernte Datenbank an, die für die Client-Seite, wie auch für die Server-Seite verbindlich ist. Damit ist sowohl der Client von der Kenntnis über die spezifischen Datenbankeigenschaften befreit, als auch der Server von Client-Umgebungen unabhängig.

Auf der Seite des Client befindet sich üblicherweise ein Anwendungsprogramm, das Daten abfragt bzw. manipuliert. Der Client übernimmt die für die jeweilige Anwendung erforderlichen Transformationen zwischen dem Anwendungsprogramm und der durch den RDA festgelegten Schnittstelle. Die Server-Seite stellt dem Client den Datenbestand des lokalen DBMS über den RDA-Anwendungsdienst zur Verfügung. Dabei leistet der Server die Anpassung der RDA-Schnittstelle an das lokale DBMS.

Der RDA zerfällt in einen generischen und einen spezialisierten Teil. Der generische Teil möchte die gemeinsamen Erfordernisse einer breiten Klasse von Anwendungen befriedigen, die einen Fernzugriff auf Datenbanken realisieren. Der generische RDA ist unabhängig von der Datenbanksprache, die zum Zugriff auf entfernte Daten benutzt wird. Im spezialisierten Teil des RDA wird eine zuvor mit dem Kommunikationspartner ausgehandelte Datenbanksprache verwendet. Diese Spezialisierung von generischen RDA-Operationen erfolgt mit Hilfe einer weitergehenden Format- und Semantik-Definition von Parametern innerhalb der generischen Operationen.

Eine paarweise Kommunikationsbeziehung zwischen einem RDA-Client und einem RDA-Server heißt *Dialog*. Vor dem Initiieren von Datenbankoperationen muß zwischen Client und Server ein Dialog etabliert werden. Damit einigen sich Client und Server auf einen Kontext, demgemäß die nachfolgende Kommunikation stattfinden soll.

Dienste zur Datenabfrage und -manipulation ermöglichen einem AP mit Hilfe einer Datenbanksprache (Database Language - DBL) dem Server entsprechende Aufträge zu schicken sowie die dazugehörigen Antworten zu empfangen. Das DBMS ist damit in der Lage, Aufträge zu empfangen und Antworten an den Auftraggeber zurückzuschicken.

Da häufig Datenbankoperationen als unteilbare Aktionen (Transaktionen) ausgeführt werden müssen, ist eine Transaktionsverwaltung erforderlich. Dienste zur Transaktionsverwaltung erlauben es dem AP, Transaktionen ordnungsgemäß zu beginnen, durchzuführen und zu beenden.

Gemäß dem RDA-Protokoll wird der RDA als eine Komposition der Anwendungs-Dienstelemente „Association Control Service Element“ (ACSE), „Commitment, Concurrency and Recovery“ (CCR) bzw. „Transaction Processing Application Service Element“ (TP-ASE) und einem speziellen „Remote Operation Service“ (ROS), basierend auf dem generischen Dienst „Remote Operation Service Element“ (ROSE), verstanden.

Das Dienstelement ACSE übernimmt hierbei die Kontrolle von paarweisen Anwendungsbeziehungen (application association). Es können mittels ACSE-Diensten Anwendungsbeziehungen auf- und abgebaut werden und Verbindungszusammenbrüche angezeigt werden.

CCR stellt Dienste bereit, die in verteilten, transaktionsorientierten Anwendungen die Ausführung von Transaktionen (in CCR atomic action genannt) auf verschiedenen Systemen unterstützen. Hierzu wird die Transaktion in „Teiltransaktionen“ zerlegt, wobei jede Teiltransaktion auf einem anderen Knoten ausgeführt wird.

ROSE bietet Dienste an, um auf einem entfernten Kommunikationspartner eine Operation zu initiieren. Gegebenenfalls wird von diesem ein Ergebnis oder eine entsprechende Fehlermeldung an den Auftraggeber geschickt. In einer RDA-Anwendung wird das Ergebnis zu einem beliebigen Zeitpunkt erwartet.

Weiterhin legt das RDA-Protokoll auch fest, in welcher Reihenfolge die RDA-Dienste verwendet werden dürfen. Hierzu werden spezielle Regeln (sequencing rules) bereitgestellt.

Diese Reihenfolgeregeln, die die Beziehung aller RDA-Dienste untereinander beschreiben, lassen sich mit Hilfe eines Zustandsdiagramms veranschaulichen (siehe

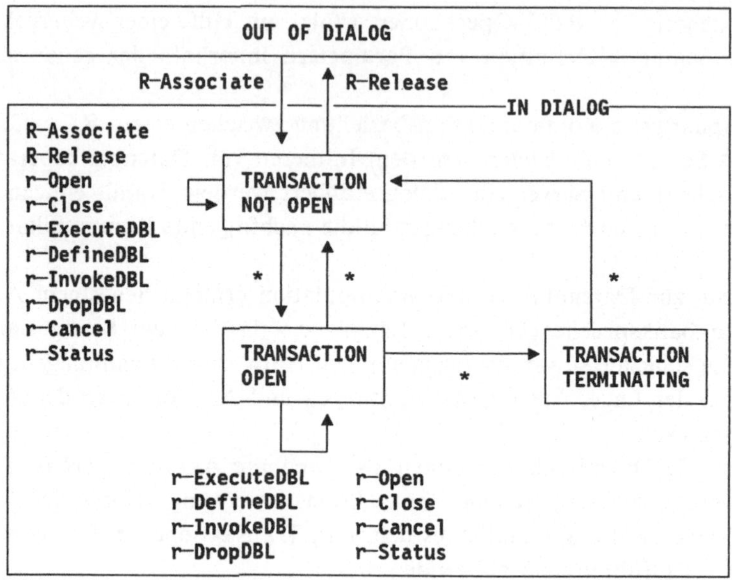

Abb. 15. RDA-Zustandsdiagramm

Abb. 15). Aus dem Initialzustand OUT OF DIALOG heraus wird mit dem Dienst R-Associate eine Assoziation und ein Dialog zwischen Client und Server aufgebaut und in den Zustand IN DIALOG übergegangen. Dieser Zustand zerfällt in drei Unterzustände. Im Zustand TRANSACTION NOT OPEN kann mit R-Release ein RDA-Dialog unterbrochen werden. Falls mit dem Dienst R-Associate ein unterbrochener Dialog wieder fortgesetzt wird, befindet man sich wieder in dem Zustand TRANSACTION NOT OPEN. Weiterhin ist es möglich, Datenbankressourcen mit r-Open und r-Close zu öffnen und zu schließen. Falls keine Transaktionsunterstützung mit dem Server vereinbart wurde, können schon in diesem Zustand Datenbankoperationen mit r-ExecuteDBL an den Server übermittelt werden. Die Dienste r-DefineDBL und r-DropDBL ermöglichen es, einzelne Datenbankoperationen zu speichern bzw. zu löschen. Gespeicherte Operationen können durch Angabe ihrer Kennung mit r-InvokeDBL ausgeführt werden. Mit dem Dienst r-Cancel ist es möglich, eine oder mehrere ausstehende RDA-Operationen zu stornieren. Mit dem Dienst r-Status kann der Status von einer oder mehreren ausstehenden RDA-Operationen nachgefragt werden.

Die Dienste, die benutzt werden, um eine Transaktion zu öffnen und zu terminieren, sind von dem ausgewählten Kontext und damit von den involvierten Dienstelementen zur Transaktionsverwaltung abhängig. Daher sind diese Zustandsübergänge nur mit einem Stern gekennzeichnet. Im Zustand TRANSACTION OPEN können Datenbankkommandos ausgeführt, definiert, aufgerufen oder gelöscht werden. Es ist möglich, Ressourcen zu öffnen und zu schließen, ausstehende Operationen zu stornieren oder ihren Status abzufragen. Transaktionen können einphasig beendet werden, indem vom Zustand TRANSACTION OPEN direkt in den Zustand TRANSACTION NOT OPEN übergegangen wird. Verteilte Transaktionen werden zweiphasig über den Zwischenzustand TRANSACTION TERMINATING beendet.

3. Verarbeitungsmodell

Wie in Kapitel 2 eingeführt, besteht unser Systemmodell für den Datenbankfernzugriff aus einer Menge von Knoten, die durch ein Kommunikationsnetzwerk verbunden sind. In Kapitel 2 wurden Knoten in die funktionalen Elemente Anwendungsprogramm (AP), Datenkommunikationsmanager (DCM) und lokaler Ressourcen-Manager (LRM) unterteilt. In den folgenden Kapiteln wird ein DCM-Element zur Kommunikationsunterstützung des Datenbankfernzugriffs entworfen. Zur Diskussion von möglichen Realisierungen der DCM-Funktionen ist ein Verarbeitungsmodell notwendig, welches im folgenden erläutert wird. In dem Verarbeitungsmodell werden die Knotenobjekte Prozessor, Speicher und Prozeß eingeführt. Diese Objekte ermöglichen es, die DCM-Funktionen auf einem Knoten auszuführen. Die Realisierung der DCM-Funktionen muß berücksichtigen, daß Fehler auftreten können. Fehler werden entweder durch Knoten oder durch das Kommunikationsnetzwerk verursacht. Mit Hilfe eines Fehlermodells wird im folgenden eine Klassifikation der Komponenten bezüglich ihrer Zuverlässigkeit vorgenommen. Diese Klassen sind bei der Realisierung der Verwaltungsfunktionen für verteilte Transaktionen von besonderem Interesse.

3.1. Systemmodell

In einem System kommunizieren Knoten über ein Kommunikationsnetzwerk. Zur Ausführung dieser Kommunikation sind auf den Knoten Prozesse zuständig, die von Prozessoren mit jeweils lokalem Speicher bearbeitet werden.

Knoten

Ein Knoten wird aus einem Prozessor und lokalem Speicher gebildet (siehe Abb. 16 auf Seite 64). Ein Knoten hat zwei Arten von lokalem Speicher, flüchtigen und stabilen Speicher. Flüchtiger Speicher kann im Fehlerfall verlorengehen, während stabiler Speicher Fehler (außer Katastrophen) überlebt. Änderungen auf stabilem Speicher werden entweder komplett oder überhaupt nicht ausgeführt (atomare Änderungsoperationen).

Prozesse

Auf einem Knoten existieren ein oder mehrere Prozesse (siehe Abb. 17 auf Seite 64). Unter einem Prozeß wird eine Ablaufeinheit, bestehend aus einer Menge von Pro-

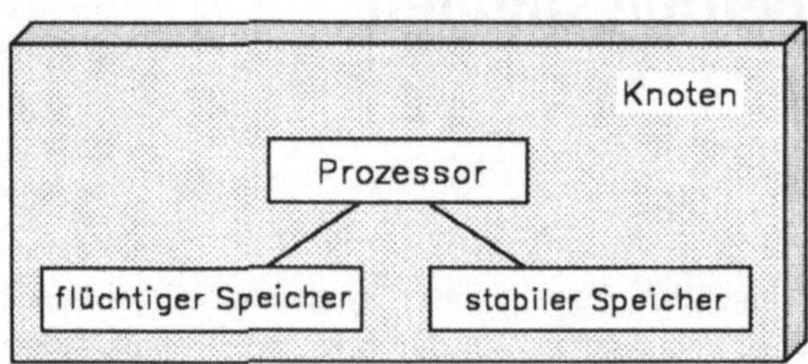

Abb. 16. Architektur eines Knotens

grammbefehlen, verstanden, die von einem Prozessor ausgeführt werden [Wats81]. Ein Prozeß läuft immer vollständig auf einem Knoten ab.

Kommunikationsnetzwerk

Knoten sind durch ein Kommunikationsnetzwerk verbunden (siehe Abb. 18 auf Seite 65). Dadurch kann potentiell jeder Knoten mit jedem anderen kommunizieren. Knoten können nur durch Austausch von Nachrichten miteinander kommunizieren; es gibt also beispielsweise keinen gemeinsamen Speicher.

Das Kommunikationsnetzwerk soll gewisse Eigenschaften erfüllen (siehe auch Abschnitt 2.3.): Es ermöglicht asynchrone und beidseitige Kommunikation. Falls die kommunizierenden Knoten fehlerfrei funktionieren, ist der Nachrichtenaustausch über das Netzwerk reihenfolgeerhaltend. Fehlerfreien Knoten wird darüberhinaus garantiert, daß keine Nachrichten durch das Netzwerk dupliziert werden und keine Nachrichten verlorengehen. Das Netzwerk erzeugt keine eigenen spontanen Nachrichten, sondern überträgt nur authentische Nachrichten von Knoten zu Knoten. Allerdings werden keine persistenten Nachrichten realisiert, wie es z.B. in [Bern87] beschrieben ist. D.h. Nachrichten, die beim Empfänger nicht ausgeliefert werden kön-

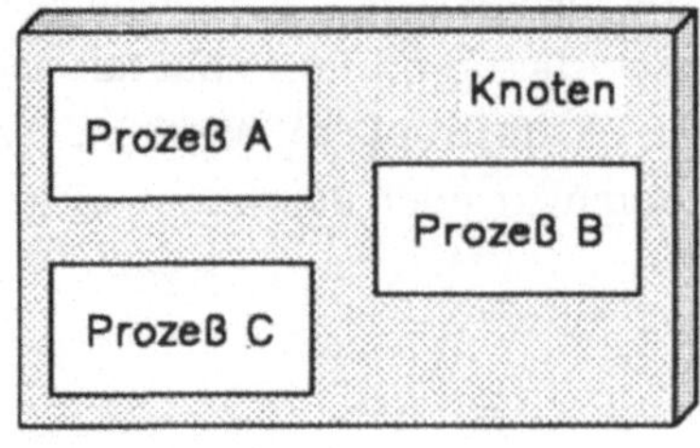

Abb. 17. Prozesse eines Knotens

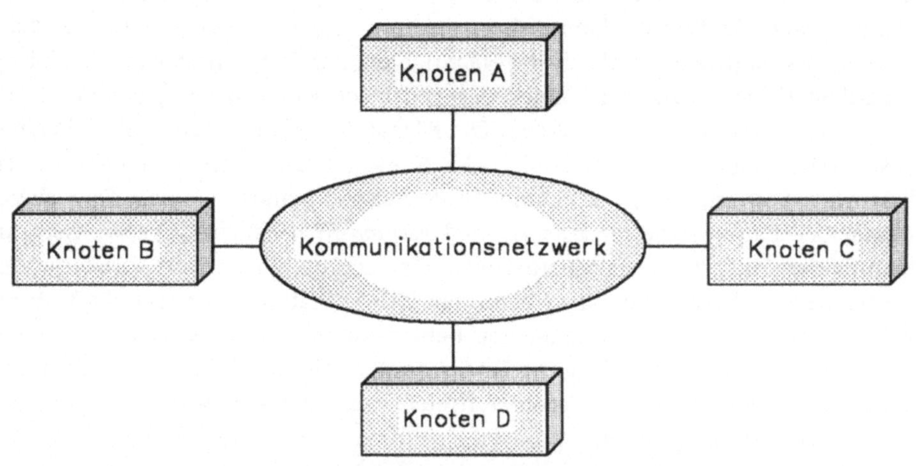

Abb. 18. Durch ein Kommunikationsnetzwerk verbundene Knoten

nen (weil dieser z.B. zusammengebrochen ist), werden vom Netzwerk nicht aufgehoben.

3.2. Fehlermodell

Unter Benutzung der von Lampson eingeführten Terminologie [Lamp81] wird zwischen *Fehlern* (errors) und *Katastrophen* (disasters) unterschieden. Das System kann von sich aus auf Fehler entsprechend reagieren und sie beheben. Man sagt, Fehler werden erwartet (z.B. Prozessorstörung). Alle Störungen anderer Art werden dagegen nicht erwartet und heißen Katastrophen (z.B. Erdbeben). Das System kann ohne einen menschlichen Eingriff keine Maßnahmen dagegen ergreifen. Nachfolgend sollen nur Fehler und keine Katastrophen betrachtet werden.

Eine Komponente (Knoten oder Netzwerk), die fehlerfrei arbeitet, wird *korrekt* genannt. Falls eine Komponente statt einer erwarteten Aktion gar nichts mehr tut, liegt ein *Omissions-Fehler* vor [Ceri84]. [Moha83a] definiert einen solchen Fehler auf formale Weise: Eine Komponente hat eine Menge *EE* von möglichen Empfangsereignissen und eine disjunkte Menge *SE* von möglichen Sendeereignissen. Das Protokoll eines Prozesses definiert die Beziehungen zwischen den Empfangs- und Sendeereignissen. Jede Teilmenge der Vereinigung von *EE* und *SE* kann damit als korrekt oder fehlerhaft bezüglich des Protokolls klassifiziert werden. Falls eine Ereignismenge *C* fehlerhaft ist, aber eine Menge *D* von Sendeereignissen existiert, so daß die Vereinigung von *C* und *D* korrekt ist, dann ist in *C* ein Omissions-Fehler aufgetreten. Falls sich allerdings keine Menge *D* angeben läßt, so daß die Vereinigung von *C* und *D* korrekt ist, dann liegt in C ein *byzantinischer Fehler* vor [Cris84]. Ein Omissions-Fehler ist in anderen Worten dann aufgetreten, wenn trotz Empfangsereignissen keine Sendeereignisse stattfanden, also keine Nachrichten mehr verschickt wurden. Bei byzantinischen Fehlersituationen können dagegen Nachrichten beliebig verändert, unterdrückt oder spontan erzeugt werden. Die Klasse der byzantinische Fehler beinhaltet also die Klasse der Omissions-Fehler. Der Name „byzantinisch" kommt von einem militärischen Szenarium, das in [Lamp82] als Beispiel benutzt wurde. Desweiteren unterscheidet man zwischen *transienten* und *permanenten* Fehlern [Cris84]. Bei transienten Fehlern dauert der fehlerhafte Zustand einer Komponente nur vorübergehend an. Nach einer unbestimmten, aber endlichen Zeit verhält sich die fehlerhafte Komponente wieder korrekt. Bei permanenten Fehlern dauert der fehlerhafte Zustand einer Komponente „unendlich lange". Komponenten, die sich korrekt verhalten oder in denen transiente Omissions-Fehler auftreten, werden als *gesund* bezeichnet. Alle anderen werden *krank* genannt.

Fehler des Kommunikationsnetzwerkes

Das Netzwerk hat die oben eingeführten Eigenschaften. Daraus folgt, daß in einem Netzwerk keine byzantinischen Fehler auftreten. Es können nur *Netzwerkpartitionierungen* entstehen [Garc87b]. Das bedeutet, daß ein korrekter Knoten keine Nachricht mehr zu einem anderen korrekten Knoten senden kann. Wir setzen voraus, daß eine Netzwerkpartitionierung von endlicher Dauer ist. Ein Netzwerk verhält sich entweder korrekt oder es passieren transiente Omissions-Fehler. Ein Kommunikationsnetzwerk verhält sich demgemäß immer gesund.

Knotenfehler

Auf einem Knoten kann im Gegensatz zu Netzwerken jede Art von Fehler auftreten. Von den Fehlern eines Knotens sind natürlich auch seine Prozesse betroffen. Während Omissions-Fehlern verhält sich ein Knoten völlig passiv. Es werden keine spontanen Nachrichten generiert oder willkürlich Änderungen im stabilen Speicher des zusammengebrochenen Knotens ausgeführt. Ein solches Verhalten wird auch mit *Fail-Stop-Verhalten* bezeichnet [Schl83]. Dies besagt, daß ein Knoten entweder korrekt funktioniert oder zusammengebrochen ist und gar nichts macht.

Falls in einem Knoten byzantinische Fehler auftreten, muß der Knoten nicht mehr dem Fail-Stop-Modell gehorchen, sondern kann hier willkürlich Nachrichten schicken oder den Inhalt des stabilen Speichers ändern. Ein Knoten kann zu jeder Zeit beliebige Nachrichten senden. Das können auch verfälschte oder irreführende Nachrichten sein. Er kann Nachrichten unterdrücken. Ein Knoten kann sogar mit anderen fehlerhaften Knoten zusammenarbeiten in der Absicht, das ganze System durcheinanderzubringen [Garc86].

Eine für den Datenbankfernzugriff typische Systemumgebung ist die Arbeitsplatzrechner-Großrechner-Kommunikation. Ein autonomer Arbeitsplatzrechner, dessen Betrieb und Wartung voll in der Verantwortung des Benutzers liegt, greift beispielsweise auf den Datenbestand eines von einem Rechenzentrum verwalteten Großrechners zu (siehe auch 2.3.1.3.). In einer solchen Umgebung können je nach Eigenschaft der Knoten unterschiedliche Fehler auftreten. So könnten z.B. auf einem Großrechner byzantinische Fehler eher auszuschließen sein, als auf einem Arbeitsplatzrechner. Abhängig davon, welche der oben eingeführten Fehler auf einem Knoten passieren können, sollen Knoten klassifiziert werden: in *sichere* und in *unsichere* Knoten.

Sichere Knoten sind immer gesund, d.h., sie verhalten sich entweder korrekt oder es treten transiente Omissions-Fehler auf. Auf einem sicheren Knoten passieren niemals permanente Omissions-Fehler oder byzantinische Fehler. Unsichere Knoten können entweder gesund oder krank sein. Auf unsicheren Knoten können also auch permanente Omissions-Fehler und byzantinische Fehler auftreten. Ein Knoten ist entweder der Klasse der sicheren oder der unsicheren Knoten zugehörig. Knoten wechseln nicht die Knotenklassen. Knoten erkennen, welchen Klassen andere Knoten angehören.

Durch die Knotenklassen (sicher, unsicher) werden Knoten bezüglich der zu erwartenden Fehler eingeteilt. Diese statische Sicht sagt noch nichts darüber aus, ob und welche Fehler tatsächlich passieren. Dafür wurde oben das Fehlerverhalten (gesund, krank) eingeführt, mit welchen sich das tatsächliche Verhalten einer bestimmten Komponente zu einem bestimmten Zeitpunkt beschreiben läßt. Die nachfolgende Tabelle soll verdeutlichen, in welcher Beziehung die eingeführten Begriffe zueinander stehen:

Knotenklassen	**Fehlerverhalten**	**Fehlerart**
sicher	gesund	korrekt (keine Fehler)
		transiente Omissions-Fehler
unsicher	gesund	korrekt (keine Fehler)
		transiente Omissions-Fehler
	krank	permanente Omissions-Fehler
		byzantinische Fehler

Abb. 19 auf Seite 68 zeigt alle nach dem Modell möglichen Kombinationen aus Fehlerklassen und Fehlerverhalten. Das Netzwerk verhält sich grundsätzlich gesund. Knoten A gehört der sicheren Knotenklasse an und kann sich daher nur gesund verhalten. Knoten B ist zwar potentiell ein unsicherer Knoten, verhält sich aber zur betrachteten Zeit gesund. Knoten C ist ebenfalls der unsicheren Systemklasse zugehörig.

Auf ihm passiert aber tatsächlich ein permanenter Omissions-Fehler oder ein byzantinischer Fehler; er ist deswegen krank.

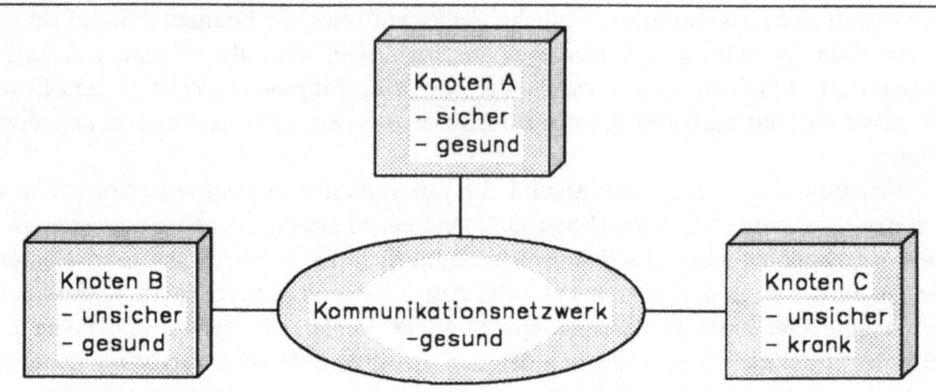

Abb. 19. Mögliche Kombinationen aus Fehlerklassen und Fehlerverhalten

4. Einzel-Server-Datenbankfernzugriff

In diesem Kapitel wird ein RDA-Kommunikationselement entworfen, das die in Abschnitt 2.3.1. aufgestellten Forderungen erfüllt. Nach der Definition der zugrundeliegenden Software-Architektur werden Funktionen zur Verbindungsverwaltung, zum Transfer von Datenbankoperationen, zur Unterstützung der Datenrepräsentation und zur Transaktionsverwaltung eingeführt. Den dabei entwickelten eigenen Lösungen wird abschließend der ISO/OSI-Ansatz gegenübergestellt. Nachfolgend beschränken wir uns zunächst auf die Betrachtung eine Szenariums, in dem ein Client mit genau einem Server kommuniziert (Einzel-Server-Datenbankfernzugriff). Die Erweiterung auf einen Multi-Server-Datenbankfernzugriff geschieht in Kapitel 5.

4.1. Architektur

In Kapitel 2 wurde ein Modell entworfen, das verschiedene funktionale Elemente einführt, die bei einem Zugriff auf entfernte Datenbanken beteiligt sein können, um unterschiedliche Ansätze zu klassifizieren. Beim RDA-Ansatz kommuniziert ein Anwendungsprogramm (AP), unterstützt von einem Datenkommunikationsmanager (DCM), über ein Kommunikationsnetz mit einem entfernten DBMS. Um in den Kapiteln 4 und 5 eine Kommunikationsunterstützung für den Datenbankfernzugriff entwerfen zu können, ist eine weitergehende Modellierung notwendig. Dazu wird nachfolgend die Architektur der bei einer RDA-Anwendung beteiligten Software-Bausteine definiert. In den folgenden Betrachtungen nehmen wir an, daß eine Basiskommunikation zur Verfügung steht. Alle anderen Funktionen eines DCM-Elementes, ohne die Basiskommunikation, werden unter dem Begriff *RDA-Kommunikationselement* zusammengefaßt. Üblicherweise wird die Seite, auf der das AP lokalisiert ist, Client-Seite genannt und die Seite, auf der das DBMS sitzt, Server-Seite (siehe 2.3.1.). Die RDA-Kommunikationselemente stellen standardisierte Schnittstellen bereit, um in einer heterogenen Umgebung einen Datenbankfernzugriff zu ermöglichen. Die nötigen Anpassungen an die lokalen Umgebungen werden durch den Client bzw. Server durchgeführt. Das Anwendungsprogramm ist im Client enthalten. Abb. 20 auf Seite 70 zeigt die eingeführten Elemente für den Fall, daß ein Client auf genau einen Server zugreift.

Die Basiskommunikation ist verbindungsorientiert. Sie ermöglicht asynchrone Kommunikation, d.h. nach dem Versenden einer Nachricht bleibt der sendende Prozeß nicht blockiert, sowie beidseitige (full-duplex) Kommunikation, d.h., es erfolgt keine Regelung der Kommunikationsrichtung (siehe Abschnitt 2.3.).

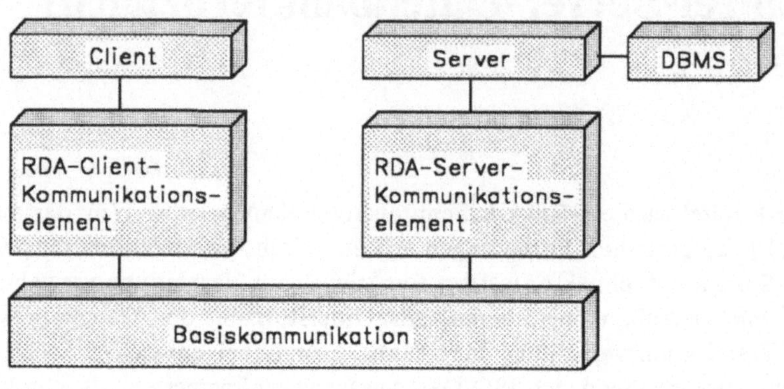

Abb. 20. Einzel-Server-RDA

Das RDA-Client-Kommunikationselement ermöglicht es dem Client,

- Verbindungen zu Servern auf- und abzubauen und dabei anwendungsspezifische Vereinbarungen zu treffen,
- Datenbankoperationen bei Servern aufzurufen und die entsprechenden Ergebnisse zu empfangen,
- Transaktionen auf Servern zu starten und zu beenden, sowie
- die zu verschickenden Daten von einer lokalen in eine globale Darstellung und empfangene Daten von einer globalen in eine lokale Darstellung überzuführen.

Der Server kann mit Hilfe des RDA-Server-Kommunikationselementes RDA-Dienste des Client empfangen und die entsprechenden Resultate zurückschicken.

4.2. Verbindungsverwaltung

Wie in 2.1.3.5. ausgeführt, betrachten wir hier verbindungsorientierte Kommunikation. Zu Beginn einer RDA-Anwendung muß eine Verbindung zwischen Client und Server aufgebaut werden. Die Nachfrage nach einem Verbindungsaufbau geht immer vom Client aus. Neben einem ordnungsgemäßen, vom Client initiierten Verbindungsabbau kann eine Verbindung von beiden Seiten jederzeit abgebrochen werden, z.B. wegen eines aufgetretenen Fehlers. Mit dem Verbindungsaufbau geht eine Verhandlung über anwendungsspezifische Parameter einher, wie z.B. der Art der Transaktionsunterstützung, die verwendete Datenbanksprache, etc..

Im Rahmen einer RDA-Anwendung ist es allerdings sinnvoll, ein Konzept einzuführen, das über das Verbindungskonzept hinausgeht. So sind gerade bei Datenbank-Anwendungen Szenarien vorstellbar, in denen der Benutzer seine Arbeit unterbrechen und zu einem späteren Zeitpunkt wieder fortsetzen möchte. Dabei will der

Benutzer mit seiner Tätigkeit möglichst an demselben Punkt, d.h. in demselben anwendungsspezifischen Zustand fortfahren, in dem er sich vor der Unterbrechung befunden hatte. Dabei ist nicht an eine Unterbrechung mitten in einer Transaktion gedacht, da dies beim konventionellen Transaktionskonzept, wie wir es hier verwenden, nicht sinnvoll durchführbar ist. Vielmehr soll es in einem Zustand, in dem keine Transaktion offen ist, möglich sein, getroffene Vereinbarungen auf der Server-Seite zu speichern, um damit zu einem späteren Zeitpunkt wieder fortfahren zu können. Dazu ist ein Konzept nötig, das die Beziehung zwischen dem Client und Server modelliert. Eine solche Beziehung soll *Dialog* heißen. An einen Dialog sind anwendungsspezifische Informationen gebunden, die während einer eventuellen Unterbrechung gespeichert werden und bei Fortsetzung des Dialogs wieder verfügbar sind. Zu diesen Informationen gehören einerseits die beim Aufbau eines Dialogs verhandelten Parameter, wie z.B. Benutzerkennung und Datenbanksprache. Diese Parameter müssen bei Fortsetzung eines Dialogs dann nicht mehr ausgehandelt werden. Andererseits sind an einen Dialog Informationen gebunden, die während des Dialogs vereinbart werden. Dazu können beim RDA beispielsweise definierte DBL-Kommandos gehören (vgl. Abschnitt 4.3.1.). Diese auf der Server-Seite gespeicherten Informationen bleiben bei der Unterbrechung eines Dialogs, im Gegensatz zu einem Verbindungsabbau, erhalten. Abb. 21 zeigt die möglichen Beziehungen zwischen Verbindungen und Dialogen. Ein Dialog kann trotz abgebauter Verbindung logisch weiterbestehen und später wieder fortgesetzt werden. Es ist natürlich genauso möglich, daß mit Abbau einer Verbindung auch der Dialog beendet wird.

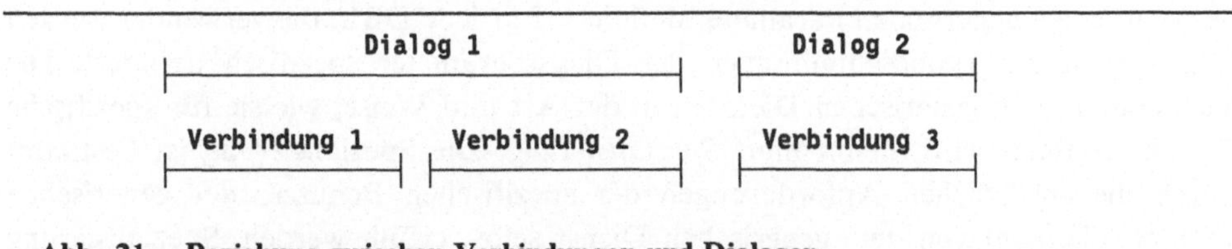

Abb. 21. Beziehung zwischen Verbindungen und Dialogen

4.3. Transfer von Datenbankoperationen

In 2.3.1. wurde von einem Dienst für den Datenbankfernzugriff gefordert, daß verschiedene Datenmodelle unterstützt werden sollen. Datenmodelle definieren neben den Datenstrukturen unterschiedliche Operationen zur Abfrage und Manipulation von Datenbanken. Mit Hilfe einer Datenbanksprache (Database Language - DBL) kann ein Benutzer Inhalte einer Datenbank lesen und verändern. Obwohl es Sprachvorschläge gibt, die vom Datenmodell unabhängig sind, spiegeln die weitaus meisten Sprachen Modelleigenschaften wider [Blas87]. Für ein Datenmodell kann es auch mehrere Datenbanksprachen geben. So gibt es z.B. für das relationale Modell die

Sprache SQL (früher SEQUEL [Cham76]), die mittlerweile von der ISO genormt ist [I9075] und QUEL, die Sprache des Datenbanksystems INGRES [Held75]. Ein Datenbankfernzugriff sollte daher verschiedene Datenbanksprachen unterstützen. Eine mögliche Lösung wäre die Definition von verschiedenen Diensten zum Datenbankfernzugriff, abhängig von der verwendeten DBL. Für jede Datenbanksprache hätte man spezifische Dienste für den Datenbankfernzugriff. Die Anzahl der RDA-Dienste läßt sich reduzieren, wenn man diese unabhängig von der verwendeten Datenbanksprache spezifiziert. Dazu formuliert man *generische Dienste*, die auf Gemeinsamkeiten bei der Abfrage und Manipulation von entfernten Daten basieren. Generische Dienste sind sehr allgemein und unabhängig von spezifischen Datenbanksprachen.

Ein generischer Dienst zur Übertragung von DBL-Kommandos könnte beispielsweise folgende Eigenschaften besitzen: Durch die Nachfrage dieses Dienstes veranlaßt der Client den Server das mitgeschickte DBL-Kommando auszuführen und das Ergebnis zurückzusenden. Diese Semantik wird an einen bestimmten Dienstnamen gekoppelt. Im weiter unten folgenden Beispiel ist der Dienst mit *ExecuteDBL* benannt. Der Client schickt diese Dienstnachfrage zum Server, parametrisiert mit einem DBL-Kommando und den dazugehörigen DBL-Variablen. Die Antwort, die vom Server zum Client geschickt wird, enthält als Parameter entweder das Ergebnis bei erfolgreicher Ausführung oder eine Fehlermeldung bei nicht-erfolgreicher Ausführung des DBL-Kommandos. Bei der Definition eines generischen Dienstes vermeidet man Abhängigkeiten von konkreten Datenbanksprachen, indem man bei den DBL-abhängigen Parametern des Dienstes keinen bestimmten Typ festschreibt, sondern nur einen generischen Parameter definiert. Für jede DBL, die verwendet werden soll, werden die Typbeschreibungen der Dienstparameter spezifisch definiert. Die Verwendung von generischen Diensten in der Art und Weise, wie sie für spezifische Zwecke benötigt wird, nennt man *Spezialisierung*. Die Spezialisierung ist bestimmt durch die zusätzlichen Anforderungen der spezifischen Benutzer der generischen Dienste, die nicht von dem generischen Dienst selbst erfüllt werden. Spezialisierung erreicht man durch die Definition derjenigen Datentypen, die in der generischen Spezifikation noch nicht erfolgt war. Durch generische Dienste erhält man eine einheitliche, von der Spezialisierung unabhängige Schnittstelle. Für eine konkrete Implementierung würde somit eine neue Spezialisierung nur eine Änderung eines Teils der Software bedeuten. Um die spezialisierten Dienste weithin zugänglich zu machen und übereinstimmend zu gestalten, ist es notwendig, die Spezialisierung zu standardisieren. Damit ist auch eine einfache Aushandlung der verwendeten Spezialisierung durch die Kommunikationspartner gewährleistet, da sich diese auf allseits bekannte Spezialisierungen berufen können. Eine solche Aushandlung ist vor dem Aufruf des generischen Dienstes notwendig. Die folgende Abbildung zeigt exemplarisch einen generischen Dienst mit den drei Parametern *a, b* und *c*. Die Typen der Parameter *a* und *c* stehen fest, während der Typ des Parameters *b* noch nicht instantiiert ist, da er erst durch eine Spezialisierung definiert wird. Die Spezialisierung nimmt durch den Typnamen Bezug auf den zu spezialisierenden Typ des generischen Dienstes. In dem Beispiel definiert die erste Spezialisierung diesen Typ als *INTEGER*, die zweite als *BOOLEAN*.

Generischer Dienst (Parameter)	Spezialisierung 1	Spezialisierung 2
Dienst_X (a ::= AType b ::= SpecificType c ::= CType)	SpecificType ::= INTEGER	SpecificType ::= BOOLEAN

Mit Hilfe der Spezialisierung von generischen Diensten läßt sich die Forderung aus Abschnitt 2.3.1., nach der verschiedene Datenmodelle unterstützt werden sollen, erfüllen. Für jedes Datenmodell wird eine Spezialisierung definiert.

4.3.1. Generische Dienste

Nachfolgend wird ein generischer Dienst definiert, der es ermöglicht, ein DBL-Kommando inklusive dazugehöriger Variablen zu übertragen und danach in umgekehrter Richtung die dazugehörigen Resultate zurückzutransferieren. Es wird dabei eine sogenannte ROS-MACRO-Notation benutzt, die von konkreten Datentransferdiensten abstrahiert (siehe auch 4.6.2.). Diese Notation ist eine Erweiterung der ASN.1-Notation der ISO [I8824], welche in [I90721] eingeführt wurde. Auf die globale Typbeschreibungssprache ASN.1 wird in Abschnitt 4.4. näher eingegangen. Die ROS-MACRO-Notation erlaubt es, entfernte Operationen zu definieren, deren Semantik mit der eines entfernten Prozeduraufrufs (Remote Procedure Call - RPC) vergleichbar ist. Es wird eine entfernte Operation eines bestimmten Namens aufgerufen und dabei Argumente übergeben. Argumente sind Parameter, die der Absender dem Empfänger übermittelt. In unserem Fall ist das ein DBL-Kommando und eine Liste von dazugehörigen Variablen. Als Antwort erhält man bei erfolgreicher Durchführung der Operation eine Belegung des RESULT-Parameters, andernfalls werden Werte in dem ERRORS-Parameter zurückgegeben. Trotz der Anlehnung an eine RPC-Notation impliziert die ROS-MACRO-Notation nicht von vornherein synchrone bzw. asynchrone Kommunikation.

Das nachfolgende Beispiel zeigt eine Operation namens *ExecuteDBL*. Zur besseren Lesbarkeit sind die Schlüsselworte großgeschrieben, Parameternamen fangen mit einem Kleinbuchstaben an und Parametertypen stehen hinter den Parameternamen und beginnen mit einem Großbuchstaben. Der Operation wird als Argument ein Objekt vom Typ *SEQUENCE* (Verbundtyp) mitgegeben, welches das DBL-Kommando und einen Wiederholungszähler enthält. Der Zähler-Parameter gibt an, wie oft das Kommando auf der Server-Seite ausgeführt werden soll. Das ist besonders für satz-orientierte DBL-Schnittstellen interessant. Solche Schnittstellen liefern normalerweise immer nur einen einzelnen Satz als Ergebnis zurück. Mit Hilfe des Wiederholungszählers kann das Nachrichtenaufkommen minimiert werden, wenn damit satzorientierte Befehle mehrfach ausgeführt werden und eine Menge von Sätzen als Ergebnis transferiert wird. Die von der konkreten DBL abhängige Spezifikation des DBL-Kommando-Typs (inklusive eventueller DBL-Variablen) erfolgt in einer Spezialisierung durch den Typ *SpecificStatement*. Auf die Definition der Spezialisierung soll hier nicht näher eingegangen werden. Damit beschäftigt sich Abschnitt 4.3.2. Ebenso wird die Struktur der Ergebnis- (*RESULT*) bzw. Fehlerparameter (*ERRORS*), die auch Spezialisierungen enthalten, hier nicht näher erläutert, da in diesem Abschnitt nur generische Dienste betrachtet werden. Bei der Definition dieses generischen Dienstes werden sämtliche Parametertypen, außer dem Wiederholungszähler, durch Spezialisierungen definiert, da angenommen wird, daß alle Parameter von der ausgewählten DBL abhängen.

```
ExecuteDBL
  OPERATION

  ARGUMENT
    executeDBLArgument  SEQUENCE
    {statement  SpecificStatement,
     repetitionCount  INTEGER }

  RESULT
    executeDBLResult  SpecificExecuteDBLResult

  ERRORS
    executeDBLErrors  SpecificExecuteDBLErrors
```

Neben dem obigen generischen Dienst für die unmittelbare Ausführung von DBL-Kommandos sind, wie in Abschnitt 2.3.1. ausgeführt, noch Dienste zur Definition, Ausführung und zum Löschen von DBL-Kommandos sinnvoll. Da solche Dienste ebenfalls von der konkreten Datenbanksprache unabhängig sein sollen, werden diese als generische Dienste formuliert. Vordefinierte DBL-Kommandos werden in sogenannten *Modulen* abgelegt. Das Modulkonzept findet man beispielsweise in den Datenbanksprachen SQL/DS von IBM [SQLDS] oder in SQL2 von der ISO [ISQL2]. In einem Modul werden ein oder mehrere DBL-Kommandos durch den Client auf dem Server definiert. Danach können die in einem Modul definierten Kommandos einzeln aufgerufen werden. Ein Modul hat einen eindeutigen Namen, ebenso die DBL-Kommandos innerhalb eines Moduls. DBL-Kommandos werden mit Hilfe ihres Namens und des Namens des Moduls, in dem die Kommandos enthalten sind, eindeutig identifiziert.

Durch die Ausführung von bereits definierten Kommandos ergibt sich, im Vergleich zur direkten Ausführung von DBL-Kommandos, ein geringerer Kommunikationsaufwand. Es muß nicht mehr das komplette DBL-Kommando übertragen werden, sondern nur noch eine Referenz darauf. Zusätzlich muß die Wertebelegung der

DBL-Variablen übertragen werden, da diese zum Zeitpunkt der Definition des Moduls nicht bekannt ist.

Weitere Vorteile bezüglich der Leistungsfähigkeit erhält man bei DBMSs, die die Fähigkeit besitzen, DBL-Kommandos vorzuübersetzen, wie es z.B. innerhalb von SQL/DS von IBM möglich ist. DBL-Kommandos werden von DBMSs entweder interpretiert oder vorübersetzt. Ebenfalls vorhandene Mischformen sollen hier außer Betracht gelassen werden. Im Falle einer Interpretation bleibt das DBL-Kommando bis zum Ausführungszeitpunkt in seiner ursprünglichen Form erhalten. Einerseits ist dadurch ein hoher Grad an Datenunabhängigkeit gewährleistet [Haer78], aber andererseits muß die Interpretation bei jedem Aufruf des DBMS wiederholt werden. Bei der Vorübersetzung werden die in einem Anwendungsprogramm enthaltenen DBL-Kommandos als ausführbarer Code in einem sogenannten Zugriffsmodul abgelegt. Dieser Zugriffsmodul wird von dem DBMS verwaltet und in einer speziellen Bibliothek gespeichert. Man handelt sich dadurch einen, im Vergleich zur Interpretation, geringeren Grad an Datenunabhängigkeit ein. Bei Inkonsistenzen muß ein erneuter Übersetzungsvorgang in Kauf genommen werden. Dieser kann allerdings automatisch erfolgen und somit vor dem Benutzer verborgen bleiben. Sonst ist die Ausführung von DBL-Kommandos, die in einem Zugriffsmodul gespeichert sind, allerdings wesentlich effizienter, da die interpretierende Verarbeitung typischerweise eine um den Faktor 10-20 größere dynamische Pfadlänge für den ausgeführten Programm-Code aufweist [Haer78]. Ein vorübersetzendes DBMS kann DBL-Kommandos, die für ein RDA-Modul definiert werden, in ausführbaren Code umwandeln und in einem vom DBMS verwalteten Zugriffsmodul ablegen. Beim Aufruf eines in einem Modul gespeicherten DBL-Kommandos wird der von dem DBMS bereits übersetzte Maschinen-Code ausgeführt, was zu einer wesentlich kürzeren Laufzeit führt.

Das oben eingeführte RDA-Modulkonzept setzt allerdings nicht unbedingt ein vorübersetzendes DBMS voraus. Die generische Funktionalität kann genauso gut von einem interpretierenden DBMS erbracht werden, das die DBL-Kommandos beispielsweise als Zeichenketten in einem Modul ablegt.

Das folgende Beispiel zeigt in der ROS-MACRO-Notation definierte generische Dienste für das Definieren und Löschen von Moduln (*DefineModule* und *DropModule*) und für das Aufrufen von DBL-Kommandos, die in Moduln definiert worden sind (*InvokeModule*). Die Operation *DefineModule* besitzt als Argument einen Verbundtyp (SEQUENCE). Der darin enthaltene Parameter *scope* gibt die Lebensdauer des definierten Moduls an. Die erste Auswahl bedeutet, daß das definierte Modul bis zum Ende der aktuellen Transaktion existiert. Durch die zweite Auswahl überlebt das Modul bis zum Ende des RDA-Dialogs. Die dritte Auswahl macht die Definition des Moduls permanent. Durch eine explizit vereinbarte Lebensdauer ist eine Anpassung an die Anwendungserfordernisse möglich. Daneben können dadurch auch auf spezielle Eigenschaften des Server bzw. des DBMS eingegangen werden. Der zweite Parameter des Argument-Verbundtyps enthält die Modul-Definition. Ein Modul besteht aus einer Liste von DBL-Kommando-Definitionen. Im Gegensatz zu dem DBL-Kommando-Parameter in der Operation *ExecuteDBL* muß hier die DBL-Kommando-Definition noch keine Wertebelegung für eventuell vorhandene DBL-Variablen enthalten. Daher unterscheiden sich die Typnamen. Als Resultat werden als Identifikatoren vom Server vergebene INTEGER-Werte für das Modul und die dafür enthaltenen Kommandos übermittelt.

```
DefineModule
  OPERATION

  ARGUMENT
    defineModuleArgument  SEQUENCE
      {scope CHOICE
         {transaction [1]  IMPLICIT NULL,
          dialogue    [2]  IMPLICIT NULL,
          permanent   [3]  IMPLICIT NULL }
       module  SEQUENCE OF
          statementDef  SpecificStatementDef }

  RESULT
    defineModuleResult  SEQUENCE
      {moduleId  INTEGER,
       statementIdList  SEQUENCE OF INTEGER }

  ERRORS
    defineModuleErrors  SpecificDefineModuleErrors
```

Mit der Operation *DropModule* werden Module mit den dazugehörigen DBL-Kommandos explizit gelöscht. Das Argument dieser Operation enthält eine Liste von Modul-Identifikatoren, die auf der Server-Seite zu löschen sind. Bei erfolgreicher Durchführung wird eine leere Antwort zurückgeschickt, andernfalls werden spezifische Fehler gemeldet.

```
DropModule
  OPERATION

  ARGUMENT
    dropModuleArgument  SEQUENCE OF
      ModuleId  INTEGER

  RESULT
    NULL

  ERRORS
    dropModuleErrors  SpecificDropModuleErrors
```

Die Operation *InvokeModule* dient zum Aufruf einzelner DBL-Kommandos, die in Moduln definiert sind. Das geschieht mit Hilfe einer eindeutigen Referenz, die aus Modul- und Kommandoidentifikatoren besteht. Zusätzlich wird im Argument eine Liste von Werten für eventuell vorhandene DBL-Variablen übergeben, die durch die *DefineModule* Operation noch nicht instantiiert wurden. Wie in *ExecuteDBL* gibt der Wiederholungszähler *repetitionCount* an, wie oft das referierte DBL-Kommando ausgeführt werden soll. Das Ergebnis bzw. die Fehlermeldung sind bei dieser Operation ebenfalls als Spezialisierungen definiert.

```
InvokeModule
  OPERATION

  ARGUMENT
    invokeModuleArgument  SEQUENCE
      {moduleId  INTEGER,
       statementId  INTEGER,
       statementVariableValueList  SEQUENCE OF
         SpecificStatementVariableValue
       repetitionCount  INTEGER }

  RESULT
    invokeModuleResult  SpecificInvokeModuleResult

  ERRORS
    invokeModuleErrors  SpecificInvokeModuleErrors
```

Wie in 2.3.1. erläutert, ist es sinnvoll, neben der Ausführung von einzelnen DBL-Kommandos auch die Ausführung von auf der Server-Seite vordefinierten Kommandofolgen (canned transactions) zu ermöglichen. Ob solche vordefinierten Kommandofolgen implizit als Transaktion ausgeführt werden oder explizit als Transaktion definiert werden müssen, bezieht sich auf die Semantik der Anwendung und soll nicht im RDA festgeschrieben sein. Es soll hier für den Begriff der vordefinierten Kommandofolgen der Begriff der *Prozedur* verwendet werden. Diese Bezeichnung soll allerdings nichts über mögliche Interaktionsformen aussagen, sondern lediglich ein auf der Server-Seite vordefiniertes Stück Software meinen. Eine Prozedur kann DBL-Kommandos, ausführbaren Programm-Code oder auch beides enthalten. Wir gehen davon aus, ähnlich wie bei föderativen Datenbanksystemen, daß Prozeduren ausschließlich von Servern und nicht von Clients etabliert werden können. Server können damit gegebenenfalls den Zugang zu ihren Datenbeständen besser kontrollieren, da die Datenzugriffe fest definiert sind.

Server könnten auch Funktionalitäten anbieten, wie sie auf einem Client nicht oder nur schwer vorzufinden ist (z.B. Supercomputing). Dadurch wäre es möglich, Teile eines Client-Anwendungsprogrammes auf Server auszulagern. Die Rechenlast könnte vom Client zum Server transferiert werden, wodurch sich auch der Kommunikationsaufwand verringern ließe. Diese Fernausführung von Programmen sprengt allerdings den Rahmen des RDA und soll hier nicht näher betrachtet werden.

Eine Frage ist im Zusammenhang mit der Übertragung von Datenbankoperationen noch offen. Damit ein Client überhaupt DBL-Kommandos an einen Server senden kann, muß dieser wissen, wie das Schema der Server-Datenbank aussieht. Ebenso ist es für den Transfer eines Prozeduraufrufs für den Client notwendig zu wissen, wie die Prozedur heißt und wie die dazugehörigen Parameter und Resultate definiert sind. Ein möglicher Ansatz, der ohne globale Verzeichnisses auskommt, wird in der von der ISO normierten Datenbanksprache SQL2 [ISQL2] vorgeschlagen. Hier können über Tabellen mit standardisierten Namen und Strukturen (schema information tables) Schemainformationen mit Hilfe der DBL abgefragt werden. Über einen sehr ähnlichen Mechanismus wäre es möglich, Informationen über auf der Server-Seite definierte Prozeduren, deren Parameter und Resultate abzufragen.

4.3.2. Spezialisierung

Im vorherigen Abschnitt wurden generische Dienste zur Übertragung von DBL-Kommandos und zur Verwaltung von DBL-Moduln, unabhängig von der benutzten DBL eingeführt. Die Benutzung dieser Dienste mit einer spezifischen DBL nennt man Spezialisierung. Die Spezialisierung geschieht durch eine, von der ausgewählten DBL abhängige Definition bestimmter Typen (in unserem Beispiel mit „Specific" beginnend). Diese Typdefinition war in der generischen Typbeschreibung noch nicht erfolgt. Die Spezialisierung legt die Struktur der Typdefinition und dadurch auch das Übertragungsformat für die spezialisierten Parameter fest. Im folgenden Abschnitt 4.4. wird besprochen, wie Variablenwerte und -typen übertragen werden. Im folgenden soll diskutiert werden, welches Übertragungsformat für DBL-Kommandos am geeignetsten ist. Diese Betrachtungen sind unabhängig von einer konkreten DBL. Für die Wahl eines geeigneten Übertragungsformates kommen generell zwei Alternativen in Frage. Ein DBL-Kommando kann

- textuell (als Zeichenstring) oder als
- Strukturbaum (parse tree)

übertragen werden. Da eine textuelle Beschreibung von dem verwendeten Zeichensatz abhängig ist, muß die Spezialisierung eine entsprechende globale Darstellung definieren, um eine netzeinheitliche Darstellung zu gewährleisten (siehe auch 4.4.). Die Syntax der textuellen Beschreibung ist bestimmt durch Schlüsselwörter, die üblicherweise mehrere Zeichen lang sind. Durch diese aufwendige Codierung von Schlüsselwörtern, wie auch durch notwendige Leerzeichen, ergibt sich ein hoher Grad an Redundanz. Diese Codierung erschwert die algorithmische Bearbeitung des DBL-Kommandos, da die Identifizierung der syntaktischen Elemente aufwendig ist. Dahingegen ist bei Strukturbäumen die algorithmische Bearbeitung einfacher. Allerdings ist die Transformation von einer nicht strukturierten Darstellung in einen Strukturbaum aufwendig. Dies wäre z.B. notwendig, falls lokal eine textuelle Darstellung und global eine Darstellung als Strukturbaum verwendet wird.

Es ist nicht möglich, generell eines der beiden Übertragungsformate zu favorisieren. Die Auswahl des passenden Übertragungsformates für ein DBL-Kommando hängt von den Eigenschaften des auf der Server-Seite angesprochenen DBMS ab. Dabei ist einerseits wichtig, wie das vom DBMS erwartete Eingabeformat aussieht. Andererseits spielt es eine Rolle, ob die DBL des DBMS einen Dialekt der vereinbarten Spezialisierung darstellt oder ob die Syntax der DBMS-DBL der Syntax der Spezialisierung entspricht.

Das Eingabeformat hängt davon ab, wie der Übersetzungsprozeß eines DBL-Kommandos innerhalb eines DBMS abläuft. Üblicherweise erwartet ein DBMS einen Zeichenstring als Eingabe. Dieser wird auf korrekte Syntax überprüft und in einen Strukturbaum zerlegt. Der Teil eines DBMS, der diese Aufgaben erledigt, wird „Parser" genannt. Diese syntaktische Analyse könnte schon auf dem Client geschehen, da auch dieser weiß, wie die korrekte Syntax eines DBL-Kommandos aussieht. Nach dem „Parsing" werden die externen, benutzerbezogenen Namen, die als symbolische Zeichenstrings ausgeprägt sind, in interne systembezogene Namen übergeführt. Dabei werden auch Zugriffsberechtigungen überprüft und einfache Integritätskontrollen, bezogen auf Formate und Konversionen von Datentypen, ausgeführt. Diese Schritte, wie auch die folgende Optimierung und Code-Generierung, können nur vom Server ausgeführt werden, da der Client nicht über die dafür nötigen DBMS-internen Informationen verfügt.

Falls das DBMS Zeichenstrings als Eingabe erwartet, bietet es sich an, DBL-Kommandos auch in diesem Format zu übertragen. Allerdings kann nur dann eine direkte Überleitung des DBL-Kommandos vom Server in das DBMS erfolgen, wenn die Syntax des übertragenen DBL-Kommandos der vom DBMS erwarteten Syntax entspricht. Bei der Übertragung von DBL-Kommandos als Strukturbäume muß der Server meist eine Transformation in eine Zeichenstring-Darstellung durchführen. Falls das DBMS auch Strukturbäume als Eingabe verarbeiten kann und zusätzlich deren Format dem Übertragungsformat entspricht, kann der Server die Strukturbäume direkt dem DBMS übergeben. Dadurch würde auf der Server-Seite die syntaktische Analyse eingespart. Die lexikalische Analyse müßte, wie oben erwähnt, nach wie vor vom DBMS ausgeführt werden. Bei den üblichen DBMSs ist es allerdings bisher nicht möglich, Strukturbäume zu übergeben.

Die bisherigen Betrachtungen gingen davon aus, daß das DBMS die Syntax des DBL-Kommandos akzeptiert. Falls das DBMS aber einen Dialekt der als DBL ausgehandelten Sprache verwendet, muß eine Analyse des empfangenen DBL-Kommandos und eine Transformation in den DBMS-Dialekt erfolgen. In diesem Fall wäre ein DBL-Kommando, das als Strukturbaum vorliegt, einfacher zu verarbeiten als eine Zeichenstring-Darstellung, da die Identifizierung syntaktischer Elemente dabei leichter möglich ist.

Diese Ergebnisse lassen es als sinnvoll erscheinen, das Übertragungsformat von DBL-Kommandos auswählbar zu gestalten. So sollte vor der Übertragung des ersten DBL-Kommandos neben der spezifischen DBL das verwendete Übertragungsformat durch die beiden Kommunikationspartner ausgehandelt werden.

4.4. Unterstützung der Datenrepräsentation

Bei einem Datenbankfernzugriff tauschen heterogene Knoten untereinander Daten aus. Wie in 2.1.3.2. ausgeführt, ist es dabei sinnvoll, eine netzweit einheitliche Darstellung der ausgetauschten Daten einzuführen. Durch solch eine gemeinsame Sicht wird Unabhängigkeit von der lokalen Datendarstellung der jeweiligen Knoten geschaffen. Um lokale Daten vor dem Austausch in eine netzweit einheitliche Darstellung zu bringen, ist eine *Transformation von Daten* in eine Darstellung gemäß einer globalen Beschreibung erforderlich. Diese Transformation wird von einem Datentransformator ausgeführt. Eine umgekehrte Transformation in eine lokale Repräsentation ist beim Empfang eines globalen Datenobjekts notwendig. Die folgende Abbildung zeigt die bei einem Austausch von Datenobjekten notwendigen Transformationen, ausgehend von der lokalen Darstellung des Knotens A über eine gemeinsam bekannte, globale Darstellung, in die lokale Darstellung des Knotens B.

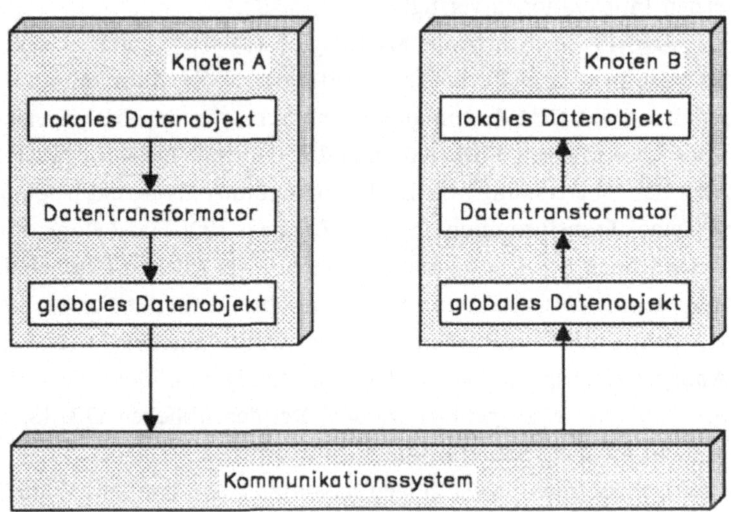

Abb. 22. Austausch eines Datenobjekts von Knoten A nach Knoten B

Für *lokale Datenobjekte* auf einem Knoten existiert in einer bestimmen *Typbeschreibungssprache* (z.B. der Programmiersprache in der die Datenobjekte beschrieben sind) eine konkrete *Typbeschreibung*. Die lokale Darstellung der Datenobjekte hängt von den *lokalen Codierregeln* ab, die von der Hardware und dem Compiler vorgegeben sind. Auf Knoten A könnte beispielsweise ein lokales Datenobjekt vom Typ *RECORD* der Sprache *PASCAL* existieren, das in ein entsprechendes lokales Datenobjekt des Knotens B transformiert wird (z.B. ein Objekt des Typs *struct* in der Programmiersprache *C*). Wie in der lokalen Umgebung existiert für die globalen Datenobjekte eine *Typbeschreibung*, die in einer *globalen Typbeschreibungssprache* definiert ist. Die globale Darstellung ist darüberhinaus von den *globalen Codierregeln* abhängig. Im weiteren Verlauf dieses Abschnitts verwenden wir als Beispiel für eine globale Typbeschreibungssprache die von der ISO vorgeschlagene Sprache *ASN.1* (Abstract Sytnax Notation One) [I8824]. Daher soll zum besseren Verständnis der folgenden Beispiele auf diese Typbeschreibungssprache und die Codierregeln der ISO etwas näher eingegangen werden.

Im Sprachgebrauch der ISO wird eine Sprache zur logischen Beschreibung von globalen Daten *Abstrakte Syntaxnotation* genannt. Zur globalen Typbeschreibung steht in der ISO die standardisierte Sprache ASN.1 zu Verfügung. Ähnlich wie in höheren Programmiersprachen können mit ihr komplex strukturierte Datentypen aufbauend auf einfachen Grundtypen definiert werden. Im Sprachumfang von ASN.1 findet man die elementaren Datentypen *BOOLEAN, INTEGER* (variable Länge), *BITSTRING*, Character Set String (z.B.: *IA5STRING*) und *OCTET STRING*. An strukturierten Datentypen sind die Typen *SEQUENCE* (geordneter Verbundtyp), *SET* (ungeordneter Verbundtyp), *CHOICE* (varianter Verbund), *SEQUENCE OF* (geordneter Reihungstyp) und *SET OF* (ungeordneter Reihungstyp) vorhanden. Weiterhin gibt es den Typ *ANY*, der als Platzhalter für beliebige ASN.1-Typbeschreibungen steht, und den Typ *EXTERNAL*, der ebenfalls als Platzhalter, aber für Typbeschreibungen in beliebigen Sprachen, dient. Damit beim Empfänger eine Zuordnung zwischen empfangenen Daten und der zugehörigen Typbeschreibung möglich ist, kann man ferner eine Typbeschreibung mit einer Marke (tag) versehen. Diese Marke wird den Daten bei der Übertragung vorangestellt.

Einen Typ für Gleitkommazahlen gibt es in ASN.1 nicht. Ebenso fehlen in ASN.1, im Gegensatz zu vielen höheren Programmiersprachen, die Zugriffstypen. So ist es beispielsweise schwierig, komplexe Baum- und Listenstrukturen zu modellieren. ASN.1 bietet bei den Typen INTEGER, SEQUENCE OF und SET OF keine Möglichkeit, Längenangaben zu spezifizieren. Dies hat zur Folge, daß die Längenangaben in den Daten enthalten sein müssen. Eine Menge von (logischen) Typbeschreibungen für Anwendungsprotokolldateneinheiten, die in einem Anwendungsprotokoll verwendet werden, wird im Sprachgebrauch der ISO als *abstrakte Syntax* bezeichnet. Wenn man einer Menge von Typbeschreibungen einen eindeutigen Namen zuordnet, spricht man auch von einem abstrakten Syntaxnamen.

Codierregeln heißen in der Terminologie der ISO *konkrete Syntax*. Die von der ISO festgelegten *Basic Encoding Rules* [I8825] sind dadurch charakterisiert, daß sie die Daten selbstbeschreibend machen können, d.h., es werden nicht nur die elementaren Datenwerte codiert, sondern auch die zugehörige logische Beschreibung. Eine Ausnahme bilden allerdings Datenobjekte, deren Beschreibung mit dem Attribut *IMPLICIT* vereinbart wurden, weil hierbei die Typinformation nicht codiert wird. Die globale Repräsentation eines Datenobjektes besteht aus den drei Komponenten: *Typ* (Codierung des Typs, bzw. eines expliziten „tags" in der Typbeschreibung),

Länge (gibt die Länge des Wertes an oder das Vorhandensein eines speziellen Endezeichens) und *Wert* (stellt die Codierung des eigentlichen Datenwertes dar). Für die Basistypen gibt es entsprechende Codierungen. Die Datenwerte zusammengesetzter Typen werden wiederum in der Form *Typ, Länge, Wert* codiert.

Datentransformation

Wie oben erwähnt, wird die Transformation von Daten von einem Datentransformator ausgeführt. Unabhängig von der Richtung der Transformation (lokal→global oder global→lokal) muß ein Datentransformator über folgende Informationen verfügen [Beve89b]:

- lokale Typbeschreibungssprache
- lokale Typbeschreibung
- lokale Codierregeln
- globale Typbeschreibungssprache
- globale Typbeschreibung
- globale Codierregeln

Die lokale Typbeschreibung ist ein Äquivalent der globalen Typbeschreibung. Dies soll in der Abb. 23 auf Seite 83 die gestrichelte Linie ausdrücken. Beim Entwurf eines Datentransformators ist zu entscheiden, ob die oben aufgezählten Informationen *festgeschrieben* werden oder ob der Datentransformator *parametrisierbar* sein soll. Im einen Extremfall könnten alle Parameter fest eingestellt sein, so daß der Datentransformator nur mit spezifischen Typbeschreibungen in einer bestimmten Typbeschreibungssprache und spezifischen Codierregeln arbeitet. Falls sich einer der Parameter ändert, müßte ein neuer Datentransformator erstellt werden. Andererseits könnte der Datentransformator frei parametrisierbar sein, so daß er universell einsetzbar ist. Bei der Parametrisierung von z.B. Typbeschreibungen wären diese beliebig austauschbar.

Datentransformation beim Datenbankfernzugriff

Als Datenobjekte werden in den von uns modellierten Netzwerken parametrisierte Nachrichten verschickt. Eine Nachricht besteht hierbei aus dem Nachrichtennamen und dem Nachrichteninhalt. Der Inhalt einer Nachricht kann leer sein. Sonst setzt sich der Nachrichteninhalt aus einem oder mehreren Parameterwerten zusammen. Üblicherweise wird der Nachrichtenname mit einem Aufzählungstyp beschrieben. Für die Nachrichtenparameter existieren entsprechende Typen in der Typbeschreibung.

Werte: **Nachrichtenname (Parameterwert$_1$,...,Parameterwert$_n$)**
Typen: **Nachrichtentyp (Parametertyp$_1$,...,Parametertyp$_n$)**

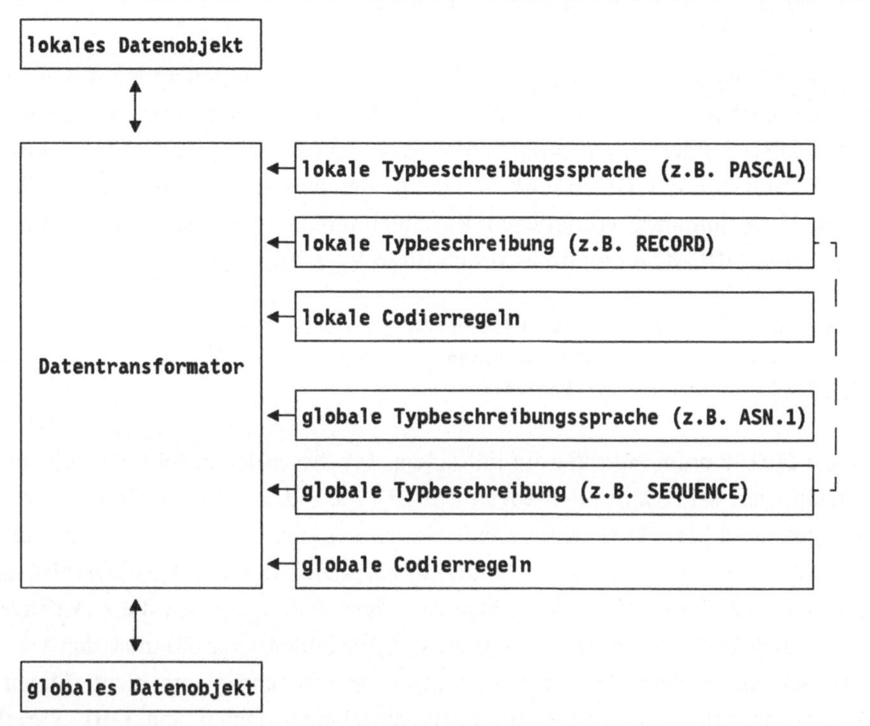

Abb. 23. Parameter eines Datentransformators

Eine Nachricht, die innerhalb einer Datenbankfernzugriff-Anwendung den Zweck hat, Datenbestände einer entfernten Datenbank abzufragen bzw. zu ändern, beinhaltet als Parameter ein Datenbank-Kommando. Dieses Kommando ist in einer bestimmten Datenbanksprache (database language - DBL) formuliert und heißt daher auch DBL-Kommando.

Nachrichtenname (Parameterwert$_1$,...,Parameterwert$_i$,...,Parameterwert$_n$)

DBL-Kommando

Die Struktur eines DBL-Kommandos soll an einem in der Datenbank-Sprache SQL [I9075] spezifizierten Beispiel erläutert werden. Ein Client-Prozeß möchte in bestimmten Tupeln der Tabelle *TableX* den Wert des Attributs *ColA* mit dem Wert der Variablen *Var1* aktualisieren. Die zu ändernden Tupel werden durch eine Bedingung bestimmt, die fordert, daß der Attributwert *ColB* gleich dem Variablenwert *Var2* sein muß. Dazu formuliert er folgendes SQL-Kommando:

```
UPDATE TableX SET ColA = Var1 WHERE ColB = Var2
```

In diesem Sprachausdruck lassen sich verschiedene Komponenten identifizieren. *Schlüsselwörter* bestimmen den Typ des Kommandos. Sie sind durch die Syntax der jeweiligen DBL festgelegt. *Objektnamen* werden vom Benutzer angegeben. *Variable* werden benutzt, um der Datenbank Werte aus der Anwendung zu übermitteln. Die in dem DBL-Kommando enthaltenen Variablennamen referieren Werte in der Anwendung. Ein DBL-Kommando ist durch diese Variablen parametrisierbar.

```
UPDATE , SET , = , WHERE  : Schlüsselwörter
TableX , ColA , ColB      : Objektnamen
Var1 , Var2               : Variable
```

Das obige DBL-Kommando könnte mit einem Typ beschrieben sein, der z.B. baumartig strukturiert sein kann oder aber flach ist (wie z.B. ein STRING-Typ). Analog dieses Typs wird das DBL-Kommando in eine globale bzw. lokale Darstellung transformiert. Nun ist das DBL-Kommando zusätzlich durch DBL-Variablen parametrisierbar. Die Typen dieser Variablen sind dem Server, an den diese Anfrage gerichtet ist, aber erst zur Laufzeit bekannt. Die Variablentypen können sich von Anfrage zu Anfrage ändern. Da ein Server in einem offenen System nicht für ein bestimmtes Anwendungsprogramm mit festgeschriebenen Typen von DBL-Variablen entwickelt wird, müssen ihm die Typen der DBL-Variablen zur Laufzeit bekannt gemacht werden.

Übertragung und Transformation von DBL-Variablen

Beim RDA können Nachrichtenparameter ihrerseits parametrisierbar sein. Dies tritt bei DBL-Kommandos auf, die DBL-Variablen enthalten, deren Typ dem Empfänger erst zur Laufzeit übermittelt werden kann. Im folgenden werden zwei Ansätze vorgestellt, wie Typen und Werte von DBL-Variablen transferiert werden können. Im ersten Ansatz werden Typbeschreibungen als Parameterwerte übertragen, für die ihrerseits ein sogenannter Metatyp existiert. Die Datentransformation muß dadurch zweistufig ablaufen. Da der empfangende Partner vor der Transformation der DBL-Variablenwerte deren Typ kennen muß, wird zuerst die Wertebelegung des Metatyps transformiert, die dann als Typinformation interpretiert werden kann. Damit können dann die DBL-Variablenwerte transformiert werden. Bei dem zweiten Ansatz werden die DBL-Variablentypen mit einem speziellen Dienst vor dem Senden der dazugehörigen Werte ausgetauscht. Diese Typen werden der bereits vorhandenen Typbeschreibung zugefügt, um dann bei der Transformation der DBL-Variablenwerte referenziert zu werden.

Übertragung von Typbeschreibungen als Parameterwerte

Eine mögliche Lösung der oben angesprochenen Problematik liegt in der Übertragung der DBL-Variablentypen als Parameterwerte einer Nachricht. Für die Wertedarstellung der DBL-Variablentypen gibt es einen übergeordneten *Metatyp*. Durch die Wertebelegung dieses Metatyps werden die Typen der DBL-Variablenwerte definiert. Das folgende in ASN.1 formulierte Beispiel zeigt die Beschreibung eines Metatyps, der den Typ einer DBL-Variablen beschreibt. Die DBL-Variablen können entweder vom Typ INTEGER oder vom Typ STRING sein. Diese Unterscheidung wird durch den varianten Verbundtyp CHOICE möglich. Für weitere Variablentypen werden einfach neue Varianten zu diesem Verbundtyp hinzugefügt. Dazu kommt noch die Längeninformation, die in den Elementen *StringLength* bzw. *IntegerLength* enthalten ist.

```
Metatyp ::= CHOICE
  {StringLength  [1] INTEGER,
   IntegerLength [2] INTEGER }
```

Falls die Typinformation von mehreren DBL-Variablen übertragen werden muß, liegt es nahe, den obigen Metatyp als Element eines geordeten Reihungstyps (in ASN.1: *SEQUENCE OF*) zu definieren. Damit kann die Zuordnung von mehreren in einem DBL-Kommando auftretenden Variablen-Werten zu den Metatyp-Werten durch eine identische Reihenfolge erreicht werden. Das erste Element des Reihungstyp-Objekts beschreibt den Typ der ersten in dem DBL-Kommando enthaltenen Variablen, das zweite Element beschreibt die zweite Variable, usw..

```
Metatyp ::= SEQUENCE OF
  {CHOICE
    {StringLength  [1] INTEGER,
     IntegerLength [2] INTEGER }}
```

Abb. 24 auf Seite 86 soll die Datentransformation eines DBL-Kommandos und seinen DBL-Variablen verdeutlichen. Es wird exemplarisch auf die Transformation von einer globalen in eine lokale Darstellung eingegangen. Die umgekehrte Richtung verläuft in ähnlicher Art und Weise. Die Typen der DBL-Variablen sind, wie oben beschrieben, durch die Werte eines Objekts vom Typ Metatyp definiert. Dadurch erhält man drei Arten von lokalen Nachrichtenparametern. Bei Parametern wie dem DBL-Kommando ist der Typ sowohl dem Client als auch dem Server vor der Übertragung der dazugehörigen Werte bekannt. Dies gilt im allgemeinen für alle Nachrichtenparameter. Es sei denn, diese sind nochmals parametrisiert, wie das bei DBL-Variablen der Fall ist. Deren Typen sind dem Empfänger erst zur Laufzeit bekannt. Eine für den Empfänger nicht unmittelbar lesbare globale Darstellung einer Nachricht wird vom Datentransformator mit Hilfe der Typbeschreibungen der zu erwartenden Nachrichten in eine lokale Darstellung übersetzt. Dadurch erhält man den Nach-

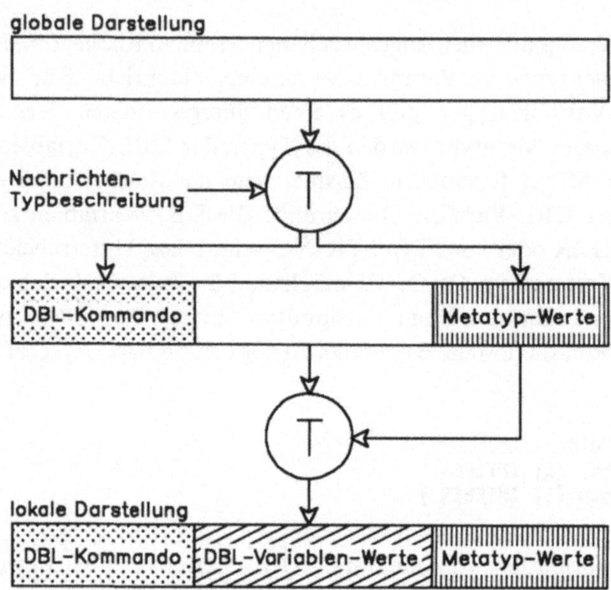

Abb. 24. Explizite zweistufige Datentransformation (globale in lokale Darstellung)

richtennamen und die Wertebelegung der Nachrichtenparameter. Allerdings werden hierbei nochmals parametrisierte Nachrichtenparameter, wie die DBL-Variablenwerte, übergangen, weil für diese keine Typinformationen vorliegen. Die Typbeschreibungen der DBL-Variablen ist in den nach dem ersten Transformationsschritt lesbaren Metatyp-Werten enthalten. In einem zweiten Schritt zur Transformation der DBL-Variablenwerte werden diese Metatyp-Werte als Eingabe verwendet.

Zur Verdeutlichung soll nachfolgend ein konkretes Beispiel für die Wertebelegung der Parameter und deren Transformation angegeben werden. Die Variablen *Var1* und *Var2* des oben eingeführten SQL-Kommandos sollen vom lokalen Typ *STRING*[*5*] (Typ STRING der Länge 5) bzw. vom Typ *INTEGER*[*2*] sein. Die Variablen sind mit den Werten *„DUMMY"* bzw. *999* belegt. Damit ergibt sich die Belegung eines Objektes vom Typ Metatyp aus: *CHOICE=1, StringLength=5* für die Variable *Var1* und *CHOICE=2, IntegerLength=2* für die Variable *Var2*. Die folgende Tabelle zeigt für eine lokale PASCAL-ähnliche Umgebung (mit dem in PASCAL nicht existierenden Reihungstyp LIST) und eine globale Umgebung mit der Typbeschreibungssprache ASN.1 jeweils den Metatyp, die Metatyp-Werte und die Werte für die in unserem Beispiel verwendeten Variablen. Die kursiv geschriebenen Texte sind Kommentare. Die Codierregeln, die bei der globalen Wertdarstellung verwendet wurden, sind die von der ISO vorgeschlagenen *Basic Encoding Rules* [I8825].

<table>
<tr><th></th><th>Lokal</th><th>Global</th></tr>
<tr><td>Variablen-
Metatyp</td><td><pre>LIST (
 RECORD (
  CASE Auswahl : INTEGER OF
   1 : (StringLength : INTEGER);
   2 : (IntegerLength : INTEGER)));</pre></td><td><pre>SEQUENCE OF {
 CHOICE {
  StringLength [1] INTEGER,
  IntegerLength [2] INTEGER }}</pre></td></tr>
<tr><td>Variablen-
Metatyp-
Werte</td><td>Auswahl = 1, StringLength = 5,
Auswahl = 2, IntegerLength = 2</td><td><pre>30 0A   SEQUENCE OF
 A1 03   CHOICE [1]
  02 01 05   StringLength 5
 A2 03   CHOICE [2]
  02 01 02   IntegerLength 2</pre></td></tr>
<tr><td>Variablen-
Werte</td><td>'DUMMY'
999</td><td>44 55 4D 4D 59
03 E7</td></tr>
</table>

Erweiterung der Typbeschreibungssprache

Es ist auch eine Lösung denkbar, in der die explizite Transformation der Wertebelegung des Metatyps vermieden werden kann und nur noch implizit durchgeführt wird. Die explizite zweistufige Transformation, wie sie oben beschrieben wurde, ist deswegen notwendig, da der Datentransformator nicht erkennen kann, daß in den Wertebelegungen Typinformationen stecken. Dies läßt sich durch die Erweiterung der Typbeschreibungssprache um solche Konstrukte ändern, die eine Definition von Typbeschreibungen durch Wertbelegungen eines Objektes zulassen. Dadurch wäre der Datentransformator in der Lage, die zweistufige Transformation selbst, für den Aufrufenden nicht ersichtlich, durchzuführen (siehe Abb. 25 auf Seite 88).

Das folgende Beispiel zeigt eine Möglichkeit zur Erweiterung der Typbeschreibungssprache ASN.1. Es wird dabei der oben definierte Metatyp benutzt. Es wird ein neues Schlüsselwort *METATYPE* eingeführt, das die Definition eines Metatyps erlaubt. Damit kann dem Datentransformator die Struktur des Metatyps mitgeteilt werden. Die Typdefinition der DBL-Variablen heißt *INDIRECT METATYPE.* Das bedeutet, daß der Variablentyp indirekt durch die Wertebelegung des Objektes vom Typ METATYPE erklärt ist.

```
METATYPE ::= SEQUENCE OF
             {CHOICE
                 {StringLength  [1] INTEGER,
                  IntegerLength [2] INTEGER }}

DBL-Variablentyp ::= INDIRECT METATYPE
```

Dynamische Erweiterung von Typbeschreibungen

Eine zweite Möglichkeit zur Übertragung von dynamisch hinzugekommenen Typbeschreibungen ist die Erweiterung der Menge der bereits definierten Typbeschreibun-

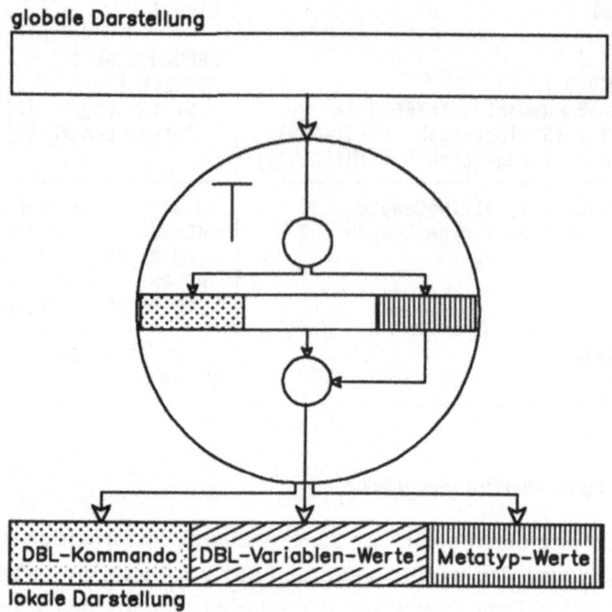

Abb. 25. Implizite zweistufige Datentransformation (globale in lokale Darstellung)

gen anstatt der Übertragung der Typbeschreibungen als Parameterwerte. Hierfür wird als vorbereitende Maßnahme eine Transformation der lokalen Typbeschreibung in eine globale durchgeführt. Danach werden die bereits existierenden globalen Typbeschreibungen um die neu definierte Typbeschreibung erweitert. Damit Objekte gemäß dieser Beschreibung (in unserem Fall Variablen aus DBL-Kommandos) übertragen werden können, ist ein Austausch von Typbeschreibungen erforderlich, da auch der Kommunikationspartner diese kennen muß. Somit lassen sich hier drei Problemkreise identifizieren:

- Transformation von Typbeschreibungen
- Definition von Typbeschreibungen
- Austausch von Typbeschreibungen

Zur Übertragung von Typbeschreibungen müssen, initiiert durch den sendenden Kommunikationsteilnehmer, lokale Typbeschreibungen in globale transformiert werden. Nach der Übertragung wird vom empfangenden Partner eine umgekehrte Transformation von globalen in lokale Typbeschreibungen vorgenommen. Somit muß hier die Datenrepräsentationsunterstützung neben einem Datentransformator auch einen Typtransformator beinhalten. Einen möglichen Ansatz für einen Typtransformator findet man in [Zimm87].

Nachdem durch die Typtransformation globale Typbeschreibungen vorliegen, müssen diese in die Menge der existierenden globalen Typbeschreibungen eingebracht werden. Damit auf Typbeschreibungen eindeutig referenziert werden kann, ist eine eindeutige Namensvergabe notwendig. Wenn diese Namen durch den Austausch von Typbeschreibungen netzweit gelten sollen, ist die Datenrepräsentationsunterstützung für die Vergabe eines eindeutigen Namens verantwortlich. Dies kann beispielsweise durch eine zentrale Vergabeinstanz (*Nameserver*) realisiert werden. Die mit einem eindeutigen Namen versehene globale Typbeschreibung kann nun zu den bereits definierten Typbeschreibungen hinzugefügt werden.

In [Zimm87] wird hierfür ein Namens-Server mit einer Datenbasis zur Verwaltung globaler Typbeschreibungen modelliert. Zur dynamischen Definition von Typbeschreibungen wird folgender Dienst eingeführt:

- *DEF_ABSTRACT_SYNTAX*
  Der Benutzer der Datenrepräsentationsunterstützung übergibt damit eine Menge von globalen Typbeschreibungen. Als Ergebnis erhält er einen Namen zur eindeutigen Referenzierung mitgeteilt.

Intern verfügt die Datenrepräsentationsunterstützung über Funktionen zum Einfügen, Entfernen und Lesen von Typbeschreibungen, um eine dynamische Anpassung der definierten globalen Typbeschreibungen zu ermöglichen.

Bei dem Austausch einer expliziten Beschreibung der Typen wird diese in einem geeigneten Übertragungsformat an den Partner geschickt. Der Austausch der Typbeschreibungen kann beispielsweise in einer textuellen Form, in Form eines Strukturbaumes oder in einer effizienten Zwischensprache erfolgen [Zimm87]. Zur Übertragung der Typbeschreibungen muß die Datenrepräsentationsunterstützung ihrem Benutzer einen geeigneten Dienst zur Verfügung stellen.

Mit dieser Vorgehensweise haben beide Kommunikationspartner eine explizite Typbeschreibung der DBL-Variablen vorliegen. Dadurch verläuft die Datentransformation von DBL-Variablen nur noch einstufig, in derselben Art und Weise wie auch bei nicht nochmals parametrisierten Nachrichtenparametern.

4.5. Transaktionsverwaltung

Dieser Abschnitt beschäftigt sich mit der Kommunikationsunterstützung von Transaktionen (TA) in einer Einzel-Server-Umgebung. Es soll ermöglicht werden, von einem Client aus, auf einem einzelnen entfernten Server Transaktionen zu initiieren, durchzuführen und zu terminieren.

4.5.1. Modell

Eine nicht-verteilte TA wird von genau einem Prozeß ausgeführt. Dieser Prozeß läuft auf einem Server-Knoten und heißt *Sohn-Prozeß*. Auf dem Client-Knoten sitzt der *Vater-Prozeß*. Dieser startet auf dem Sohn-Prozeß eine TA und beendet sie.

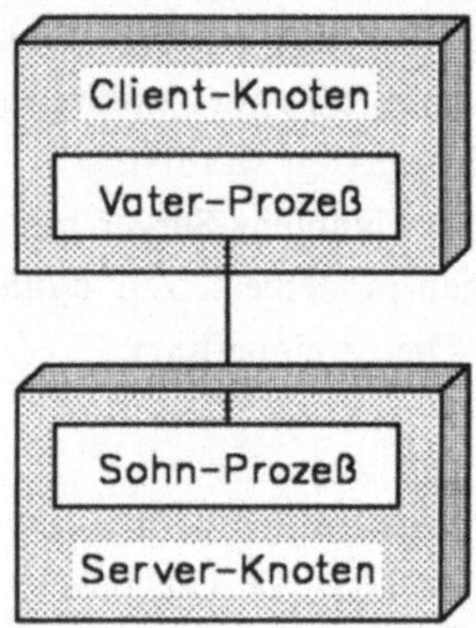

Abb. 26. Prozeßtopologie in einer Einzel-Server-Umgebung

Man unterscheidet bei der Abwicklung einer TA im allgemeinen folgende Phasen:

- Initiierung
  Eine Transaktion kann entweder explizit oder implizit initiiert werden. Ein expliziter Transaktionsbeginn könnte z.B. durch eine entsprechende Nachricht geschehen. Als Beispiel für einen impliziten TA-Start kann man sich die Initiierung durch das erste DBL-Kommando außerhalb einer TA vorstellen.
- Durchführung
  Während der Durchführung einer TA werden Daten abgefragt und/oder geändert. Diese Phase ist in den folgenden Protokollen nicht weiter untergliedert. Die für die Transaktionsverwaltung wichtigen Phasen sind die Initiierungs- und die Terminierungsphase. Die Kommunikation während der Durchführungsphase geschieht für die Transaktionsverwaltung transparent. Das bedeutet, daß der Inhalt der Abfrage- bzw. Manipulationskommandos, die in der Durchführungsphase ausgetauscht werden, von der Transaktionsverwaltung nicht interpretiert wird.
- Terminierung
  Während der Terminierungsphase wird entschieden (falls vorher kein Abbruch geschehen ist), ob die verteilte TA erfolgreich abgeschlossen oder ob sie vollständig zurückgesetzt wird. In dieser Phase werden also Kommunikationsmittel

zur Erhaltung der Atomaritäts-Eigenschaft der verteilten TA zur Verfügung gestellt.

Eine TA in einer Einzel-Server-Umgebung wird vollständig von dem Sohn-Prozeß ausgeführt. Vom Vater-Prozeß werden keine Operationen ausgeführt, die Bestandteil der Transaktion sind, d.h., die abhängig vom Ausgang der TA sind. Man bezeichnet eine solche Art der Transaktionsverarbeitung auch mit *entfernten Transaktionen* (remote transactions). Falls auch der Vater-Prozeß Operationen ausführen würde, für die ebenfalls die TA-Eigenschaften gelten sollten, würde es sich in unserem Modell um eine verteilte Transaktion handeln. Auf die Verwaltung verteilter Transaktionen wird in Abschnitt 5.2. eingegangen.

4.4.2. Protokoll

In dem hier vorgestellten Protokoll wird eine TA entweder implizit durch die Beendigung der vorherigen TA oder durch den Aufbau einer Kommunikationsbeziehung gestartet. So braucht der Beginn einer TA dem Sohn-Prozeß nicht durch eine spezielle Nachricht mitgeteilt zu werden. Die Durchführung der TA geschieht für die Transaktionsverwaltung des Kommunikationssystems transparent. Zur Terminierung einer TA in einer Einzel-Server Umgebung genügt es, ein einphasiges Commit-Protokoll anzuwenden. Wenn der Vater-Prozeß beschließt, die TA erfolgreich abzuschließen, teilt er dies dem Sohn-Prozeß mit einer COMMIT-Nachricht mit. Daraufhin versucht der Sohn-Prozeß, die TA zu beenden. Gelingt ihm das, so schickt er dem Vater-Prozeß als positive Bestätigung eine ACK-Nachricht. Ist der Sohn-Prozeß nicht in der Lage, den Terminierungsauftrag des Vater-Prozesses erfolgreich durchzuführen, dann sendet er dem Vater-Prozeß als negative Bestätigung eine NACK-Nachricht und setzt die Transaktion zurück. Falls der Vater-Prozeß dem Sohn-Prozeß einen positiven Ausgang der TA durch eine COMMIT-Nachricht vorschlägt, fällt der Sohn-Prozeß die endgültige Entscheidung. Es ist aber auch möglich, daß der Vater-Prozeß feststellt, daß die TA zurückgesetzt werden muß. In diesem Fall übermittelt er dem Sohn-Prozeß eine ABORT-Nachricht, die von diesem nicht mehr bestätigt wird.

Nachrichtentypen und Nachrichtenfluß

Nachfolgend werden die Nachrichtentypen aufgelistet, die Vater-Prozeß und Sohn-Prozeß zur Terminierung einer TA austauschen können. Zu jedem dieser Nachrichtentypen wird die Richtung angegeben, in der die jeweilige Nachricht fließt, sowie eine kurze Beschreibung der Semantik.

- COMMIT
  Richtung: Vater-Prozeß → Sohn-Prozeß
  Hiermit wird der Sohn-Prozeß aufgefordert, die TA erfolgreich zu beenden.

- ABORT
  Richtung: Vater-Prozeß → Sohn-Prozeß
  Hiermit wird der Sohn-Prozeß aufgefordert, die TA zurückzusetzen.
- ACK
  Richtung: Sohn-Prozeß → Vater-Prozeß
  Durch diese Nachricht bestätigt der Sohn-Prozeß dem Vater-Prozeß den erfolgreichen Ausgang der TA.
- NACK
  Richtung: Sohn-Prozeß → Vater-Prozeß
  Damit teilt der Sohn-Prozeß dem Vater-Prozeß mit, daß er seinem COMMIT-Wunsch nicht nachkommen konnte und die TA zurückgesetzt hat.

Zur Verdeutlichung des Protokollablaufs wird nachfolgend ein Raum-Zeit-Diagramm verwendet, in welchem sich die zwischen den beiden Prozessen ausgetauschten Nachrichten auf einer Zeitachse darstellen lassen. Diese Diagramme werden nachfolgend mit *Nachrichtenfluß-Diagrammen* bezeichnet. Der Vater-Prozeß wird mit A und der Sohn-Prozeß mit B bezeichnet.

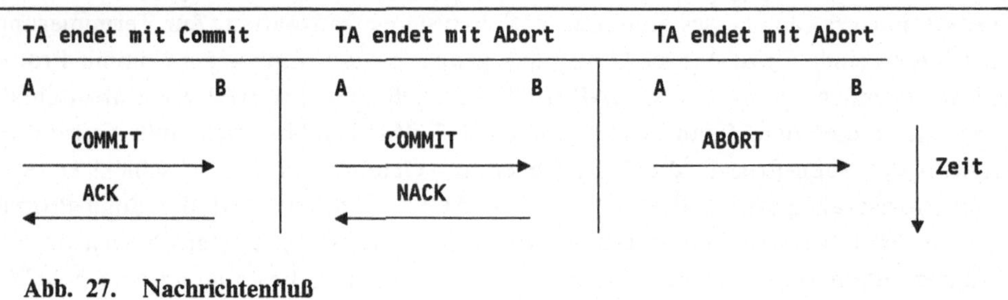

Abb. 27. Nachrichtenfluß

Der linke Teil der Abbildung zeigt eine erfolgreiche Terminierung der TA. Der mittlere Teil zeigt den Nachrichtenfluß, der auftritt, wenn der Sohn-Prozeß beschließt, die TA zurückzusetzen. Im rechten Abbildungsteil bricht der Vater-Prozeß die TA ab.

Recovery

Falls während der Durchführung der TA ein Fehler passiert, wird davon ausgegangen, daß die TA abgebrochen wird. Dasselbe gilt für die Terminierungsphase, solange die TA vom Sohn-Prozeß noch nicht erfolgreich abgeschlossen wurde. Falls ein Fehler auftritt, nachdem der Vater-Prozeß den Sohn-Prozeß mit einer COMMIT-Nachricht zur erfolgreichen Beendigung der TA beauftragt hat, kann der Vater-Prozeß unter Umständen nicht mehr mit Sicherheit sagen, wie die TA vom Sohn-Prozeß beendet wurde. Diese Unsicherheit wäre dann gegeben, wenn der Vater-Prozeß nach seiner COMMIT-Nachricht keine Antwort mehr vom Sohn-Prozeß bekommen würde. Vor dem Absenden der COMMIT-Nachricht kann der Vater-Prozeß davon ausgehen, daß die TA bei einem Fehler abgebrochen wird. Falls aber die Antwort auf die COMMIT-Nachricht ausbleibt, könnte der Sohn-Prozeß die TA bereits erfolgreich abgeschlossen haben, aber vor dem Absenden der ACK-Nachricht zusammengebrochen sein. In diesem Fall kann ein einphasiges Commit-Protokoll keine Hilfe leisten, da es nicht dessen Ziel ist, eine gemeinsame Übereinkunft über den Zustand der TA zu schaffen, wie es z.B. bei einem mehrphasigen Protokoll für verteilte Transaktionen der Fall ist. Eine Fehlersituation, wie sie oben beschrieben wurde, muß bei einem einphasigen Terminierungsprotokoll durch sogenannte *Anwendungs-Recovery* gelöst werden. Falls die Anwendung des Vater-Prozesses daran interessiert ist, wie der Ausgang der TA nach einem solchen Fehler war, muß sie in eigener Verantwortung prüfen, ob die TA ausgeführt wurde oder nicht.

Als Beispiel hierzu soll eine Flugbuchungsanwendung dienen. Ein Reisebüro reserviert über seinen Arbeitsplatzrechner (Vater-Prozeß) auf einem entfernten Rechner der Fluggesellschaft (Sohn-Prozeß) einen Sitzplatz für eine bestimmte Flugnummer. Die betreffende TA wird vom Reisebüro positiv beendet. Die betreffende Anwendung bekommt aber keine Bestätigung, sondern nur eine Mitteilung über den Zusammenbruch des Rechners der Fluggesellschaft. Um sich über den Ausgang der Reservierungs-TA zu informieren, muß das Reisebüro, entweder explizit oder implizit durch die Anwendungs-Software, die Durchführung der Sitzplatzreservierung überprüfen.

4.6. ISO/OSI-Ansatz

Nachfolgend wird der von der ISO verfolgte Ansatz zur Unterstützung des Datenbankfernzugriffs diskutiert. Die Strukturierung entspricht der oben eingeführten. Zum Verständnis ist es notwendig, die ISO/OSI-Architektur der Anwendungsebene einzuführen. Das geschieht im folgenden Abschnitt.

4.6.1. Verbindungsverwaltung

Die Anwendungsschicht stellt im Gegensatz zu den übrigen Schichten keinen generellen schichtspezifischen Dienst, sondern eine Vielzahl von Anwendungsdienstelementen (application service elements - ASEs) bereit, die im folgenden kurz Dienstelemente genannt werden. Jedes Dienstelement unterstützt eine spezielle Klasse von Kommunikationsanforderungen. In unserem Kontext sind folgende Dienstelemente von besonderem Interesse:

- ACSE (Association Control Service Element) zum Auf- und Abbau von Anwendungsverbindungen [I86492, I86502],

- ROSE (Remote Operations Service Element) zur Ausführung entfernter Operationen [I90721, I90722],
- TP-ASE (Transaction Processing Application Service Element) zur Verwaltung verteilter Transaktionen [I100261, I100262, I100263],
- CCR (Commitment, Concurrency and Recovery) ebenfalls zur Verwaltung verteilter Transaktionen [I98042, I98052], sowie
- RDA (Remote Database Access) zum Zugriff auf entfernte Datenbanken [I9579].

Da in verbindungsorientierten Systemen immer zuerst eine Anwendungsverbindung zwischen den Kommunikationspartnern aufgebaut werden muß, ist das Dienstelement ACSE integraler Bestandteil jeder Anwendungsinstanz. ACSE stellt zum Verbindungsauf- und -abbau die Dienstprimitive *A-Associate* und *A-Release* sowie zur Fehlerbehandlung *A-Abort* und *A-P-Abort* zur Verfügung. Mit *A-Abort* werden Verbindungen abgebrochen mit dem Risiko, daß bereits gesendete Daten verlorengehen. Mit *A-P-Abort* wird der Abbruch einer Presentation-Verbindung, auf die eine Anwendungsverbindung abgebildet wird, dem Benutzer angezeigt (provider abort). Mit dem Aufbau einer Anwendungsverbindung wird festgelegt, welcher Anwendungskontext unterstützt werden soll. Dazu gibt der Benutzer der gewünschten Kontextbezeichner und die Adresse einer Presentation-Instanz des Kommunikationspartners an. Mit dem Verbindungsaufbau wird entweder eine Inkarnation des über die Presentation-Adresse zugeordneten Anwendungsprozesses erzeugt oder eine Inkarnation aus bereits existierenden ausgewählt. Es kann jedoch auch eine Verbindung zu einer speziellen Inkarnation durch Angabe von deren Bezeichner (Called AP Invocation Identifier) hergestellt werden. Neben der Adressierung von Kommunikationspartnern werden beim Aufbau einer Anwendungsverbindung auch einige Parameter der Presentation- bzw. Session-Schicht gesetzt.

Alle anderen oben erwähnten Dienstelemente sind für spezielle Anwendungsklassen notwendig. Sie lassen sich danach unterscheiden, ob der durch sie erbrachte Dienst direkt über der Presentation-Schicht oder unter Verwendung anderer Dienstelemente realisiert wird. Auf diese speziellen Dienstelemente wird weiter unten im Detail eingegangen.

Strukturierung und Konfiguration von Anwendungsinstanzen

Auf der Basis der Dienstelemente können die Kommunikationsanforderungen der unterschiedlichen Anwendungen durch Auswahl und entsprechende *Konfiguration* von Dienstelementen realisiert werden [Beve87]. Die Konfiguration impliziert die Koordination zwischen den beteiligten Dienstelementen. Es müssen dabei die vom Benutzer oder vom Kommunikationspartner eintreffenden Nachrichten an das jeweilige Dienstelement weitergereicht werden. In einer Koordinationsinstanz lassen sich dabei dienstelementübergreifende Reihenfolgebedingungen überprüfen. Ebenso kann es notwendig sein, dienstelementinterne Reihenfolgebedingungen einzuschränken. Daneben müssen hier dienstelementübergreifende Fehlersituationen behandelt werden. Aus Optimierungsgründen kann eine Koordinationsinstanz die Aufgabe haben, von den einzelnen Dienstelementen erzeugte Protokolldateneinheiten zu konkatenieren und als ein Block an die Presentation-Schicht zu übergeben. Im Rahmen des Standards [I9545], der sich vorwiegend mit der Strukturierung der Anwendungsebene beschäftigt, wird die Koordination verschiedener Dienstelemente innerhalb einer Anwendungsinstanz durch die Funktion *SACF (Single Associaton Control Function)* beschrieben. SACF definiert zusammen mit einem oder mehreren Dienstelementen ein Objekt, das als *Single Association Object (SAO)* bezeichnet wird. Jedes SAO muß zumindest das Dienstelement ACSE für den Verbindungsauf- und -abbau beinhalten. Mehrere Anwendungsverbindungen zu unterschiedlichen Kommunikationspartnern werden durch je ein SAO innerhalb einer Anwendungsinstanz modelliert. Das über einer Anwendungsverbindung gültige Protokoll wird durch die in einem SAO enthaltenen Dienstelemente bestimmt. Alle Dienste, die von einem SAO nachgefragt oder ihm angezeigt werden, gehen zunächst an die SACF-Komponente. Dort werden diese Dienste abhängig von dem Protokollautomat der SACF gegebenenfalls auf andere Dienste abgebildet und dem Benutzer, den Dienstelementen oder der Presentation-Schicht übergeben. Grundsätzlich kommunizieren der Benutzer, die in einem SAO enthaltenen Dienstelemente und die Presentation-Schicht ausschließlich über die SACF-Komponente.

Eine *Anwendungsinstanz* (application entity) repräsentiert den Teil des OSI-Kommunikationssystems, der durch die Schicht 7 realisiert wird (siehe auch Ab-

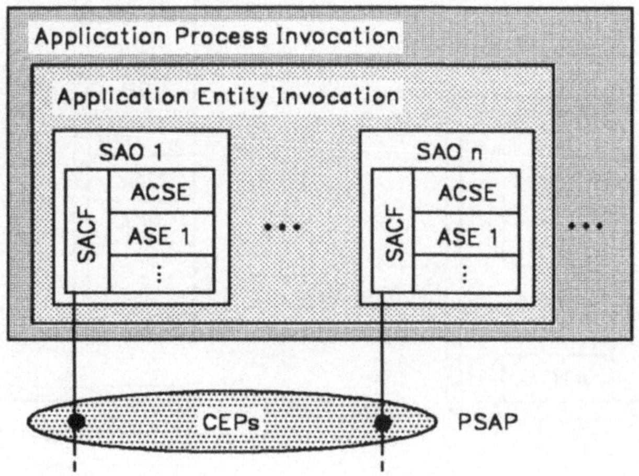

Abb. 28. Strukturierung von Anwendungsprozessen und Anwendungsinstanzen

schnitt 2.3.4.1.). Anwendungsinstanzen sind ihrerseits Teile von *Anwendungsprozessen* (application process), die aus Anwendungsprogrammen, Anwendungssystemen, etc. bestehen, die gemäß OSI-Standards kommunizieren (siehe Abb. 28). Jedem Anwendungsprozeß können eine oder mehrere Anwendungsinstanzen zugeordnet sein. Jeder Anwendungsprozeß ist durch einen global eindeutigen Bezeichner (application process title) identifizierbar (siehe auch [Beve89]).

Die Vorschrift zur Konfiguration eines SAO ist in dem sogenannten *Anwendungskontext* enthalten (siehe Abb. 29). Im Anwendungskontext, der zur Verbindungsaufbauphase vereinbart wird, werden die beteiligten Dienstelemente ausgewählt. Gegebenenfalls wird die Menge von deren Dienstprimitive eingeschränkt, um z.B. ein bestimmtes Rollenverhalten der Kommunikationspartner zu spezifizieren. Der Anwendungskontext bestimmt ebenfalls, wie das Zusammenspiel der einzelnen Dienstelemente in einem SAO aussieht. Das geschieht einerseits durch die Festlegung der Abbildung der einzelnen Dienstprimitive aufeinander. Andererseits können Reihenfolgeregeln definiert werden, die über die dienstelementinternen Reihenfolgeregeln hinausgehen. Es muß z.B. festgelegt werden, daß zunächst eine Verbindung über ACSE aufgebaut werden muß, bevor eine Operation über ROSE verschickt werden kann. Zur formalen Spezifikation des Anwendungskontextes werden im ISO-Standard für den RDA [I9579] sogenannte *Module* definiert, in denen die vom RDA bereitgestellten Dienstprimitive (bzw. Operationen), deren Parameter und deren Abbildung auf Dienstprimitive anderer Dienstelemente enthalten sind. Diese Modul-Definition basiert auf ASN.1 und der ROS-Macro-Notation (siehe auch Abschnitt 4.3.).

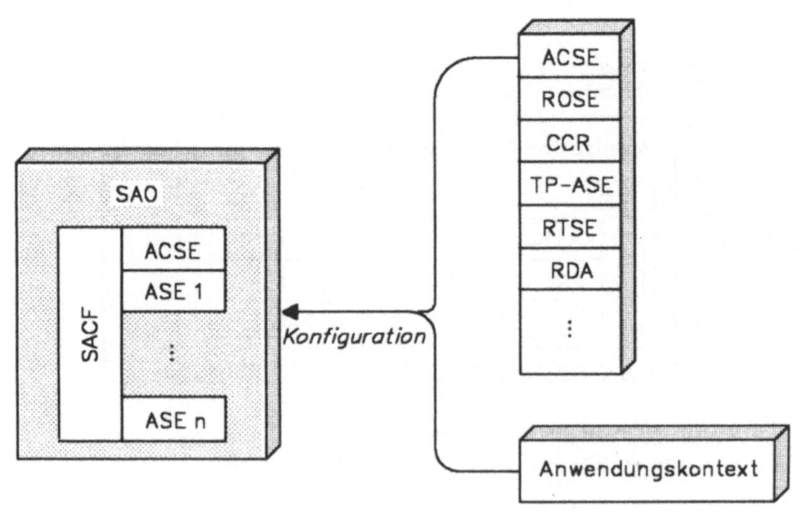

Abb. 29. Konfiguration eines SAO

Wertung

Wie die obige Einführung zeigt, ist die Strukturierung von Anwendungsinstanzen nicht trivial. Unglücklicherweise sind die existierenden Standardvorschläge teilweise noch nicht ausgereift, so daß eine Realisierung einer kompletten Anwendungsinstanz noch sehr viele Unklarheiten auftauchen läßt. Einige Schwierigkeiten bei der Entwicklung einer RDA-SAO-Komponente sind in Abschnitt 6.3.2. angesprochen. Sicherlich ist das oben vorgestellte Konfigurationskonzept dazu geeignet, eine Implementierung zu vereinfachen. Allerdings ist dafür eine vollständige, formale Spezifikation des Anwendungskontextes nötig. Diese steht zur Zeit allerdings nicht zur Verfügung, da beispielsweise im RDA-Standard die Reihenfolgeregeln und die Abbildungsvorschriften für alle in einem SAO befindlichen Dienstelemente fehlen.

Darüberhinaus wäre gerade für transaktionsorientierte Systeme die Entwicklung einer verbindungslosen Architektur interessant. Damit könnten z.B. Multicast-Dienste effizienter als in verbindungsorientierten Systemen realisiert werden. Eine diesbezügliche Erweiterung ist in der Anwendungsschicht in nächster Zeit nicht zu erwarten, weswegen diese Arbeit auf einer verbindungsorientierten Architektur basiert (siehe auch Abschnitt 2.1.3.5.).

4.6.2. Transfer von Datenbankoperationen

Der RDA der ISO benutzt zum Transfer von Datenbankoperationen das *Remote Operations Service Element* (ROSE). Der diesbezügliche ISO-Standard enthält neben der Definition der ROSE-Dienste und des -Protokolls auch das sogenannte ROS-Modell und die Definition der ROS-MACRO-Notation. Das ROS-Modell definiert die Sicht der Anwendung auf die Ausführung von entfernten Operationen. So kann beispielsweise eine entfernt aufgerufene Operation selbst wieder die Ausführung einer Operation auf der aufrufenden Seite initiieren. Allerdings sind solche Operationsaufrufe auf genau eine Anwendungsverbindung beschränkt. Auf die ROS-MACRO-Notation wurde bereits in 4.3.1. eingegangen. Die Zusammenhänge zwischen dem ROS-Modell und der ROS-MACRO-Notation sowie die Abbildung der ROS-MACROs auf die von ROSE bereitgestellten Dienstprimitive werden ebenfalls im ISO-Standard erklärt und sollen hier nicht detaillierter betrachtet werden. ROSE bietet Möglichkeiten, entfernte Operationen synchron oder asynchron auszuführen. Bei asynchroner Ausführung kann eine verpflichtende Rückgabe von Ergebnissen bzw. Fehlern vereinbart werden. Die ROSE-Dienste sind unabhängig von einer konkreten Operation spezifiziert und daher *generisch* in dem in 4.3. eingeführten Sinne. Die jeweils zulässigen Parametertypen der aufgerufenen Operationen werden durch den beim Verbindungsaufbau festgelegten Anwendungskontext bestimmt.

Der RDA definiert den Dienst *R-ExecuteDBL* zur Ausführung eines DBL-Kommandos und die Dienste *R-DefineDBL, R-InvokeDBL* und *R-DropDBL* zur Definition, Ausführung und Löschung von vordefinierten DBL-Kommandos. Auf die

Funktionalität dieser Dienste wird unten noch genauer eingegangen. Die RDA-Dienste werden auf die generischen ROSE-Dienste abgebildet. Der RDA stellt daher eine Spezialisierung von ROSE dar. Dies geschieht, indem generische ROSE-Parameter RDA-spezifisch strukturiert und mit Werten belegt werden. Das folgende Beispiel zeigt die Spezialisierung des ROSE-Dienstes *RO-Invoke*, der zum Aufruf entfernter Operationen dient. Durch Angabe eines eindeutigen Operationsbezeichners (operation value) wird eine bestimmte RDA-Operation ausgewählt (z.B. *R-ExecuteDBL*). Die Spezialisierung des ROSE-Parameters *argument* durch RDA definiert die Typbeschreibung der *R-ExecuteDBL*-Parameter. Um von der DBL der zu übertragenden Datenbankoperationen unabhängig zu sein, sind die oben erwähnten RDA-Dienste ebenfalls generisch definiert (siehe auch 4.3.1.). Durch Auswahl einer konkreten DBL (im folgenden Beispiel SQL) wird der Typ des Parameters *SpecificDBLStatement* definiert. So erhält man beim RDA eine zweistufige Spezialisierungshierarchie: In der ersten Stufe werden generische ROSE-Dienste zum Aufruf entfernter Operationen durch RDA-Dienste zur Ausführung von Datenbankoperationen spezialisiert. Diese unabhängig von einer Datenbanksprache spezifizierten RDA-Dienste werden in einer zweiten Stufe mit Hilfe einer konkreten DBL spezialisiert (siehe Abb. 30).

Wie oben schon erwähnt, definiert der RDA zur Übertragung und unmittelbaren Ausführung von DBL-Kommandos den Dienst *R-ExecuteDBL*. Ähnlich wie in 4.3. beschrieben, werden DBL-Kommandos, deren Variablen und das dazugehörige Resultat unabhängig von einer konkreten DBL definiert. Der RDA erlaubt die Aushandlung einer entsprechenden Sprache beim Aufbau eines RDA-Dialoges mit Hilfe des Dienstes *R-Associate*. Das geschieht durch Angabe einer Nummer, welche eine Referenz auf eine durch die ISO standardisierte Sprache darstellt. Derzeit wird

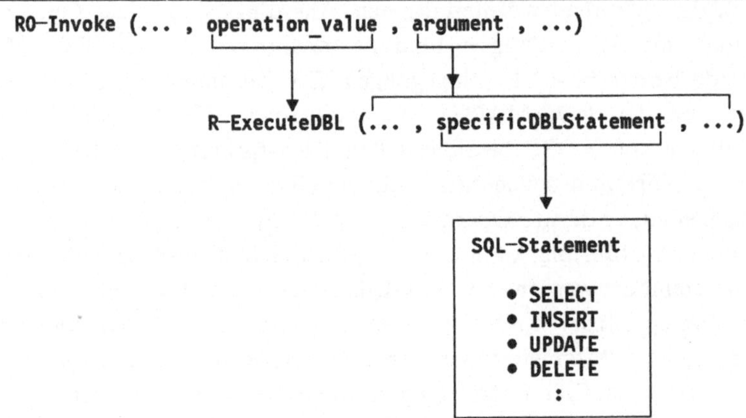

Abb. 30. Spezialisierung von ROSE und RDA

als Beispiel nur ISO-SQL [I9075] als Spezialisierung für den RDA angegeben. Konzeptionell ist aber jede beliebige Sprache zur Abfrage und Manipulation von Daten verwendbar, sofern sie von der ISO standardisiert ist und damit referenziert werden kann. Neben Datenbanksprachen, die auch andere als relationale Datenmodelle unterstützen, sind ebenso Sprachen zur Verwaltung eines Dateisystems oder Sprachen zur Ausführung von Transaktionsprogrammen im Sinne von TP-Monitoren als Spezialisierungen vorstellbar. Nach längeren Diskussionen in den Normungsgremien ist in der derzeitigen Fassung des RDA-Standards nun auch eine Auswahl des Übertragungsformates der DBL-Kommandos möglich, wie sie in Abschnitt 4.3.2. motiviert wurde. Es kann entweder eine Zeichenstring- oder eine Baumstruktur-Darstellung für DBL-Kommandos gewählt werden. Dies geschieht ebenfalls zu Beginn eines RDA-Dialoges mit Hilfe eines Parameters des Dienstes *R-Associate.*

Wertung

Im Gegensatz zu dem in 4.3.1. vorgeschlagenen Modul-Konzept sieht der RDA nur Dienste zur Definition (*R-DefineDBL*), Löschung (*R-DropDBL*) und Ausführung (*R-InvokeDBL*) von einzelnen DBL-Kommandos vor. Damit lassen sich die Fähigkeiten eines vorübersetzenden DBMS nicht in der Weise ausnutzen, wie es durch ein Modul-Konzept möglich wäre.

Weiterhin ist die Lebensdauer von mit *R-DefineDBL* definierten DBL-Kommandos nicht, wie in 4.3.1. vorgeschlagen, explizit angebbar. Der RDA schreibt vielmehr vor, daß definierte DBL-Kommandos, die nicht explizit mit *R-Drop* gelöscht wurden, bei Abbau des RDA-Dialoges implizit gelöscht werden. Dadurch sind die Möglichkeiten der Optimierung mit Hilfe von vordefinierten DBL-Kommandos wesentlich eingeschränkt.

4.6.3. Unterstützung der Datenrepräsentation

Im ISO/OSI-Modell ist die Schicht 6 (Darstellungsschicht) zur Lösung der Darstellungsproblematik vorgesehen. An der Dienstschnittstelle werden neben Dienstprimitiven zur Kommunikationssteuerung (Durchreichen der Dienste der Kommunikationssteuerungsschicht), Dienstprimitive zum Verbindungsauf- und abbau, zur Aushandlung und zum Datentransfer angeboten [I8822]. Das Protokoll der Darstellungsschicht [I8823] definiert im wesentlichen die Kontextaushandlung. Als *Darstellungskontext* bezeichnet man hierbei die logische Beschreibung einer Menge von Typen zusammen mit den dazugehörigen Codierregeln. Die Dienstprimitive der Darstellungsschicht werden von den Instanzen der Anwendungsschicht in Anspruch genommen. Wie in Abschnitt 4.4. schon erläutert, wird von der ISO zur *Typbeschreibung* die Sprache *ASN.1* definiert [I8824]. Als *Codierregeln* werden von der ISO die *Basic Encoding Rules* [I8825] festgelegt. Auch darauf wurde bereits in 4.4. näher eingegangen. Funktionen zur *Transformation von Typbeschreibungen und Daten* haben nur lokale Bedeutung und sind daher nicht Bestandteil der Normung. An der Dienstschnittstelle der Darstellungsschicht werden keine Dienstprimitive zur *Definition neuer Typbeschreibungen* (abstrakte Syntax) angeboten. Die Menge der definierten Typbeschreibungen ist daher statisch festgelegt. Die ISO/OSI-Darstellungsschicht bietet auch keine Dienstprimitive zum *Austausch von Typbeschreibungen* an. Es können lediglich bereits bekannte Beschreibungen und Codierregeln ausgehandelt werden (namentliche Aushandlung). Darstellungskontexte können beim Verbindungsaufbau (mit dem Dienst P-CONNECT) oder während der Datenaustauschphase (mit dem Dienst P-ALTER-CONTEXT) ausgehandelt werden. Das Aushandlungsprotokoll wird von den Instanzen der Schicht 6, den sogenannten Darstellungsinstanzen, durchgeführt. Bei der namentlichen Aushandlung sind den Typbeschreibungen eindeutige Namen zugeordnet, die referenziert werden können. Die Aushandlungsstrategie erlaubt eine Auswahl aus bereits definierten Darstellungskontexten, um somit die zur Zeit gültigen Darstellungskontexte zu vereinbaren. Es wird vorausgesetzt, daß alle Kontexte beiden Kommunikationspartnern a priori bekannt sind.

Wertung

In 4.4. wurde das RDA-spezifische Problem diskutiert, das entsteht, wenn der Typ eines Objektes erst zur Laufzeit bekannt ist. Die in 4.4. vorgeschlagene Lösung, in der die Menge der Typbeschreibungen dynamisch erweitert wird, ist mit der ISO/OSI-Darstellungsschicht nicht realisierbar, da hier die Darstellungskontexte von vorneherein bekannt sein müssen.

Die von der ISO ausschließlich benutzte Typbeschreibungssprache ASN.1 erlaubt es zudem nicht, Typbeschreibungen als Wertebelegungen eines Objektes zu definieren, wie es ebenfalls in Abschnitt 4.4. eingeführt wurde. Die einzige Möglichkeit in der ISO/OSI-Welt, die Wertebelegung eines Objektes zusammen mit seiner Typbeschreibung zu transferieren, besteht darin, daß die Anwendung einen Metatyp definiert, dessen Wertebelegung die Typbeschreibung der DBL-Variablen darstellt (siehe Abschnitt 4.4.).

4.6.4. Transaktionsverwaltung

Es gibt zum Zeitpunkt der Fertigstellung dieser Arbeit keine Bestrebungen innerhalb des ISO/OSI-Ansatzes, die sich mit der Transaktionsverwaltung innerhalb einer Einzel-Server-Umgebung befassen. Es sind daher keine Dienste vorhanden, die ein einphasiges Commit-Protokoll unterstützen. Die in der Entwicklung befindlichen Standards befassen sich ausschließlich mit zweiphasigen Protokollen. Auf diese Standardisierungsvorschläge wird in Abschnitt 5.3. eingegangen.

Im RDA wird jedoch für den in Abschnitt 4.5. beschriebenen Einzel-Server-Fall, bei dem sämtliche Operationen einer Transaktion auf dem Server ausgeführt werden, ein einphasiges Terminierungsprotokoll benötigt. Der derzeitige ISO-RDA löst dieses dieses Problem der fehlenden OSI-Dienste durch die Terminierung mit Hilfe der in der Spezialisierung ausgewählten DBL. Das setzt natürlich voraus, daß in der betreffenden DBL Sprachmittel zum Beenden einer TA enthalten sind. Innerhalb der SQL-Spezialisierung ist dies der Fall. Man findet darin Kommandos zur erfolgreichen (COMMIT) und nicht erfolgreichen (ROLLBACK) Terminierung einer Transaktion. Diese DBL-Kommandos können Inhalt einer R-EXECUTE oder einer R-DEFINE-Operation sein, die auf ein generisches RO-INVOKE-Dienstprimitiv von ROSE abgebildet werden. Dadurch ist es dem RDA-Client oder -Server allerdings nicht möglich zu erkennen, wann eine Transaktion terminiert wird, denn der Inhalt des mit R-EXECUTE bzw. R-DEFINE übertragenen DBL-Kommandos ist für das RDA-Dienstelement transparent. Durch Aufbau eines RDA-Dialoges ist eine Transaktion implizit eröffnet. Nach Beendigung einer Transaktion mit z.B. R-EXECUTE (...,Commit,...) wird die laufende Transaktion geschlossen und implizit eine neue geöffnet.

5. Multi-Server-Datenbankfernzugriff

Dieses Kapitel behandelt die Erweiterungen der Funktionalität des RDA-Kommunikationselementes, die dann nötig werden, wenn ein Client auf mehrere Server innerhalb einer Transaktion zugreift. Die Funktionalität, die die Verbindungsverwaltung, den Transfer von Datenbankoperationen und die Unterstützung der Datenrepräsentation betrifft, unterscheidet sich nicht von der in Kapitel 4 diskutierten Funktionalität des Einzel-Server-Falls. Daher wird nachfolgend ausschließlich die Transaktionsverwaltung im Multi-Server-RDA untersucht. Dabei werden verschiedene Protokolle eingeführt, die sich in dem Grad der Toleranz gegenüber bestimmten Fehlerklassen unterscheiden. Dies ist insbesondere im Hinblick auf den Einsatz der Transaktionsprotokolle in offenen Netzen interessant, da in offenen Netzen keine Annahmen über die Zuverlässigkeit der beteiligten Systeme gemacht werden können.

5.1. Architektur

Im Multi-Server-RDA kommuniziert ein Client mit mehreren Servern. Zu jedem dieser Server wird jeweils eine Verbindung aufgebaut (siehe Abb. 31).

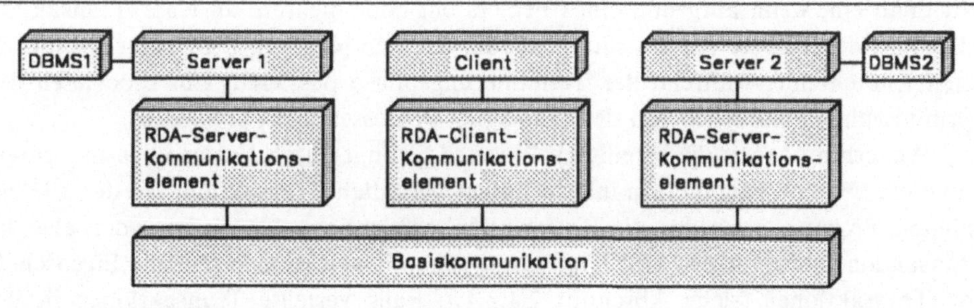

Abb. 31. Multi-Server-RDA

Es wird angenommen, daß eine vom Client nachgefragte Datenbankoperation sich immer komplett auf einen Server bezieht. Eine Datenbankoperation wird nicht auf mehrere Server aufgeteilt. Eine solche Aufteilung ist gemäß unserer Klassifikation eine typische Eigenschaft von verteilten Datenbanksystemen (DDBMS) und sprengt den Rahmen unseres RDA. Somit ändern sich die Verbindungsverwaltung und der Transfer von Datenbankoperationen im Multi-Server-Fall nicht. Ebenso ergeben sich bei der Unterstützung der Datenrepräsentation im Multi-Server-RDA keine zusätzlichen Aufgaben im Vergleich zum Einzel-Server-RDA. Falls allerdings eine Transaktion in verschiedene Teile aufgespalten wird, die jeweils auf verschiedenen Servern bearbeitet werden (verteilte Transaktion), muß die Transaktionsverwaltung des Kommunikationselementes DCM im Multi-Server-Fall im Vergleich zum Einzel-Server-Fall erweitert werden. Insbesondere ist darauf zu achten, daß eine konsistente Terminierung einer verteilten Transaktion gewährleistet ist.

5.2. Transaktionsverwaltung

In diesem Abschnitt wird die Verwaltung von verteilten Transaktionen in offenen Netzen untersucht. Eine verteilte Transaktion wird, aufgespalten in bestimmte Teiltransaktionen, in mehreren Prozessen bearbeitet. Konventionelle Terminierungs-Protokolle gehen davon aus, daß nur sichere Prozesse, d.h. Prozesse, in denen höchstens transiente Omissions-Fehler auftreten, an einer verteilten Transaktion teilnehmen. In offenen Netzwerken erscheint diese Annahme zu restriktiv. Beim Zugriff auf entfernte Datenbanken besteht ein typisches Szenarium aus einer Workstation, die als Client auf Datenbestände von Großrechnern, die als Server fungieren, zugreift. Daher erlauben die nachfolgend vorgestellten Protokolle eine nicht-blockierende und konsistente Terminierung von verteilten Transaktionen in offenen Netzen, trotz beteiligter unsicherer Systeme wie z.B. Workstations. Wie in Kapitel 3 eingeführt, kann die Terminierung einer verteilten Transaktion durch Fehler gestört werden. Ein Fehler kann den Ablauf des Terminierungsprotokolls blockieren. Eine *blockierende Situation* tritt dann ein, wenn aufgrund eines Fehlers ein oder mehrere an einer Transaktion teilnehmende Prozesse die TA nicht beenden können [Ceri84]. Dies kann z.B. durch einen Knotenfehler während der Terminierungsphase passieren. Ein Blockieren der Terminierung ist natürlich von den beteiligten Prozessen nicht erwünscht.

Weiterhin können die beteiligten Prozesse bedingt durch Fehler *inkonsistent* terminieren. Die konsistente Terminierung einer verteilten Transaktion, bei der alle beteiligten Prozesse entweder die Transaktion erfolgreich abschließen oder alle die Transaktion zurücksetzen, wird Atomarität genannt und ist eine zentrale Eigenschaft von Transaktionen (siehe Abschnitt 2.1.3.1.). Falls verteilte Transaktionen in Systemen ausgeführt werden, in denen höchstens transiente Omissions-Fehler auftreten, garantiert das *Zwei-Phasen-Commit-Protokoll* (welches in Abschnitt 5.2.2. eingeführt wird) eine konsistente Terminierung. Wenn allerdings auch permanente Omissions-Fehler oder byzantinische Fehler passieren, können konventionelle Protokolle nicht mehr eingesetzt werden. Es kann z.B., bedingt durch einen byzantinischen Fehler, ein Prozeß eine von ihm kontrollierte Teiltransaktion mit COMMIT und eine andere mit ABORT terminieren.

Falls keine byzantinischen Fehler auftreten, ist die Protokolleigenschaft der konsistenten Terminierung ein Dienst, der von der Anwendung, d.h. dem Initiator-

Prozeß gewünscht wird. Die Anwendung ist an der Einhaltung der Atomaritäts-Eigenschaft der verteilten Transaktion interessiert. Nun ist aber vorstellbar, daß der Initiator ein Prozeß ist, der potentiell byzantinische Fehler macht. Es ist schwer begründbar, warum solchen Prozessen konsistente Terminierung garantiert werden soll, wenn sie sowieso alles unterlaufen können. Die Motivation kommt in diesem Fall vielmehr aus den beteiligten sicheren Prozessen heraus. So sind Anwendungen vorstellbar, in denen die sicheren Prozesse konsistent terminieren wollen, obwohl unsichere Prozesse, die byzantinische Fehler machen, eventuell versuchen, das zu sabotieren. Dies sind insbesondere solche Anwendungen, in denen *Integritätsbedingungen* definiert sind (siehe auch 2.1.3.3.).

Hierzu ein Beispiel: Im Rahmen eines Reisebuchungssystems wird eine kombinierte Buchung von Flug und Mietwagen besonders günstig angeboten. Der spezielle Preis gilt allerdings nur für ein Paket, das sowohl Flug als auch Wagen beinhaltet. Daher möchte die Fluggesellschaft und das Mietwagenunternehmen sichergestellt haben, daß auch wirklich bei beiden Gesellschaften eine Buchung vorgenommen wurde. Das bedeutet, daß eine Integritätsbedingung existiert, die eine Buchung bei dem einen Knoten von der Buchung von dem anderen Knoten abhängig macht. Diese Bedingung wird nach Ende der ersten Phase der Terminierung überprüft [Date81]. Als Initiator dieser Buchung fungiert ein Arbeitsplatzrechner eines Reisebüros, der byzantinische Fehler machen kann. Falls dieser nun die TA inkonsistent beendet, wird die Integritätsbedingung, die von der Fluggesellschaft und dem Mietwagenunternehmen definiert ist, verletzt. Daher ist auch in einer Umgebung, in der byzantinische Fehler auftreten können, die konsistente Terminierung der beteiligten sicheren Systeme sinnvoll. Die in diesem Abschnitt vorgestellten Protokolle sollen solche Fehlerauswirkungen verhindern. Dazu werden zwei Forderungen aufgestellt, die von den Protokollen einzuhalten sind:

Forderung F1: Alle sicheren Teilnehmer einer Transaktion terminieren in endlicher Zeit.

Forderung F2: Alle sicheren Teilnehmer einer Transaktion terminieren konsistent.

Die im folgenden eingeführten Protokolle werden in unterschiedliche Klassen eingeteilt. Alle Protokollklassen garantieren die Einhaltung der Forderungen F1 und F2 für sichere Knoten. Die Protokollklassen unterscheiden sich im Tolerieren von unsicheren Knoten. Protokollklasse 0 toleriert keine unsicheren Knoten. Alle an einer verteilten TA teilnehmenden Knoten sind sicher. In Protokollklasse 1 werden obige Forderungen trotz beteiligter unsicherer Knoten garantiert. Es wird dabei allerdings die Annahme getroffen, daß auf unsicheren Knoten keine byzantinischen Fehler auftreten. Die Forderungen F1 und F2 werden in Protokollklasse 1 nicht nur für alle sicheren, sondern allgemeiner für alle gesunden Prozesse erfüllt. Protokollklasse 2 gewährleistet die Forderungen F1 und F2, obwohl unsichere Prozesse, auf denen auch byzantinische Fehler passieren können, an der Transaktion teilnehmen. So wird die Komplexität der Protokolle stufenweise erhöht.

Protokollklasse	Beteiligte Prozeßklassen
0	sicher
1	sicher + unsicher (keine byzantinischen Fehler möglich)
2	sicher + unsicher (byzantinische Fehler möglich)

Bei den Protokollen der Protokollklasse 0 handelt es sich um eine optimierte Variante des „konventionellen" Zwei-Phasen-Commit-Protokolls, welches als Basis für die Erweiterungen in Protokollklasse 1 und 2 dient. Die Erfüllung der Forderungen F1 und F2, trotz beteiligter unsicherer Knoten, wird in Protokollklasse 1 durch die Verschiebung des Koordinators in einen sicheren Prozeß erreicht. In der Protokollklasse 2 werden wegen der zusätzlich möglichen byzantinischen Fehler kryptographische Methoden und eine Buchhaltungsinstanz eingeführt.

5.2.1. Terminologie

Hier wird die begriffliche Grundlage geschaffen, die zur Betrachtung der später vorgeschlagenen Protokolle notwendig ist.

Eine *Transaktions-Sequenz* (TS) ist ein Folge logisch zusammengehörender atomarer Transaktionen. Transaktionen innerhalb einer TS werden sequentiell, d.h. nicht überlappend ausgeführt. Ein Beispiel wäre eine Folge von Buchungen eines Reisebüros bei einer Fluggesellschaft. Die einzelnen Buchungen sind atomare Transaktionen, nicht jedoch die gesamte Folge. Eine TS wird mit einer Kennung versehen (TS-Id). Diese Kennung ist global eindeutig, trotz eventuell auftretender Fehler. Wie eine solche eindeutige Kennung implementiert wird, ist z.B. in [Roth87] beschrieben.

Eine Transaktion wird innerhalb einer TS mit einem numerischen *Transaktions-Zähler* identifiziert. Die vergebenen Transaktions-Zähler sind streng monoton steigend, um eine Eindeutigkeit und eine Reihenfolgebeziehung innerhalb einer Transaktions-Sequenz zu erhalten.

Verteilte Transaktionen werden von Prozessen ausgeführt. Unter einem *Prozeß-Baum* wird eine baumartige Hierarchie von miteinander kommunizierenden Prozessen verstanden. Ein Knoten eines Prozeß-Baumes entspricht einem Prozeß, eine Kante entspricht einer Kommunikationsverbindung. Die Lebendauer eines Prozeß-Baumes entspricht der Dauer einer Transaktions-Sequenz. Während dieser Zeit kann sich die Struktur eines Prozeß-Baum nicht verändern.

Unter der *Wurzel* eines Baumes wird der Prozeß verstanden, der in der Hierarchie am höchsten steht und keinen übergeordneten Prozeß mehr hat. Als *Blatt-Prozesse* werden diejenigen Prozesse bezeichnet, die keine untergeordnete Prozesse im

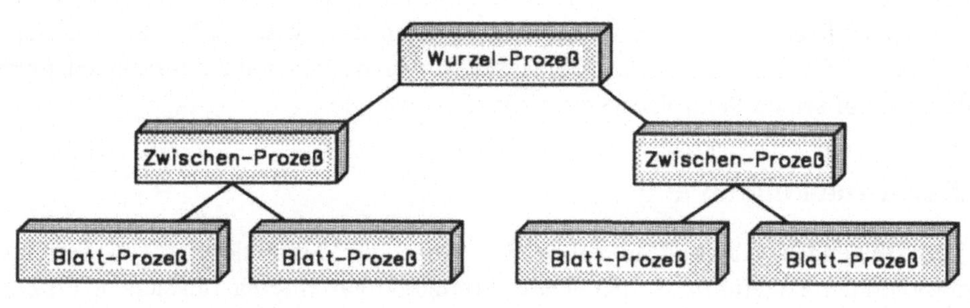

Abb. 32. Baumtopologie

Baum mehr haben. *Zwischen-Prozesse* haben sowohl übergeordnete als auch untergeordnete Prozesse (siehe Abb. 32).

Ein *Teilnehmer-Baum* spiegelt die Beziehungen aller an der aktuellen Transaktion beteiligten Prozesse wider. Die Knoten eines Teilnehmer-Baumes entsprechen den teilnehmenden Prozessen, die Kanten den Vater-Sohn-Beziehungen jeweils zweier kommunizierender Prozesse (siehe auch Abschnitt 4.5.) Ein Teilnehmer-Baum existiert in einem bestehenden Prozeß-Baum. Die Menge aller Prozesse eines Teilnehmer-Baumes ist eine Teilmenge der Prozeß-Menge eines Prozeß-Baumes. Nicht alle Prozesse eines Prozeß-Baumes müssen an einer bestimmten Transaktion innerhalb einer TS teilnehmen. Abb. 33 zeigt einen Prozeß-Baum (durchgezogene und gestrichelte Linien), in dem ein Teilnehmer-Baum (nur durchgezogene Linien) enthalten ist.

Ausgehend von der Wurzel eines Teilnehmer-Baumes wird eine verteilte Transaktion in verschiedene Teiltransaktionen (Subtransaktionen) unterteilt, die auf den

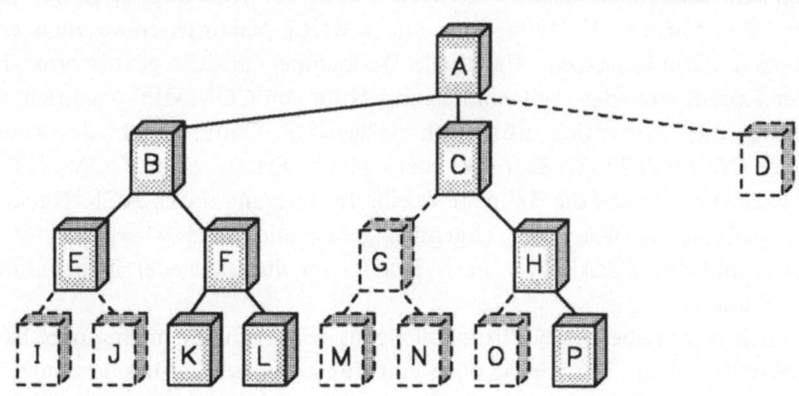

Abb. 33. Prozeß-Baum mit darin enthaltenem Teilnehmer-Baum

Sohn-Prozessen abgewickelt werden. Ein Sohn-Prozeß kann wiederum Vater-Prozeß für ihm nachfolgende Sohn-Prozesse sein. So kann ein Zwischen-Prozeß, der Sohn- und Vater-Rolle inne hat, seine Subtransaktion in weitere Subtransaktionen unterteilen, die auf seinen Sohn-Prozessen ausgeführt werden.

5.2.2. Protokollklasse 0

In den folgenden Abschnitten sollen Protokolle zur Terminierung von verteilten Transaktionen eingeführt werden. Diese Protokolle garantieren für sichere Prozesse die in Abschnitt 5.2. eingeführten Forderungen. Protokollklasse 0 gewährleistet dies für einen Teilnehmer-Baum, in dem ausschließlich sichere Knoten existieren. Diese Annahme wird bei den meisten in der Literatur anzutreffenden Terminierungs-Protokollen getroffen. Nachfolgend wird ein solches vorgestellt, um eine Grundlage für darauf folgenden Protokollklassen zu haben. Die später eingeführten Erweiterungen beziehen sich immer auf Protokollklasse 0. Eine Pseudo-Code-Darstellung der eingeführten Protokolle befindet sich im Anhang.

Um der Forderung F2 nach einer konsistenten Terminierung nachzukommen, werden üblicherweise *Zwei-Phasen-Commit-Protokolle* (2PC) eingesetzt. Eines der ersten 2PC-Protokolle findet man in [Gray78]. Dort wird ein *Koordinator-Prozeß* eingeführt, der mit allen Teilnehmer-Prozessen einer Transaktion kommunizieren kann. Der Koordinator leitet die Terminierungsphase ein, indem er alle Teilnehmer mit PREPARE-Nachrichten auffordert, in einen Zustand zu gehen, aus dem sie ihre Subtransaktion entweder erfolgreich abschließen oder zurücksetzen können. Dieser Zustand wird *PREPARED-Zustand* genannt. Transaktionszustände sind stabil gegenüber Fehlern, d.h., sie werden trotz Fehlerfälle beibehalten bzw. wiederhergestellt. Die Teilnehmer antworten auf diese Aufforderung positiv mit einer YES-VOTE-Nachricht, falls sie ihr nachkommen können oder andernfalls negativ mit NO-VOTE. Falls irgendein Teilnehmer negativ antwortet, muß der Koordinator in der zweiten Phase der Terminierung alle Teilnehmer mit ABORT-Nachrichten veranlassen, ihre Transaktionen zurückzusetzen. Falls alle Teilnehmer positiv geantwortet haben, schickt der Koordinator den Teilnehmern mit Hilfe von COMMIT-Nachrichten eine Aufforderung, die Transaktion erfolgreich zu beenden. Dadurch geht der Koordinator in den *COMMITTING-Zustand* über. Nach Erhalt einer COMMIT- oder ABORT-Nachricht senden die Teilnehmer eine Bestätigung durch ACK-Nachrichten an den Koordinator zurück. Die Teilnehmer gehen nach dem Absenden der ACK-Nachrichten und der Koordinator nach Erhalt von diesen wieder in den Initialzustand *IDLE* über.

Das oben beschriebene 2PC-Protokoll eignet sich nicht für mehrstufige baumartige Prozeß-Hierarchien, wie wir sie oben eingeführt haben. Dafür sind einige Erweiterungen notwendig [Moha86]. In einer Baumstruktur kommuniziert jeder Prozeß mit seinen unmittelbaren Nachbarn. Der Wurzel-Prozeß kontrolliert hierbei als Koordinator seine Sohn-Prozesse. Blatt-Prozesse agieren als Teilnehmer, wie sie oben beschrieben sind. Ein Zwischen-Prozeß dagegen agiert sowohl als Teilnehmer seines Vater-Prozesses als auch als Koordinator seiner Sohn-Prozesse. Nachdem ein Zwischen-Prozeß eine PREPARE-Nachricht empfangen hat, schickt er seinen Sohn-Prozessen ebenfalls PREPARE-Nachrichten. Falls sich darunter wiederum Zwischen-Prozesse befinden, verfahren diese ebenso, bis an den Blatt-Prozessen PREPARE-Nachrichten eingetroffen sind. Man bezeichnet dies auch als *Propagierung* von PREPARE-Nachrichten. Die Blatt-Prozesse schicken daraufhin Vote-Nachrichten zurück. Die Zwischen-Prozesse sammeln diese auf und fällen damit ihre Abstimmungsentscheidung. Haben alle Sohn-Prozesse mit YES-VOTE geantwortet und stimmt der Zwischen-Prozeß selbst ebenfalls mit YES-VOTE, so sendet er seinem Vater-Prozeß eine YES-VOTE-Nachricht. Dadurch geht er in den PREPARED-Zustand über. Bei mindestens einer erhaltenen NO-VOTE wird er eine NO-VOTE-Nachricht an seinen Vater schicken. Dieses setzt sich bis zum Wurzel-Prozeß fort, der aufgrund der Abstimmungsergebnisse seinen Sohn-Prozessen COMMIT- oder ABORT-Nachrichten übermittelt. Nachdem Zwischen-Prozesse diese erhalten haben und in den COMMITTING-Zustand übergegangen sind, schicken sie eine ACK-Nachricht an ihren jeweiligen Vater zurück und propagieren COMMIT- bzw. ABORT-Nachrichten weiter nach unten.

Im Rahmen der Entwicklung des IBM-Forschungsprototyps R* (siehe 2.2.1.2.) wurde das 2PC-Protokoll zu dem sogenannten *Presumed Abort-Protokoll* (PA) bzw. zu dem *Presumed Commit-Protokoll* (PC) abgewandelt [Moha83b]. Die Namen dieser Protokolle kommen von einem bestimmten Recovery-Verhalten. Falls bei der Recovery keine Informationen über die Transaktion vorhanden ist, wird bei der ersten Variante die TA als zurückgesetzt und bei der zweiten Variante als erfolgreich beendet angesehen. Dadurch müssen im Vergleich zum herkömmlichen 2PC-Protokoll weniger Nachrichten ausgetauscht sowie weniger Informationen bezüglich des Transaktionszustandes gespeichert werden. Darüberhinaus bietet das PA-Protokoll gegenüber dem PC-Protokoll Vorteile bei der Ausführung von *Lese-Transaktionen.* Unter Lese-Transaktionen versteht man Transaktionen, in denen kein beteiligter Prozeß schreibend auf Daten zugegriffen hat. Im PA-Protokoll werden bei Lese-Transaktionen keine zweite Protokoll-Phase ausgeführt und damit Nachrichten eingespart. Wegen dieser Vorteile, die das PA-Protokoll gegenüber dem PC-Protokoll und dem 2PC-Protokoll aufweist, beziehen wir uns im folgenden auf dieses optimierte Protokoll. Das PA-Protokoll bildet die Protokollklasse 0 und dient als Ausgangsbasis für die Entwicklung der Protokollklassen 1 und 2 (siehe auch Anhang).

Der Ablauf des PA-Protokolls unterscheidet sich vom 2PC-Protokoll folgendermaßen: Falls ein Blatt-Prozeß nach Erhalt einer PREPARE-Nachricht feststellt, daß er nur eine Lese-Transaktion ausgeführt hat, schickt er seinem Vater-Prozeß eine READ-VOTE-Nachricht und gibt seine Betriebsmittel frei. An der möglicherweise durchzuführenden zweiten Phase nimmt dieser Prozeß dadurch nicht mehr teil, da es für ihn keine Rolle spielt, ob die TA erfolgreich beendet oder zurückgesetzt wird. Ein Zwischen-Prozeß sendet nur dann eine READ-VOTE-Nachricht an seinen Vater-

Prozeß, falls sein eigenes Abstimmungsergebnis und die seiner Söhne ebenfalls READ-VOTE-Nachrichten sind. Falls außer READ-VOTE-Nachrichten noch YES-VOTE-Nachrichten bei ihm eingegangen sind, dann schickt er eine YES-VOTE weiter. Falls sich unter den Abstimmungsergebnissen eine NO-VOTE-Nachricht befindet, sendet er seinem Vater-Prozeß eine NO-VOTE. Falls bei dem Wurzel-Prozeß nur READ-VOTE-Nachrichten ankommen, wird keine zweite Terminierungsphase mehr durchgeführt. Sonst werden COMMIT- bzw. ABORT-Nachrichten an alle mit YES-VOTE abstimmenden Prozesse geschickt.

Nachrichtentypen und Nachrichtenfluß

Im folgenden werden die Nachrichtentypen aufgelistet, die Prozesse eines Teilnehmer-Baumes austauschen, die nach dem Protokoll der Klasse 0 kommunizieren. Zu jedem dieser Nachrichtentypen wird die Richtung im Teilnehmer-Baum angegeben, in der eine solche Nachricht fließt, sowie eine Beschreibung der Semantik.

- PREPARE
  Richtung: Vater-Prozeß → Sohn-Prozeß
  Diese Nachricht leitet das PA-Protokoll ein. Ein Sohn-Prozeß wird damit aufgefordert, seinem Vater-Prozeß mitzuteilen, ob er die Transaktion erfolgreich beenden kann oder nicht. Durch diese Nachricht ist die Durchführungsphase der Transaktion abgeschlossen. Es gehen für diese Transaktion nur noch Terminierungsnachrichten vom Vater-Prozeß aus.
- YES-VOTE, NO-VOTE, READ-VOTE
  Richtung: Sohn-Prozeß → Vater-Prozeß
  Durch eine dieser Nachrichten wird dem Vater-Prozeß mitgeteilt, ob der entsprechende Sohn-Prozeß die Transaktion erfolgreich beenden kann (YES-VOTE) sie zurücksetzen muß (NO-VOTE) oder nur eine lesende Subtransaktion ausgeführt hat (READ-VOTE). Durch eine YES-VOTE-Nachricht teilt der Sohn-Prozeß mit, daß seine Subtransaktion in einem Zustand ist, aus dem er trotz eventueller Fehler zu einem erfolgreichen Abschluß kommen kann. Der Sohn-Prozeß ist in diesem Zustand aber auch in der Lage, die Subtransaktion noch zurückzusetzen, falls der Vater-Prozeß das wünscht.
- COMMIT
  Richtung: Vater-Prozeß → Sohn-Prozeß
  Hiermit werden die Sohn-Prozesse in der zweiten Phase des PA-Protokolls aufgefordert, ihre Subtransaktionen endgültig erfolgreich abzuschließen.
- ABORT
  Richtung: Vater-Prozeß → Sohn-Prozeß
  Hiermit werden die Sohn-Prozesse in der zweiten Phase des PA-Protokolls aufgefordert, ihre Subtransaktionen endgültig zurückzusetzen.

- ACK
  Richtung: Sohn-Prozeß → Vater-Prozeß
  Durch diese Nachricht wird dem Vater-Prozeß der erfolgreiche Abschluß der Subtransaktionen der Sohn-Prozesse bestätigt.

Wie in Abschnitt 4.5. eingeführt, werden zur Verdeutlichung des Protokollablaufs nachfolgend Nachrichtenfluß-Diagramme verwendet. Stabile Transaktionszustände bzw. Zustandsübergänge sind in den folgenden Abbildungen kursiv geschrieben. Der Übersichtlichkeit wegen wird nur ein Teilbaum eines Teilnehmer-Baumes betrachtet, in dem drei Prozesse miteinander kommunizieren. Die Struktur dieses Teilbaumes ist in Abb. 34 dargestellt.

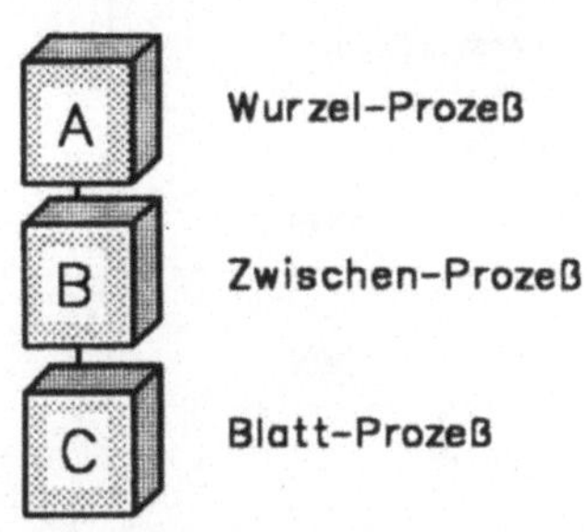

Abb. 34. Teilbaum eines Teilnehmer-Baumes

In den folgenden Nachrichtenfluß-Diagrammen erkennt man neben den Nachrichten, die zwischen den Prozessen A, B und C ausgetauscht werden, auch die TA-Zustände (kursiv dargestellt), in denen sich die jeweiligen Prozesse befinden. Abb. 35 auf Seite 112 zeigt den Nachrichtenfluß während einer erfolgreichen Terminierung.

Falls in Subtransaktionen nur-lesend auf Daten zugegriffen wurde, müssen diese nicht an der zweiten Phase des Terminierungsprotokolls teilnehmen. Dies ist in Abb. 36 auf Seite 112 dargestellt.

Abb. 37 auf Seite 113 zeigt einen möglichen Nachrichtenfluß während der Terminierung einer Transaktion, die mit Abort endet. Der Zwischen-Prozeß B entscheidet sich hierbei nach der PREPARE-Aufforderung eine negative Abstimmungsnachricht (NO-VOTE) an die Wurzel A zu senden. Aus dieser negativen Entscheidung folgt die ABORT-Nachricht von B nach C. Man beachte, daß die ABORT-Nachricht nicht von dem Wurzel-Prozeß ausgehen muß, sondern von dem Prozeß, der entscheidet, die TA zurückzusetzen. Außerdem werden weder NO-VOTE- noch ABORT-Nachrichten bestätigt.

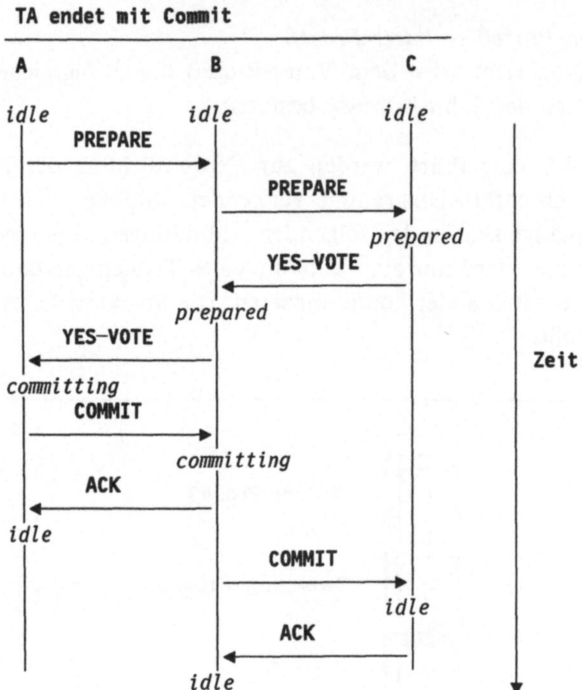

Abb. 35. Nachrichtenfluß in Protokollklasse 0 (Commit, schreibende TA)

Recovery

Trotz möglicherweise auftretender Fehler dürfen die Forderungen F1 und F2 nicht verletzt werden. In Protokollklasse 0 wird vorausgesetzt, daß ein Knoten nach einem

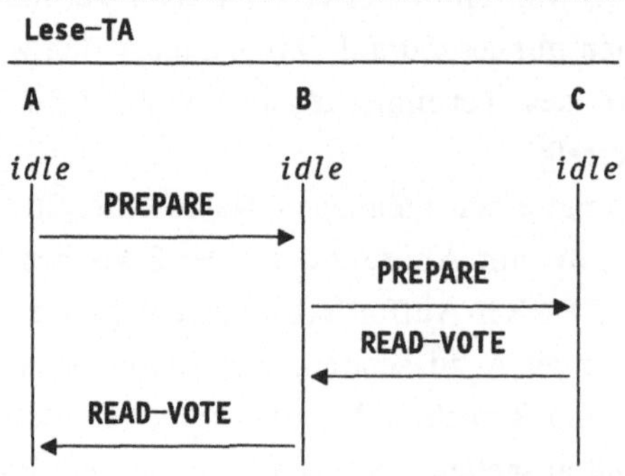

Abb. 36. Nachrichtenfluß in Protokollklasse 0 (Lese-TA)

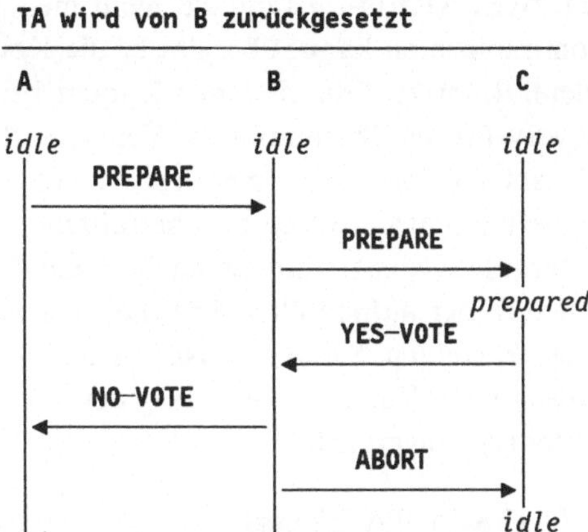

Abb. 37. Nachrichtenfluß in Protokollklasse 0 (Abort)

Fehler nach endlicher Zeit wieder korrekt funktioniert (eventual recovery assumption). Dadurch sind unendlich lange andauernde blockierende Situationen ausgeschlossen. Trotzdem muß durch ein Recovery-Protokoll sichergestellt werden, daß nach einem Fehler die Terminierung einer TA eingeleitet bzw. fortgesetzt wird.

Es wird angenommen, daß ein korrekter Prozeß merkt, wenn durch einen Knoten- oder einen Kommunikations-Fehler ein Vater- bzw. ein Sohn-Prozeß nicht mehr erreichbar ist. In [Lind84] werden Mechanismen beschrieben, durch die eine solche Fehlererkennung implementiert werden kann. Damit ein Prozeß nach einem Fehler die aktuelle Transaktion terminieren und in der Transaktions-Sequenz fortfahren kann, müssen bestimmte Informationen auf stabilem Speicher vorhanden sein. Diese Informationen werden *Transaktions-Sequenz-Kontext* (TS-Kontext) genannt. Ein TS-Kontext existiert für jeden Prozeß eines Prozeß-Baumes und enthält folgende Informationen:

- Vater-, Sohn-Beziehungen des Prozesses für die aktuelle Transaktion
- Transaktions-Sequenz-Kennung (TS-Id),
- Transaktions-Zähler (TA-Count) und
- den Zustand der aktuellen Transaktion aus der Sicht des Prozesses.

Falls ein korrekter Prozeß nicht mehr mit seinem Vater-Prozeß kommunizieren kann (durch einen Kommunikations-Fehler oder einen Knoten-Fehler des Vaters), während er selbst im TA-Zustand IDLE ist, setzt er seine lokale Subtransaktion zurück und „zerstört“ sich selbst. Dadurch stellen wiederum seine Sohn-Prozesse fest, daß ihr Vater nicht mehr vorhanden ist und verfahren auf dieselbe Art und Weise. Diese Fehlerbehandlung durch „Selbstzerstörung“ wird auch in [Lind84] angewandt. Falls ein korrekter Prozeß, der im PREPARED-Zustand ist, nicht mehr mit seinem Vater- oder einem Sohn-Prozeß kommunizieren kann, übergibt er die Kontrolle für die weitere Abwicklung der TA dem *Recovery-Prozeß*. Jeder Knoten besitzt einen solchen Recovery-Prozeß. Der Recovery-Prozeß übernimmt die Verantwortung für die TA im PREPARED-Zustand und versucht, bei Zusammenbruch eines Sohn-Prozesses diesem periodisch seine Terminierungsentscheidung zu übermitteln. Der Recovery-Prozeß wird ebenfalls bei Wiederanlauf eines Knotens nach einem Fehler aktiv. Dabei bedient er sich des TS-Kontextes, der auf stabilem Speicher den Fehler überlebt hat. Falls der Vater-Knoten eines korrekten Knotens zusammengebrochen ist, versucht der Recovery-Prozeß periodisch beim Vater den Ausgang der TA nachzufragen. Dafür wird folgender Nachrichtentyp eingeführt:

- DECISION-INQUIRY (TS-Id, TA-Zähler)
  Richtung: Sohn-Recovery-Prozeß → Vater-Recovery-Prozeß
  Damit wird beim Vater nachgefragt, ob er schon eine endgültige Entscheidung über den Ausgang der TA getroffen hat und wenn ja, welche.

Der Vater-Recovery-Prozeß, der eine DECISION-INQUIRY-Nachricht erhält, findet dabei folgendermaßen zu seiner Entscheidung: Falls für die in der DECISION-INQUIRY-Nachricht enthaltene TS-Id *kein Kontext vorhanden* ist, wird die Transaktion zurückgesetzt (presumed abort). Falls ein *Kontext vorhanden* ist, hängt die Entscheidung von dem TA-Zähler ab. Bei dem Vergleich des TA-Zählers des Sohn-Prozesses mit dem des Vater-Prozesses sind folgende Fälle zu unterscheiden: Falls *Sohn-TA-Zähler* < *Vater-TA-Zähler* gilt, wird die TA des Sohnes zurückgesetzt, da der Vater schon für eine neuere TA die Terminierung eingeleitet hat. Falls *Sohn-TA-Zähler* = *Vater-TA-Zähler* gilt, hängt die Antwort des Vaters vom seinem TA-Zustand ab. Falls er sich im COMMITTING-Zustand befindet, wird eine COMMIT-Nachricht zurückgeschickt. Andernfalls sind verschiedene Strategien vorstellbar. So kann z.B. auf die Terminierung der TA gewartet werden. Die einfachste Lösung ist ein Zurücksetzen der TA.

5.2.3. Protokollklasse 1

In Protokollklasse 1 kann eine verteilte Transaktion im Gegensatz zu Protokollklasse 0 sowohl von sicheren als auch von unsicheren Prozessen bearbeitet werden. Um die Komplexität der Protokolle stufenweise zu entwickeln, wird angenommen, daß in Protokollklasse 1 keine byzantinischen Fehler auftreten. In Protokollklasse 1 können in unsicheren Prozessen nur permanente Omissions-Fehler passieren. Erst in Protokollklasse 2 werden Protokolle betrachtet, die byzantinische Fehler tolerieren.

Der Forderung F1, nach der eine blockierende Situation nur endliche Zeit andauern soll, muß hier besondere Beachtung geschenkt werden, da sich bei Auftreten permanenter Omissions-Fehler mit der Protokollklasse 0 die Forderung F1 nicht mehr einhalten läßt. Wenn z.B. ein unsicherer Prozeß beliebig lange zusammengebrochen bleibt und sich seine Söhne im PREPARED-Zustand befinden, haben diese keine Chance, ihre TA zu terminieren. Daher müssen neue Mechanismen eingeführt werden, um sicheren Prozessen die Forderung F1 garantieren. Wenn es gelingt, eine Lösung für die Forderung F1 zu finden, ist Forderung F2 nach einer konsistenten Terminierung durch die Verwendung eines zweiphasigen Terminierungsprotokolls leicht zu erfüllen.

In einem Teilnehmer-Baum der Protokollklasse 1 befinden sich sichere und unsichere Prozesse. Eine für den Datenbankfernzugriff typische Systemumgebung besteht aus einem Arbeitsplatzrechner, der auf Großrechner zugreift. Das bedeutet, daß ein unsicherer Prozeß durch einen oder mehrere sichere Prozesse Subtransaktionen ausführen läßt. In einer solchen Umgebung ist es wenig wahrscheinlich, daß ein sicherer Prozeß die Dienste eines unsicheren Prozesses in Anspruch nimmt. Daher unterteilen wir einen Teilnehmer-Baum in einen unsicheren und in einen sicheren Teil, die streng voneinander getrennt sind. Durch diese Annahme lassen sich die für Klasse 1 notwendigen Protokolle vereinfachen. Wir nehmen an, daß die Wurzel eines Teilnehmer-Baumes von einem unsicheren Prozeß gebildet wird. Dies ist realistisch, wenn man an eine Arbeitsplatzrechner-Großrechner-Umgebung denkt. Ein unsicherer Prozeß kann sowohl sichere als auch unsichere Sohn-Prozesse haben. Dagegen hat ein sicherer Prozeß nur sichere Söhne. Es befindet sich mindestens ein sicherer Prozeß in einem Teilnehmer-Baum. Ein sicherer Prozeß, der einen unsicheren Vater hat, heißt *Entry-Prozeß*. Ein Entry-Prozeß stellt den Übergang von der unsicheren Systemwelt in die sichere dar. In Abb. 38 repräsentieren die speziell dargestellten Prozesse E,F,O und P Entry-Prozesse.

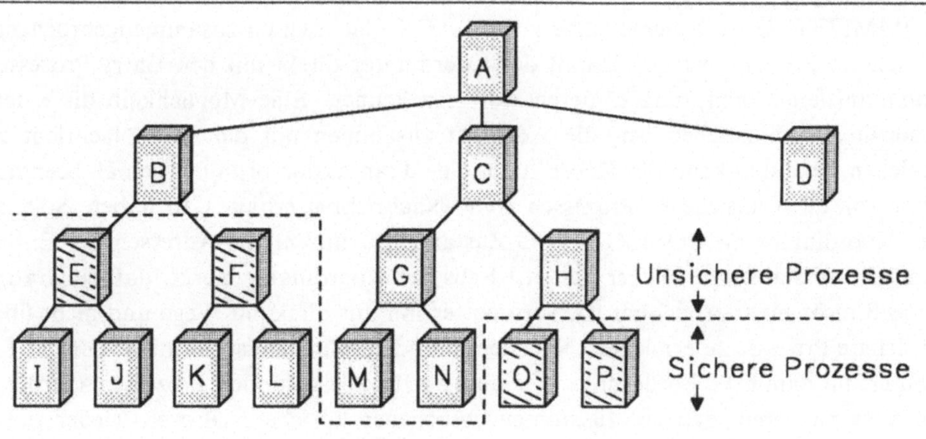

Abb. 38. Entry-Prozesse in einem Teilnehmer-Baum

In Protokollklasse 0 übernimmt der Wurzel-Prozeß die Koordination der TA-Terminierung. Da der Wurzel-Prozeß hier unsicher ist, könnte durch dessen permanenten Ausfall eine blockierende Situation bei der Terminierung entstehen. Um dies zu vermeiden, muß die Koordinator-Rolle von einem sicheren Prozeß übernommen werden. Dadurch wird die Initiierung der Transaktion und die Koordination der Terminierung im Gegensatz zur Protokollklasse 0 nicht mehr von ein und demselben Prozeß übernommen. Der Wurzel-Prozeß ist der Initiator und irgendein sicherer Prozeß ist der Koordinator. Für die *Verschiebung der Koordinator-Verantwortung* vom Initiator zu einem sicheren Prozeß gibt es verschiedene Möglichkeiten, die in folgenden Abschnitten 5.1.3.1. bis 5.1.3.3. erläutert werden.

Nur durch die Koordination von einem sicheren Prozeß aus ist allerdings noch nicht gewährleistet, daß alle sicheren Prozesse in endlicher Zeit terminieren. So kann der Ausfall eines unsicheren Prozesses die Kommunikation zwischen dem sicheren Koordinator und einem Entry-Prozeß unterbrechen. Da der unsichere Prozeß beliebig lange zusammengebrochen bleiben kann, könnte dadurch die Terminierung der gesamten Transaktion blockiert werden. Wenn sich ein solcher abgeschnittener Entry-Prozeß z.B. im PREPARED-Zustand befindet, weiß er nicht, wie der Koordinator über den Ausgang entschieden hat. Eine eigenständige Entscheidung könnte zu Inkonsistenzen führen, da eventuell andere Prozesse schon terminiert haben. Um solche Fälle zu vermeiden, muß prinzipiell der Recovery-Prozeß eines jeden Entry-Prozesses in der Lage sein, mit dem Recovery-Prozeß des Koordinators in Verbindung zu treten. Dadurch kann der Ausgang einer TA gegebenenfalls direkt bei dem Koordinator nachgefragt werden. Es muß somit gewährleistet sein, daß die Topologie des Netzes eine direkte Kommunikation des Koordinators mit allen Entry-Prozessen ermöglicht, also nicht an die Struktur des Teilnehmer-Baumes physikalisch gebunden ist.

Aber auch der Koordinator muß in der Lage sein, mit den Entry-Prozessen in Verbindung zu treten. Andernfalls müßte ein Koordinator, der im Zustand COMMITTING ist, beliebig lange auf die ACK-Nachrichten zusammengebrochener unsicherer Prozesse warten. Damit der Koordinator direkt mit den Entry-Prozessen kommunizieren kann, muß er deren Adressen kennen. Eine Möglichkeit, diese dem Koordinator mitzuteilen, ist, die Adressen zusammen mit der Vote-Nachricht zu schicken. Dadurch kann der Koordinator eine Transaktion ordnungsgemäß beenden, ohne von allen unsicheren Prozessen ACK-Nachrichten erhalten zu haben. Solange der Koordinator im COMMITTING-Zustand ist, muß er die Adressen der Entry-Knoten auf stabilem Speicher halten. Falls der Koordinator merkt, daß ein Entry-Prozeß nicht mehr erreichbar ist, versucht er ihn auf direktem Wege und nicht über unsichere Prozesse zu erreichen. Nachdem ihm das gelungen ist, terminiert er die TA und erfüllt damit die Forderungen F1 und F2 für alle gesunden Prozesse. Allerdings kann es passieren, daß ein zusammengebrochener unsicherer Prozeß wieder funktionstüchtig wird. Damit wäre auch dieser Prozeß gesund und muß konsistent bezüglich der bereits abgeschlossenen TA terminieren. Der Koordinator muß auf

Nachfrage eines solchen Prozesses den Ausgang der betreffenden TA mitteilen. Diesbezügliche Mechanismen werden weiter unten im Recovery-Abschnitt vorgestellt.

In Protokollklasse 1 besteht somit aufgrund der geänderten Recovery die Forderung, daß die Netzwerktopologie eine Verbindung zwischen dem Koordinator und den Entry-Prozessen erlaubt. Solche zusätzlichen Verbindungen werden allerdings nur in bestimmten Fehlerfällen aufgebaut. Im Normalfall werden im Vergleich zur Protokollklasse 0 keine zusätzlichen Verbindungen notwendig.

In der Protokollklasse 0 gehen Zwischen-Prozesse, die eine Transaktion ordnungsgemäß beenden wollen, unmittelbar nach Erhalt einer COMMIT-Nachricht in den COMMITTING-Zustand über und schicken anschließend eine ACK-Nachricht an ihren Vater-Prozeß. Für einen Prozeß ist die TA beendet, nachdem er von all seinen Sohn-Prozessen ACK-Nachrichten erhalten hat. In diesem Protokollablauf kann es demnach vorkommen, daß für den Wurzel-Prozeß eine Transaktion ordnungsgemäß beendet ist, während andere Prozesse die Phase 2 dieser Transaktion noch nicht beendet haben. Dies bringt in Protokollklasse 0 keine Probleme mit sich, da bei der Recovery zusammengebrochene Prozesse immer nur bei ihrem Vater nachfragen, für den die Transaktion noch nicht beendet ist. In der Protokollklasse 1 kann dies allerdings zu Inkonsistenzen führen, wenn im PREPARE-Zustand zusammengebrochene Entry-Prozesse, die nicht direkte Nachfolger des Koordinators sind, direkt beim Koordinator den Ausgang der Transaktion nachfragen wollen. Der Koordinator würde, da er über die für ihn ordnungsgemäß beendete Transaktion keine Information mehr hat, den entsprechenden Prozeß zum Zurücksetzen seiner Subtransaktion veranlassen. Um solche Inkonsistenzen zu vermeiden, darf der Koordinator erst dann die Transaktion vergessen, wenn alle anderen an der Transaktion beteiligten Prozesse die Transaktion beendet haben. Das ist dadurch zu erreichen, daß Zwischen-Prozesse erst nach Erhalt der ACK-Nachrichten aller Sohn-Prozesse ihrerseits eine ACK-Nachricht zum jeweiligen Vater-Prozeß schicken.

In der Protokollklasse 0 hatte der Wurzel-Prozeß sowohl die Initiator-Rolle als auch die Koordinator-Rolle inne. Nun geht von der Wurzel nur noch die Initiierung einer Transaktion aus. Die Wurzel heißt daher auch Initiator-Prozeß. Die Koordination der Terminierung erfolgt von einem anderen sicheren Prozeß aus. Dieser wird mit Koordinator-Prozeß bezeichnet. Die Realisierung des Koordinators auf einem sicheren Knoten kann auf verschiedene Arten geschehen. Im folgenden werden zwei diesbezügliche Konzepte diskutiert. Das erste Konzept sieht die Einrichtung eines zusätzlichen sicheren Prozesses vor, der die Koordination übernimmt. Im zweiten Konzept wird die Koordinatorrolle auf einen schon im Teilnehmer-Baum befindlichen sicheren Prozeß verschoben. Es werden ein Protokoll für das erste Konzept (Fall 1) und zwei Protokolle für das zweite Konzept (Fall 2a und 2b) vorgestellt und miteinander verglichen. Bei der Beschreibung der einzelnen Protokolle wird besonders auf die Unterschiede zu der Protokollklasse 0 eingegangen. In den folgenden drei Abschnitten werden die drei erwähnten Fälle für Protokollklasse 1 erläutert. Der vierte Abschnitt 5.2.3.4. diskutiert die im Vergleich zur Protokollklasse 0 nötigen Erweiterungen für den Fehlerfall (recovery). Diese Erweiterungen beziehen sich auf alle drei eingeführten Varianten.

5.2.3.1. Fall 1: Koordinatorverschiebung zu einem dedizierten Prozeß

Bei dieser Alternative existiert zur Terminierung einer Transaktion ein spezieller sicherer Prozeß, der die Koordination übernimmt. Dieser wird dann zum Vater-Prozeß des Initiator-Prozesses. Der übrige Teilnehmer-Baum und der Protokollablauf darin bleibt unverändert erhalten. Der Initiator wickelt wie in Protokollklasse 0 die erste Phase der Terminierung ab. Falls keine erfolgreiche Beendigung der Transaktion möglich ist (abort), übernimmt der Initiator-Prozeß auch die zweite Phase des Terminierungsprotokolls, um die Transaktion zurückzusetzen. In diesem Fall muß keine Kommunikation mit dem zusätzlichen Prozeß stattfinden. Falls die Transaktion aus der Sicht des Initiators erfolgreich beendet werden kann, überträgt dieser die Terminierungsverantwortung für die zweite Phase dem dedizierten Prozeß. Dieser trifft dann die endgültige Entscheidung über den Ausgang der Transaktion und teilt sie dem Initiator mit, der sie im Teilnehmer-Baum weiter nach unten propagiert. Nach der Sammlung der ACK-Nachrichten sendet der Initiator-Prozeß dem Koordinator-Prozeß noch eine ACK-Nachricht zur Bestätigung des Endes der Transaktion. Bis auf die Kommunikation zwischen dem Initiator und dem Koordinator und natürlich der in Protokollklasse 1 notwendigen Verzögerung von ACK-Nachrichten in Zwischen-Prozessen (siehe oben) entspricht der Protokollfluß dem in Protokollklasse 0.

Der dedizierte Prozeß wird vor Beginn einer TA-Sequenz nominiert und dem Initiator-Prozeß bekannt gemacht. Für die Dauer einer TS bleibt die Adresse des Koordinator-Prozesses konstant.

Um die Terminierungsverantwortung vom Initiator zum Koordinator verschieben zu können, muß in Fall 1 folgender Nachrichtentyp zusätzlich eingeführt werden:

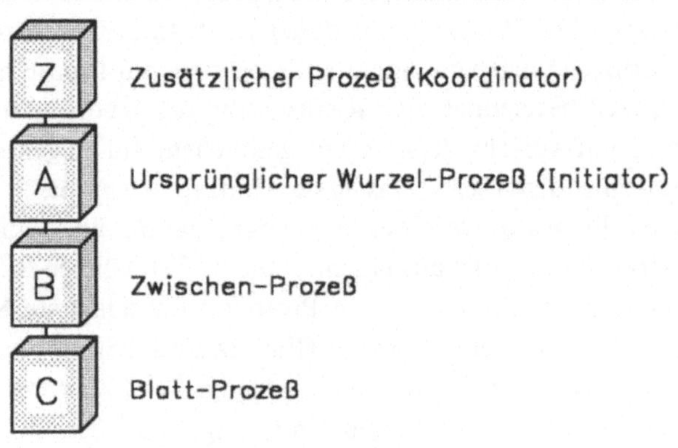

Abb. 39. Teilbaum eines Teilnehmer-Baumes für Fall 1

- TRANSFER-COMMIT (TS-Id, TA-Zähler)
  Richtung: Initiator → Koordinator
  Mit dieser Nachricht gibt der Initiator die Terminierungsverantwortung ab. Alle Prozesse des Teilnehmer-Baumes haben die Phase 1 der Terminierung erfolgreich abgeschlossen und sind im Zustand PREPARED. Der Koordinator hat nun die Entscheidung, die Transaktion ordnungsgemäß zu beenden oder sie zurückzusetzen.

Zur Verdeutlichung des obigen Protokolls wird der Nachrichtenfluß in Abb. 40 graphisch dargestellt. Dabei wird aus Vereinfachungsgründen nur der Nachrichtenfluß

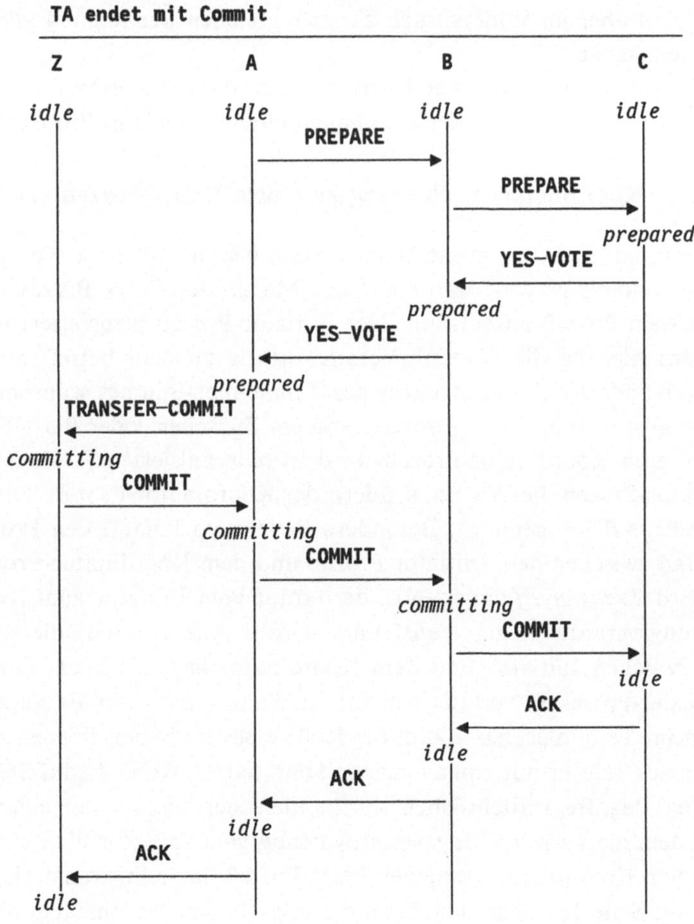

Abb. 40. Nachrichtenfluß in Fall 1 der Protokollklasse 1 (Commit)

in einem linearen Teilbaum eines Teilnehmer-Baums (siehe Abb. 39 auf Seite 118) aufgezeigt.

Als Unterschiede zu der Protokollklasse 0 erkennt man in der Abb. 40 auf Seite 119 die drei zusätzlichen Nachrichten, die für die Kommunikation mit dem Koordinator-Prozeß Z notwendig sind. Im Gegensatz zur Protokollklasse 0 sendet ein Zwischen-Prozeß in Fall 1 (im Beispiel Prozeß B) die ACK-Nachricht an seinen Vater erst nach dem Eintreffen der ACK-Nachrichten von all seinen Söhnen. ACK-Nachrichten müssen verzögert werden, da, wie in Abschnitt 5.2.3. erläutert, in Protokollklasse 1 Entry-Prozesse im Recovery-Fall direkt beim Koordinator den Ausgang der TA nachfragen (und nicht wie in Protokollklasse 0 bei ihrem Vater-Prozeß). Falls die ACK-Nachrichten nicht verzögert werden, hätte der Koordinator (wenn er nicht der Vater-Prozeß des nachfragenden Entry-Prozesses ist) die TA bereits vergessen und würde die Subtransaktion des nachfragenden Entry-Prozesses zurücksetzen. Dieses Zurücksetzen kann aber im Widerspruch zur erfolgreichen Beendigung aller anderen Subtransaktionen stehen.

Bei Lese-Transaktionen oder bei Transaktionen, die mit ABORT abgeschlossen werden, ergibt sich für den Fall 1 derselbe Nachrichtenfluß wie in Protokollklasse 0.

5.2.3.2. Fall 2a: Koordinatorverschiebung zu einem Entry-Prozeß vor Phase 1

In Fall 2a übernimmt nicht ein zusätzlicher Prozeß wie in Fall 1 die Terminierungsverantwortung, sondern es wird dafür aus der Menge der Entry-Prozesse des Teilnehmer-Baumes ein Prozeß ausgewählt. Der Initiator-Prozeß transferiert hierbei vor Beginn der Terminierung die Commit-Verantwortung zu dem betreffenden Entry-Prozeß. Dadurch ändert sich die Struktur des Teilnehmer-Baumes während der Terminierung. Der ausgewählte Entry-Prozeß kann ein Zwischen- oder Blatt-Prozeß sein und wird dann zum Koordinator-Prozeß. In dem reorganisierten Baum bildet nicht mehr der Initiator-Prozeß die Wurzel, sondern der Koordinator-Prozeß. Dieser Baum wird *Terminierungs-Baum* genannt. Besondere Bedeutung kommt den Prozessen zu, die auf dem Pfad zwischen dem Initiator-Prozeß und dem Koordinator-Prozeß liegen. Dieser Pfad wird *Transfer-Pfad* genannt, da darauf vom Initiator zum Koordinator die Terminierungsverantwortung transferiert wird. Alle Knoten, die auf diesem Transferpfad zwischen Initiator und dem Koordinator liegen, heißen *Transfer-Prozesse*. Bei Transfer-Prozessen vertauschen sich die Sohn- und Vater-Beziehungen. Der Initiator erhält im Terminierungs-Baum die Rolle eines Zwischen-Prozesses (bzw. eines Blatt-Prozesses, falls er nur einen einzigen Sohn hatte). Abb. 41 auf Seite 121 soll die eingeführten Begriffe verdeutlichen. Es handelt sich hierbei um einen Teilnehmer-Baum, in dem die Terminierungsverantwortung vom Initiator über einen Transfer-Prozeß zu dem Koordinator, der einen Blatt-Prozeß darstellt, transferiert wird.

Abb. 42 auf Seite 121 zeigt den Terminierungs-Baum, der aus dem obigen Teilnehmer-Baum durch die Verschiebung der Terminierungsverantwortung abgeleitet ist. Die Umstrukturierung läßt sich an der Numerierung der Prozesse ablesen, die der

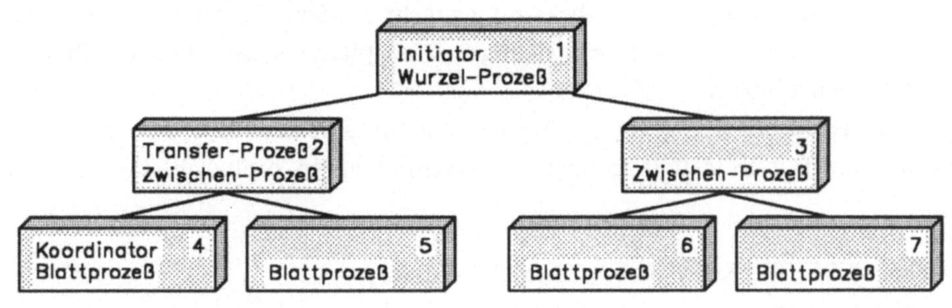

Abb. 41. Teilnehmer-Baum

im Teilnehmer-Baum entspricht. Man erkennt, daß die Struktur gewisser Teilbäume konstant geblieben ist und sich nur die Vater- bzw. Sohn-Beziehungen von Initiator, Koordinator und dem Transfer-Prozeß geändert haben.

Im Terminierungs-Baum läuft das Protokoll wie in Protokollklasse 0 ab. Der einzige Unterschied betrifft die Verzögerung der ACK-Nachrichten in Zwischen-Prozessen, wie sie weiter oben erläutert wurde.

Die Koordinator-Rolle wird von einem Entry-Prozeß des Teilnehmer-Baumes übernommen, der dafür nominiert werden muß. Wie in Abschnitt 5.2.1. erläutert, bleibt der Prozeß-Baum zwar für die Dauer einer TA-Sequenz konstant, jedoch kann sich der Teilnehmer-Baum für jede Transaktion innerhalb der Transaktions-Sequenz ändern. Daher kann es unter Umständen notwendig sein, für jede TA einen neuen Koordinator zu nominieren. Den Prozessen, die auf dem Transfer-Pfad liegen, muß nach der Nominierung der Transfer-Pfad, d.h. die Adressen der betreffenden Sohn-

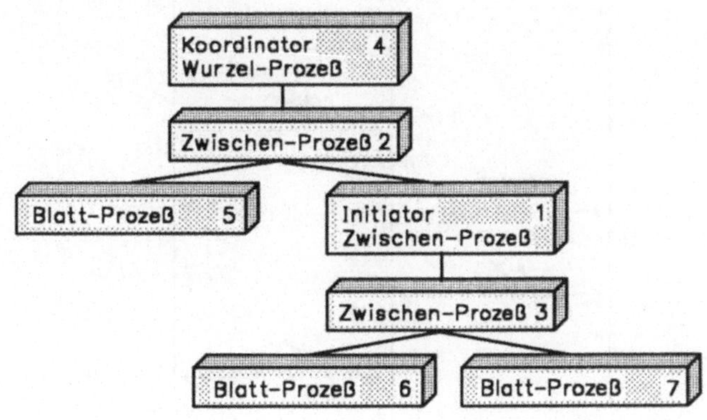

Abb. 42. Terminierungs-Baum

Prozesse auf dem Transfer-Pfad, bekannt gemacht werden. Das ist notwendig, damit die Transfer-Nachrichten auf dem richtigen Pfad (nämlich dem Transfer-Pfad) gesendet werden können.

Um die Terminierungsverantwortung vom Initiator zum Koordinator verschieben zu können, muß in Fall 2a folgender Nachrichtentyp zusätzlich eingeführt werden:

- TRANSFER-PREPARE (TS-Id, TA-Zähler)
  Richtung: Initiator → Koordinator
  Mit dieser Nachricht teilt der Initiator dem neuen Koordinator mit, daß er ihm die Verantwortung für die gesamte Terminierung überträgt. Er beauftragt den Koordinator mit der Durchführung der ersten und zweiten Phase der Terminierung.

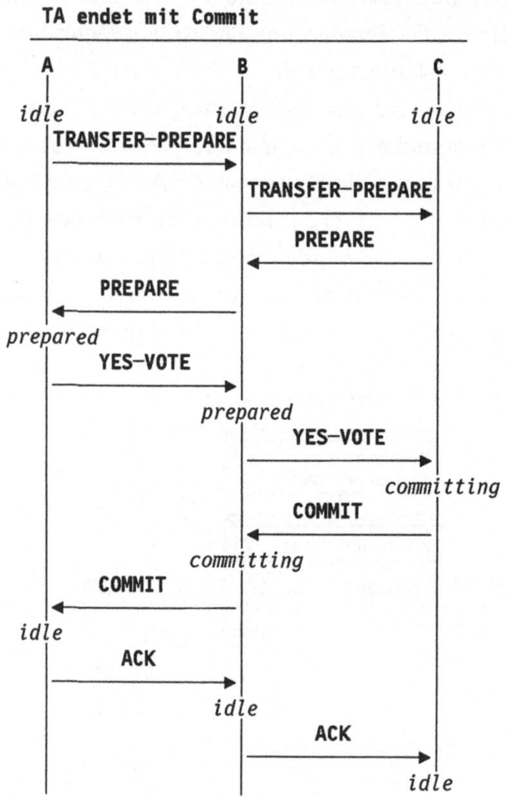

Abb. 43. Nachrichtenfluß in Fall 2a der Protokollklasse 1 (Commit)

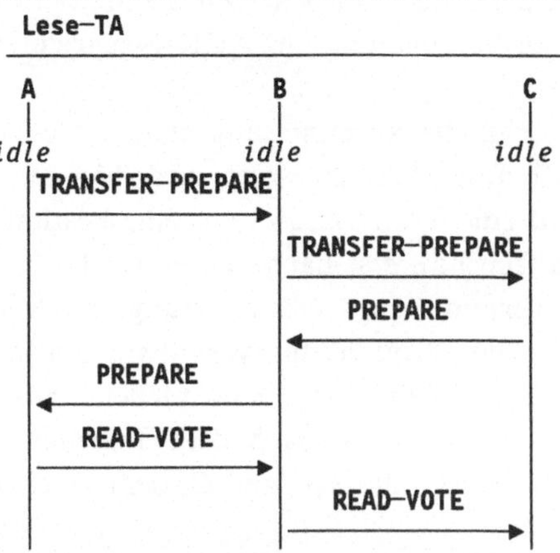

Abb. 44. Nachrichtenfluß in Fall 2a der Protokollklasse 1 (Lese-TA)

Der Teilbaum, der für das Fall-2a-Protokoll verwendet wird, entspricht in seiner Struktur dem in Protokollklasse 0 aufgezeigten (siehe Abb. 34 auf Seite 111). In dem Beispiel (siehe Abb. 43 auf Seite 122) ist der Prozeß A der Initiator, Prozeß B ein Zwischen-Prozeß und Prozeß C ist ein Entry-Prozeß, dem die Koordinator-Rolle zufällt. Die Terminierungsverantwortung wird, bevor die PREPARE-Nachrichten propagiert werden, von dem Initiator-Prozeß A an den Koordinator-Prozeß C transfe-

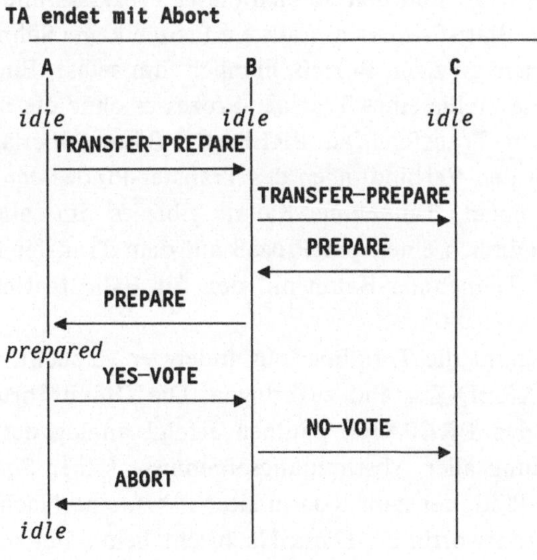

Abb. 45. Nachrichtenfluß in Fall 2a der Protokollklasse 1 (Abort)

riert. Der folgende von C ausgehende Nachrichtenfluß entspricht dem aus Protokollklasse 0 bekannten, bis auf die Verzögerung der ACK-Nachrichten, die in Protokollklasse 1 notwendig wird.

Abb. 44 auf Seite 123 zeigt die Terminierung einer Lese-Transaktion und die Terminierung einer Transaktion, die zurückgesetzt wird (hier ausgehend von Prozeß B). Da die Information, daß eine Transaktion oder eine bestimmte Subtransaktion nur-lesend auf Daten zugegriffen hat, erst nach der Phase 1 vorliegt, wird bei Lese-Transaktionen trotzdem die Terminierungsverantwortung von A nach C transferiert.

Auch im Abort-Fall muß die Terminierungsverantwortung von A nach C transferiert werden (siehe Abb. 45 auf Seite 123). Sowohl bei Lese-TAs als auch beim Abort-Fall entspricht der Nachrichtenfluß nach dem Transfer der Terminierungsverantwortung, ausgehend von Koordinatorprozeß C, dem Nachrichtenfluß aus Protokollklasse 0.

5.2.3.3. Fall 2b: Koordinatorverschiebung zu einem Entry-Prozeß in Phase 1

In dieser Variante wird wie in Fall 2a ein Entry-Prozeß ausgewählt, dem die Verantwortung zur Terminierung der TA übertragen wird. Allerdings geschieht das nicht wie Fall 2a vor Phase 1 der Terminierung, sondern während der Phase 1. In Fall 2b wird in bestimmten Teilbäumen des Teilnehmer-Baumes die Phase 1 schon vor dem Transfer der Terminierungsverantwortung abgeschlossen, ähnlich wie in einem linearen 2PC-Protokoll (siehe [Gray78]). Diese Teilbäume werden *PREPARE-Bäume* genannt. Zur einfacheren Beschreibung eines PREPARE-Baumes wird der Begriff der *Subhierarchie* eines Prozesses eingeführt. Eine Subhierarchie eines Prozesses besteht aus dem Prozeß selbst und den Söhnen dieses Prozesses und den Söhnen dieser Söhne usw. bis zu den Blatt-Prozessen. Falls ein Prozeß keine Söhne hat, besteht seine Subhierarchie aus einem einzigen Prozeß, nämlich ihm selbst. Ein PREPARE-Baum besteht aus der Subhierarchie eines Transfer-Prozesses ohne die Subhierarchie seines Sohn-Prozesses auf dem Transfer-Pfad. PREPARE-Bäume überlagern sich nicht und bilden zusammen mit den Verbindungen des Transfer-Pfades den vollständigen Teilnehmer-Baum. In einem Teilnehmer-Baum gibt es im allgemeinen mehrere PREPARE-Bäume, nämlich einen pro Prozeß auf dem Transfer-Pfad. Abb. 46 auf Seite 125 zeigt einen Teilnehmer-Baum mit den für Fall 2b wichtigen PREPARE-Bäumen.

Der Initiator beginnt die Terminierung, indem er versucht, seinen PREPARE-Baum in den PREPARED-Zustand zu bringen. Die Durchführung der ersten Terminierungsphase in den PREPARE-Bäumen erfolgt analog der Protokollklasse 0. Nach der Aufsammlung aller Abstimmungsergebnisse seiner Sohn-Prozesse schickt er auf dem Transfer-Pfad, der zum Koordinator führt, eine Nachricht zum Transfer der Terminierungsverantwortung. Diese Nachricht beinhaltet das Abstimmungsergebnis seines PREPARE-Baumes, da der Koordinator und die Transfer-Prozesse dieses Ergebnis benötigen, um zusammen mit den Abstimmungsergebnissen ihrer

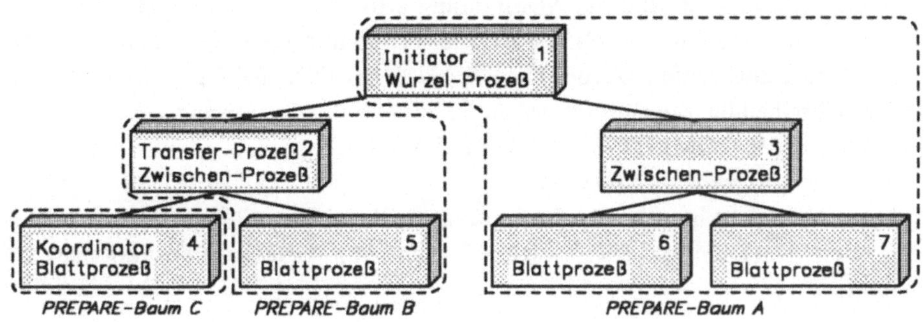

Abb. 46. PREPARE-Bäume in einem Teilnehmer-Baum

PREPARE-Bäume eine Entscheidung zu fällen. Je nach Abstimmungsergebnis schickt der Initiator nun eine TRANSFER-COMMIT- (entspricht Transfer + Yes-Vote), eine TRANSFER-COMMIT-RO- (entspricht Transfer + Read-Vote) oder eine ABORT-Nachricht. Falls der folgende Transfer-Prozeß auf dem Transfer-Pfad eine ABORT-Nachricht erhält, läuft das Protokoll wie in Klasse 0 ab. Falls der folgende Transfer-Prozeß eine TRANSFER-COMMIT- oder TRANSFER-COMMIT-RO-Nachricht erhält, verfährt er nach demselben Schema, wie oben für den Initiator-Prozeß erläutert. Nachdem der Koordinator eine dieser Nachrichten zum Transfer der Terminierungsverantwortung erhalten hat, verhält er sich vorerst wie ein Transfer-Prozeß. Erst nach Aufsammlung aller Abstimmungsergebnisse wird er zum Wurzel-Prozeß des Terminierungs-Baums. Abhängig von dem Abstimmungsergebnis führt er die zweite Phase der Terminierung durch, entweder um die TA zurückzusetzen oder um sie erfolgreich zu beenden. Diese zweite Phase läuft im Terminierungs-Baum analog der zweiten Phase der Protokollklasse 0. Der einzige Unterschied ist die oben erläuterte Verzögerung der ACK-Nachrichten.

Für die Nominierung des Koordinator-Prozesses gilt dasselbe wie in Fall 2a. Es ist unter Umständen notwendig, für jede TA einer TS einen neuen Koordinator zu nominieren.

Um die Terminierungsverantwortung vom Initiator zum Koordinator verschieben zu können, müssen in Fall 2b folgende Nachrichtentypen zusätzlich eingeführt werden:

- TRANSFER-COMMIT (TS-Id, TA-Zähler)
  Richtung: Initiator → Koordinator
  Der Initiator teilt damit dem Transfer-Prozeß mit und dieser teilt dem folgenden Transfer-Prozeß mit usw., daß die darüberliegenden PREPARE-Bäume die erste Phase der Terminierung erfolgreich beendet haben. Da somit sukzessiv Abstimmungsergebnisse für jeden PREPARE-Baum gesammelt werden, muß zusätzlich

zu der Information, daß die Abstimmung erfolgreich verlaufen ist, noch die Information enthalten sein, ob in der Transaktion nur-lesend oder auch schreibend auf Daten zugegriffen wurde. Die TRANSFER-COMMIT-Nachricht bedeutet, daß schreibender Zugriff stattgefunden hat.

- TRANSFER-COMMIT-RO (TS-Id, TA-Zähler)
  Richtung: Initiator → Koordinator
  Diese Nachricht hat dieselbe Bedeutung wie die obige, mit dem Unterschied, daß in den betreffenden PREPARE-Bäumen nur Lese-Subtransaktionen stattfanden.

Der in dem folgenden Beispiel dargestellte Nachrichtenfluß (siehe Abb. 47) bezieht sich auf denselben Teilbaum wie in Fall 2a. Ein solcher linearer Teilbaum spiegelt in Fall 2b nur den Transfer-Pfad wider, entlang dem die Terminierungsverantwortung transferiert wird. Dadurch sind hier nicht die PREPARE-Nachrichten erkennbar, die zu den anderen Sohn-Prozessen fließen, die sich nicht auf dem Transfer-Pfad befinden. Wenn der Initiator oder ein Transfer-Prozeß eine TRANSFER-COMMIT-

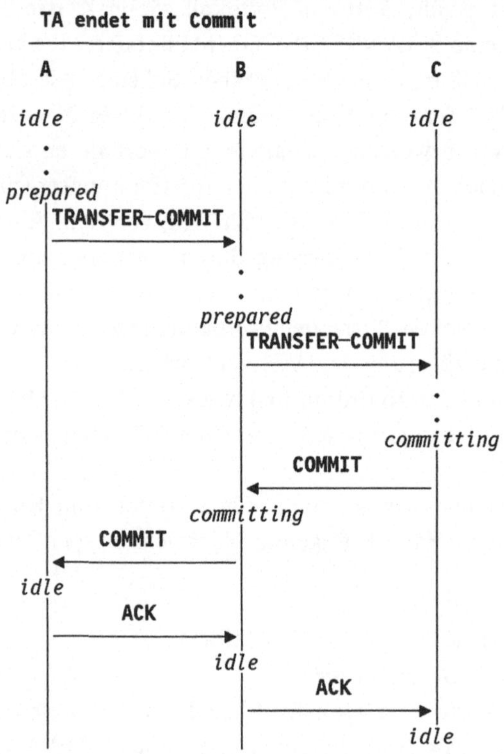

Abb. 47. Nachrichtenfluß in Fall 2b der Protokollklasse 1 (Commit)

Nachricht sendet, dann hat er bereits vorher seinen PREPARE-Baum in den PREPARED-Zustand gebracht, hat also für diese Subhierarchie die erste Phase der Terminierung abgeschlossen. Vom neuen Koordinator C wird dann nur noch die zweite Phase kontrolliert. Auch hier erkennt man wieder die Verzögerung der ACK-Nachrichten. Weiterhin fällt in dem Beispiel auf, daß zwei Nachrichten weniger ausgetauscht werden müssen, als es bei der Protokollklasse 0 der Fall ist. Die Anzahl der weniger benötigten Nachrichten entspricht der Länge des Transfer-Pfades. Diese Einsparung ergibt sich aus der Tatsache, daß auf dem Transfer-Pfad keine Vote-Nachrichten an den Initiator, der die Phase 1 ausgelöst hat, zurückgesendet werden müssen.

Falls alle Prozesse eines PREPARE-Baums nur-lesend auf Daten zugegriffen haben (siehe Abb. 48), sendet der Transfer-Prozeß eine TRANSFER-COMMIT-RO-Nachricht entlang des Transfer-Pfades zum Koordinator (hier C). Falls bei diesem eine TRANSFER-COMMIT-RO-Nachricht ankommt, bedeutet das, daß auf allen PREPARE-Bäumen Lese-Subtransaktionen stattfanden. Somit wird keine zweite Terminierungsphase mehr durchgeführt, und es fließen auch keine Nachrichten vom Koordinator-Prozeß C nach A oder B.

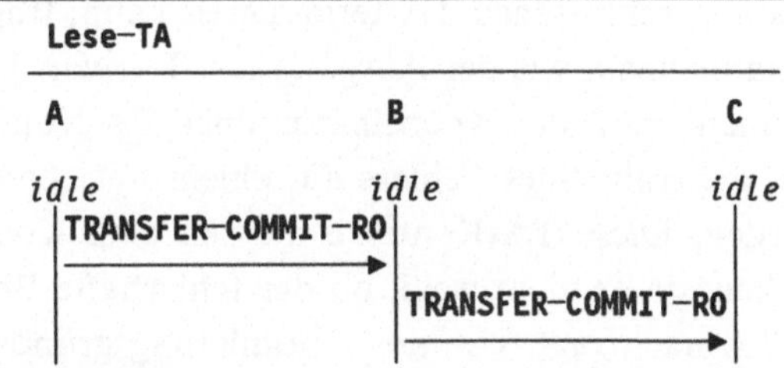

Abb. 48. Nachrichtenfluß in Fall 2b der Protokollklasse 1 (Lese-TA)

In der Abb. 49 auf Seite 128 stellt der Prozeß B fest, daß er seine Subtransaktion nicht erfolgreich beenden kann und teilt dies A und B durch ABORT mit. Auch hier muß von C keine zweite Terminierungsphase mehr kontrolliert werden.

5.2.3.4. Recovery

Durch das oben beschriebene Protokoll wird allen sicheren Prozessen garantiert, daß sie ihre Teiltransaktion trotz Omissions-Fehler in endlicher Zeit konsistent terminieren können. Forderungen F1 und F2 sollen allerdings nicht nur für sichere, sondern allgemeiner für alle gesunden Prozesse gelten. Um dieser Forderung nachzukommen, muß das Recovery-Protokoll von Protokollklasse 0 erweitert werden. Dies soll an folgender Situation erläutert werden: Nachdem in einem unsicheren Prozeß ein Omissions-Fehler aufgetreten ist, terminiert die TA nach dem oben beschriebenen Proto-

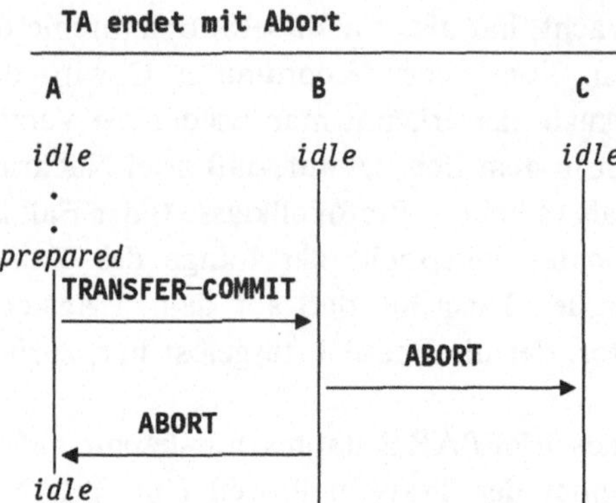

Abb. 49. Nachrichtenfluß in Fall 2b der Protokollklasse 1 (Abort)

koll. Wenn nun allerdings der zusammengebrochene Prozeß nach endlicher Zeit wieder korrekt funktioniert, handelt es sich um einen gesunden Prozeß, für den die Forderungen F1 und F2 erfüllt sein müssen. Damit dieser Prozeß seine Teiltransaktion konsistent zu der bereits abgeschlossenen TA terminieren kann, fragt sein Recovery-Prozeß bei dem Koordinator nach, wie der Ausgang der TA war. Um solche Anfragen beantworten zu können, muß der Koordinator über TA-Kontexte von solchen Transaktionen verfügen, die trotz eines Fehlers auf einem unsicheren Prozeß erfolgreich abgeschlossen wurden. Diese TA-Kontexte müssen dem Koordinator beliebig lange zur Verfügung stehen, da er nicht weiß, ob der fehlerhafte Prozeß irgendwann doch den Ausgang der TA nachfragt. Um aus Optimierungsgründen den Recovery-Prozeß von solchen Aufgaben zu entlasten, kann dafür ein spezieller Prozeß eingerichtet werden, der die TA-Kontexte auf stabilem Speicher hält. Darauf soll hier jedoch nicht näher eingegangen werden. Falls der Recovery-Prozeß des Koordinators nun eine INQUIRY-Nachricht erhält, prüft er, ob für die in der DECISION-INQUIRY-Nachricht enthaltene TS-Id ein *Kontext vorhanden* ist. Wenn dies der Fall ist, hängt die Entscheidung von dem Wert des TA-Zählers ab. Bei dem Vergleich des Wertes von dem nachfragenden Prozeß (INQUIRY-TA-Zähler) mit dem des Koordinator-Prozesses (Koordinator-TA-Zähler) sind folgenden Fälle zu unterscheiden: Falls *INQUIRY-TA-Zähler > Koordinator-TA-Zähler* gilt, ist die TA dem Koordinator unbekannt. Die TA könnte z.B. von einem unsicheren Prozeß abgebrochen worden sein. Dem nachfragenden Prozeß wird daraufhin eine ABORT-Nachricht geschickt. Falls *INQUIRY-TA-Zähler < Koordinator-TA-Zähler* gilt, hat der Koordinator die betreffende TA bereits beendet. Nun muß unterschieden werden, ob die Anfrage von einem sicheren oder einem unsicheren Prozeß stammt. Sicheren Prozessen wird mit einer ABORT-Nachricht geantwortet. Bei unsicheren Prozessen wird die Anfrage an den Archivierungs-Prozeß weitergeleitet. Dessen Antwort hängt dann davon ab, ob er einen Commit-Eintrag für die betreffende TA findet. Bei *INQUIRY-TA-Zähler = Koordinator-TA-Zähler* ist die Beantwortung abhängig von dem TA-Zustand des Koordinators. Falls er im COMMITTING-Zustand ist, wird eine COMMIT-Nachricht zurückgesendet, andernfalls eine ABORT-Nachricht.

5.2.3.5. Vergleich der Alternativen

Um die eingeführten Alternativen bewerten zu können, sollen diese bezüglich verschiedener Kriterien einem quantitativen Vergleich unterzogen werden. Die nachfolgenden Betrachtungen gelten für einen Protokollablauf, der zu einer erfolgreichen Beendigung der TA führt. Neben dem best- und schlechtestmöglichen Fall für jede Alternative wird noch der Fall einer Lese-Transaktion betrachtet.

Terminologie

Bevor die oben erläuterten Protokollvarianten verglichen werden, sollen einige nachfolgend verwendete Begriffe eingeführt werden. Die Anzahl der Prozesse in einem Teilnehmer-Baum wird mit *n* bezeichnet. Unter der *Entfernung* zwischen zwei Prozessen eines Baumes wird die Anzahl der dazwischenliegenden Verbindungen verstanden. Die Entfernung zwischen zwei benachbarten Prozessen beträgt 1. Unter der *Tiefe (depth)* eines Baumes soll die größte Entfernung zwischen dem Wurzel-Prozeß und einem Blatt-Prozeß verstanden werden. Abhängig von der Protokollvariante sind auch Tiefen einzelner Teilbäume bzw. umstrukturierter Bäume interessant. Unter $depth_0$ wird die größte Entfernung innerhalb des Baumes verstanden, wie er zu Beginn der Transaktion existiert. $Depth_1$ bezeichnet die größte Entfernung innerhalb des gesamten Baumes, nachdem er durch die Koordinatorverschiebung umstrukturiert wurde (Terminierungs-Baum der Fälle 2a, 2b). Als *d* bezeichnen wir in den Fällen 2a, 2b die Entfernung zwischen dem Initiator-Prozeß und dem Koordinator-Prozeß (also die Länge des Transfer-Pfades).

Bei der quantitativen Bewertung der Varianten mit Koordinatorverschiebung zu einem Entry-Prozeß gehen zusätzlich zu der Tiefe des ursprünglichen Baumes als weitere Variablen die Entfernung *d* zwischen dem Initiator und dem Koordinator und die Tiefe des Terminierungs-Baums mit ein. Um die Aussagefähigkeit des Vergleichs zwischen den einzelnen Varianten zu erhöhen, wird die Tiefe $depth_1$ zu der Tiefe $depth_0$ in Beziehung gesetzt. Dazu wird jeweils der beste und der schlechteste Fall betrachtet, der durch die Umstrukturierung entstehen kann. Aus diesen beiden Fällen soll dann ein Mittelwert gewonnen werden, der zum direkten Vergleich verwendet wird. Im besten Fall verringert sich die Tiefe des umstrukturierten Baumes um die Entfernung zwischen dem Initiator und dem Koordinator. Im schlechtesten Fall erhöht sich die Tiefe genau um diese Entfernung. Damit erhält man folgende Umrechnungsregeln:

Bester Fall:

$depth_1 = depth_0 - d$

Schlechtester Fall:

$depth_1 = depth_0 + d$

Aus Vereinfachungsgründen wird im folgenden der Mittelwert aus diesen Extremen benutzt, welcher besagt, daß im Mittel die Tiefe des Terminierungs-Baumes gleich der Tiefe des Teilnehmer-Baumes ist.

Mittlerer Fall:

$depth_1 = depth_0$

Nachrichten

Das Nachrichtenaufkommen in der Protokollklasse 0 beträgt im Normalfall $4(n\text{-}1)$ Nachrichten. Es werden *n-1* PREPARE-Nachrichten, *n-1* Vote-Nachrichten, *n-1* COMMIT-Nachrichten und *n-1* ACK-Nachrichten ausgetauscht. Bei Lese-Transaktionen fällt die zweite Terminierungsphase weg, wodurch nur noch $2(n\text{-}1)$ Nachrichten ausgetauscht werden.

Das Nachrichtenaufkommen in den drei vorgestellten Varianten der Protokollklasse 1 wird hier zu dem Nachrichtenaufkommen in Protokollklasse 0 in Beziehung gesetzt. Durch den in Fall 1 zusätzlich eingeführten Prozeß müssen gegenüber der Protokollklasse 0 drei Nachrichten mehr ausgetauscht werden. Der Initiator muß dem Koordinator das Ergebnis der Abstimmung mitteilen. Der Koordinator schickt im regulären Fall eine COMMIT-Nachricht an den Initiator zurück. Als dritte zusätzliche Nachricht sendet der Initiator dem Koordinator eine ACK-Nachricht zum Abschluß der Transaktion. Damit ergibt sich als Gesamtanzahl *4n-1* Nachrichten. Bei Lese-Transaktionen werden bei Fall 1 keine zusätzlichen Nachrichten ausgetauscht. Nach der Abstimmung aller Sohn-Prozesse weiß der Initiator, ob es sich um eine Lese-Transaktion handelt oder nicht. Er muß nicht mit dem Koordinator-Prozeß in Kontakt treten. Der Ablauf des Protokolls entspricht der Protokollklasse 0 und damit auch die Anzahl der Nachrichten mit *2n-2*.

Bei Fall 2a werden *d* zusätzliche Nachrichten verschickt, da der Initiator die Terminierungsverantwortung zum Koordinator transferieren muß. Die Anzahl der zu verschickenden Nachrichten ergibt sich bei erfolgreicher Terminierung aus $4n\text{-}4+d$. Da der Initiator vor Phase 1 der Terminierung die Verantwortung transferiert, kann er noch nicht wissen, ob es sich um eine Lese-Transaktion handelt. Somit fallen auch im Lese-Fall *d* zusätzliche Nachrichten an. Damit erhält man hier einen Aufwand von $2n\text{-}2+d$ Nachrichten.

Fall 2b hat den Vorteil, daß, im Vergleich zur Protokollklasse 0, *d* Nachrichten weniger ausgetauscht werden, da auf dem Transfer-Pfad keine Vote-Nachrichten zu dem Initiator zurückgesendet werden müssen. Das ergibt *4n-4-d* ausgetauschte Nachrichten, falls die TA mit Commit beendet wird, und *2n-2-d* Nachrichten bei Lese-Transaktionen.

Zeitbedarf

Um den Zeitbedarf der einzelnen Fälle zu vergleichen, werden einige vereinfachende Annahmen getroffen. Der hier betrachtete zeitliche Aufwand bezieht sich auf die Verzögerung, die durch das Versenden von Nachrichten entsteht. Die Verarbeitungszeit in den Prozessen selbst wird vernachlässigt. Die Gesamtzeitdauer einer verteilten Transaktion ergibt sich aus der Zeit, die vergeht, bis die Transaktion vollständig auf allen beteiligten Prozessen abgeschlossen ist. Eine Nachricht, die von einem Prozeß zu einem benachbarten Prozeß geschickt wird, benötigt 1 Zeiteinheit. Die Zeitdauer, die eine Nachricht unterwegs ist, wächst linear mit der Entfernung. Eine Nachricht, die von einem Prozeß zu einem anderen Prozeß mit der Entfernung *n* geschickt wird, ist *n* Zeiteinheiten unterwegs. Das parallele Versenden zu mehreren benachbarten Prozessen ist nicht zeitaufwendiger als das Senden zu nur einem Prozeß. Die parallele Übertragung von *m* Nachrichten zu *m* Prozessen in der Entfernung *n* benötigt *n* Zeiteinheiten.

Der Zeitbedarf für das Protokoll der Klasse 0 beträgt im Normalfall $3depth_0 + 1$ Zeiteinheiten. Für die Propagierung der PREPARE-Nachrichten und das Sammeln der Vote-Nachrichten werden $2depth_0$ Zeiteinheiten benötigt. Dagegen werden in der zweiten Terminierungsphase nur $depth_0 + 1$ Zeiteinheiten verbraucht, da ein Prozeß die ACK-Nachricht an seinen Vater-Prozeß schicken kann, ohne auf die ACK-Nachrichten seiner Söhne zu warten (siehe auch [Moha83b]). Da die zweite Phase für den Lese-Fall nicht notwendig ist, werden hier nur $2depth_0$ Zeiteinheiten benötigt.

Der Zeitbedarf bei dem Fall 1 beträgt $4depth_0 + 3$ Zeiteinheiten. Um die PREPARE-Nachricht vom Initiator aus nach unten zu propagieren und um danach alle Vote-Nachrichten zu sammeln, benötigt man $2depth_0$ Zeiteinheiten, da der Initiator solange warten muß, bis die maximale Tiefe des Baumes vom Initiator nach unten und danach wieder zurück durchlaufen ist. Dieselbe Verzögerung von $2depth_0$ Zeiteinheiten ergibt sich bei der Propagierung der COMMIT-Nachricht. Dazu kommen noch 3 weitere Zeiteinheiten für das Senden der Vote-Nachricht vom Initiator zum Koordinator, das darauf folgende Zurücksenden der COMMIT-Nachricht und die Übertragung der ACK-Nachricht zum Koordinator. Als Summe ergibt sich der folgender Gesamtaufwand:

Zeitbedarf Fall 1, Schreibende Transaktionen:

$4depth_0 + 3$

Wenn im Fall-1-Protokoll nur Lese-Transaktionen ausgeführt werden, entfällt der Nachrichtenaustausch mit dem zusätzlichen Koordinator-Prozeß und die Propagierung der COMMIT-Nachrichten. Damit beläuft der zeitliche Aufwand auf:

Zeitbedarf Fall 1, Lese-Transaktionen:

$2depth_0$

Bei Fall 2a hängt der Zeitbedarf von der Tiefe des Terminierungs-Baumes ab. Um die PREPARE-Nachricht vom Initiator aus im Terminierungs-Baum nach unten zu propagieren und um danach alle Vote-Nachrichten zu sammeln, werden $2depth_1$ Zeiteinheiten benötigt. Bei der Propagierung der COMMIT-Nachricht erhält man dieselbe Verzögerung von $2depth_1$. Hinzu kommen d weitere Zeiteinheiten für das Transferieren der Terminierungsverantwortung vom Initiator zum Koordinator. Als Gesamtbedarf erhält man somit $4depth_1 + d$ Zeiteinheiten. Den obigen Annahmen zufolge, soll die Tiefe des Terminierungs-Baumes im Mittel gleich der Tiefe des Teilnehmer-Baumes sein. Damit ergibt sich der auf $depth_0$ normierte Gesamtaufwand aus:

Zeitbedarf Fall 2a, Schreibende Transaktionen:

$4depth_0 + d$

Bei Lese-Transaktionen entfallen die COMMIT- und ACK-Nachrichten, der Baum wird aber dennoch umstrukturiert, wodurch man folgende Verzögerung erhält:

Zeitbedarf Fall 2a, Lese-Transaktionen:

$2depth_0 + d$

Der Zeitbedarf bei Fall 2b hängt sowohl von der Struktur des Teilnehmer-Baumes als auch von der Struktur des Terminierungs-Baumes ab. Die Struktur des Teilnehmer-Baumes beeinflußt den Zeitbedarf, da alle PREPARE-Bäume nacheinander in den PREPARED-Zustand gebracht werden müssen. Hier geht also im Vergleich mit den anderen Protokollen Parallelität verloren. Der Fall mit der geringsten Verzögerung wäre in der Terminierungsphase 1 ein entarteter Baum, in dem der Initiator-Prozeß und alle Transfer-Prozesse keine Nachfolger außerhalb des Transfer-Pfades hätten. Da dies nicht realistisch ist, wird hier im besten Fall angenommen, daß jeder Transfer-Prozeß nur einen einzigen Nachfolger hat. Damit ergäbe sich im besten Fall für Phase 1 ein Zeitbedarf von $2depth_0 + d$ Zeiteinheiten, die für die Transferierung der Terminierungsverantwortung (*d* Zeiteinheiten), das Propagieren der PREPARE-Nachricht in den jeweils einstufigen PREPARE-Bäumen (*2d* Zeiteinheiten) und das

Propagieren der PREPARE-Nachricht in dem PREPARE-Baum des Koordinators ($2depth_0$-$2d$ Zeiteinheiten) benötigt werden. Die zeitliche Verzögerung in Phase 2 ist von der Tiefe des umstrukturierten Baumes abhängig. Aus Vereinfachungsgründen nehmen wir die obere Schranke $depth_1 = depth_0$ an. Damit erhält man für die Phase 2 eine Verzögerung von $2depth_0$ Zeiteinheiten. Daraus errechnet sich für den besten Fall folgender Gesamtzeitbedarf:

Zeitbedarf Fall 2b, Schreibende Transaktionen,
Bester Fall:

$$4depth_0 + d$$

Im schlechtesten Fall der Alternative 2b besitzt jeder PREPARE-Baum mindestens einen Blatt-Knoten, der die maximale Entfernung vom Wurzel-Knoten hat. Damit kann der Zeitaufwand für Phase 1 in Abhängigkeit von d und $depth_0$ mit folgender Reihe ermittelt werden:

Zeitbedarf Fall 2b, Schreibende Transaktionen,
Schlechtester Fall, Phase 1:

$$2[depth_0 + (depth_0 - 1) + (depth_0 - 2) + \ldots + (depth_0 - d)] + d =$$

$$2(d+1)depth_0 - 2\sum_{i=1}^{d} i + d =$$

$$2(d+1)depth_0 - (d(d+1)) + d =$$

$$(2d)depth_0 + 2depth_0 - d^2$$

Der Zeitbedarf für Phase 2 ergibt sich aus $2(depth_0 + d)$ Zeiteinheiten. Damit errechnet sich für den schlechtesten Fall folgender Gesamtzeitbedarf:

Zeitbedarf Fall 2b, Schreibende Transaktionen,
Schlechtester Fall, Gesamtzeitbedarf:

$$(2d)depth_0 + 4depth_0 - d^2 + 2d$$

Als Mittelwert aus dem besten und schlechtesten Fall erhält man:

Zeitbedarf Fall 2b, Schreibende Transaktionen,
Mittelwert:

$$(d+4)depth_0 - 0{,}5d^2 + 1{,}5d$$

Falls nur Lese-Transaktionen bearbeitet werden, fällt die zweite Phase bei der Terminierung weg, womit sich folgender mittlerer Gesamtzeitbedarf ergibt:

Zeitbedarf Fall 2b, Lese-Transaktionen, Mittelwert:

$(d+2)depth_0 - 0{,}5d^2 + 0{,}5d$

Nachfolgend sind die oben gewonnenen Mittelwerte in einer Tabelle zusammengefaßt:

		Schreibende Transaktionen	Lese-Transaktionen
Klasse 0	Nachrichten Zeit	$4n-4$ $3depth+1$	$2n-2$ $2depth$
Klasse 1 Fall 1	Nachrichten Zeit	$4n-1$ $4depth+3$	$2n-2$ $2depth$
Klasse 1 Fall 2a	Nachrichten Zeit	$4n-4+d$ $4depth+d$	$2n-2+d$ $2depth+d$
Klasse 1 Fall 2b	Nachrichten Zeit	$4n-4-d$ $(d+4)depth-0{,}5d^2+1{,}5d$	$2n-2-d$ $(d+2)depth-0{,}5d^2-0{,}5d$

Da diese Formeln Abhängigkeiten von n und d bzw. von d und $depth_0$ enthalten, wird ein Vergleich am anschaulichsten durch das Einsetzen von konkreten Werten für diese Variablen dargestellt. In den beiden Diagrammen der Abb. 50 auf Seite 135 sind die Anzahl der Nachrichten abhängig von d für die einzelnen Fälle aufgetragen. Das obere Diagramm zeigt den Vergleich für schreibende Transaktionen, das untere für Lese-Transaktionen. An der y-Achse sind jeweils die Summanden angetragen, die zu $4n$ bei schreibenden Transaktionen oder zu $2n$ bei Lese-Transaktionen addiert werden müssen. Man erkennt, daß Fall 1 sich gut für Lese-Transaktionen eignet, da das Nachrichtenaufkommen der Protokollklasse 0 entspricht. Bei schreibenden Transaktionen zeigt Fall 2a gegenüber Fall 1 leichte Vorteile bei dem Nachrichtenaufkommen, solange die Entfernung zwischen Initiator und Koordinator kleiner als 3 ist. Fall 2b schneidet bei dem Vergleich des Nachrichtenaufkommens am besten ab, da sowohl bei lesenden als auch bei schreibenden Transaktionen d Nachrichten weniger als bei Protokollklasse 0 ausgetauscht werden.

In der Abb. 51 auf Seite 136 wird die zeitliche Verzögerung der diskutierten Fälle verglichen. Die Anzahl der Zeiteinheiten (y-Achse) ist abhängig von der Tiefe eines Transaktionsbaumes (x-Achse) und von der Entfernung d zwischen Initiator und Koordinator. Die Abhängigkeit von der genauen Struktur der Bäume wird durch die Mittelung über den besten und schlechtesten Fall vermieden. Die Abhängigkeit

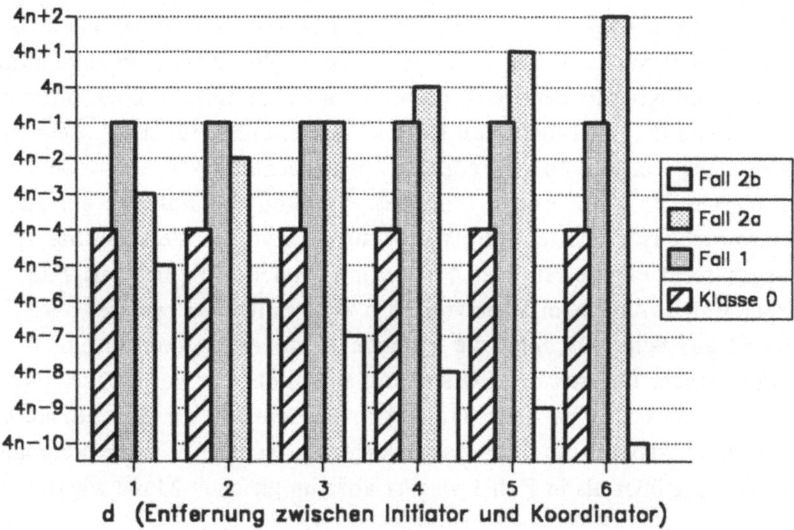

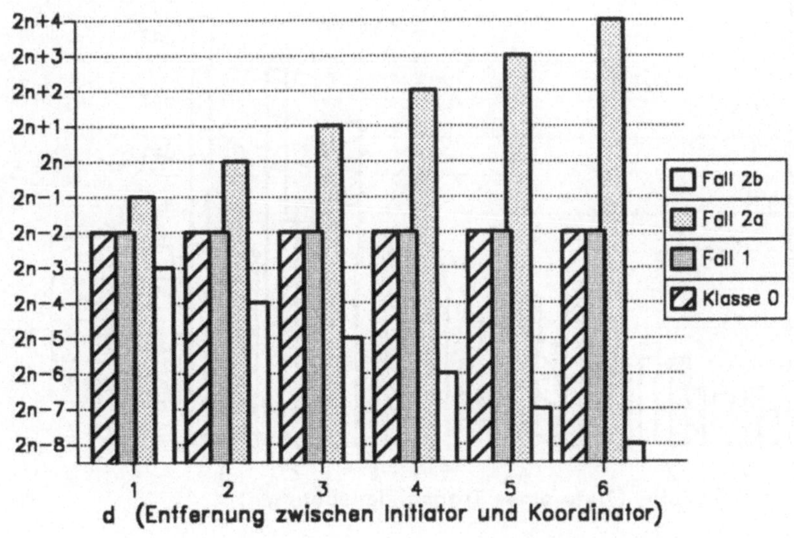

Abb. 50. Vergleich des Nachrichtenaufkommens für schreibende und lesende TAs

von *d* findet man nur bei Fall 2a und 2b. Die unterschiedliche zeitlich Verzögerung bei unterschiedlichen Werten für *d* ist durch eine Unterteilung der betreffenden Balken kenntlich gemacht. Dabei werden für *d* exemplarische Werte von 1, 2 und 3 angenommen. Das folgende Balkendiagramm zeigt den Vergleich für schreibende Transaktionen. Man erkennt, daß kein Fall sich besser als Protokollklasse 0 verhält. Das ist auch nicht verwunderlich, da bei schreibenden Transaktionen immer eine Verschiebung des Koordinators und damit zusätzliche Kommunikation stattfinden muß. Es ist weiterhin ersichtlich, daß für alle Werte, außer für *d = depth = 1* die zeitliche Verzögerung von Fall 2b im Vergleich am schlechtesten ist. Besonders bei etwas größeren Werten für *depth* und *d* zeigt das Protokoll des Falls 2b ein zunehmend schlechter werdendes Verhalten. Die Werte für die zeitliche Verzögerung von Fall 1 und 2a liegen recht eng beisammen. Falls *d* im Bereich [1,2] liegt, ist Fall 2a etwas günstiger als Fall 1. Ab einem Wert von 3 für *d* ist Fall 1 der bessere.

Abb. 52 auf Seite 137 zeigt die zeitliche Verzögerung der einzelnen Fälle für Lese-Transaktionen. Die Art der Darstellung entspricht der vorherigen. Es wird das gute Verhalten von Fall 1 bei Lese-Transaktionen deutlich, da die zeitliche Verzögerung für Protokollklasse 0 und für Fall 1 identisch ist. Die zeitliche Verzögerung in Fall 2a ist etwas größer als in Fall 1 wächst aber im gleichen Maße wie dort für stei-

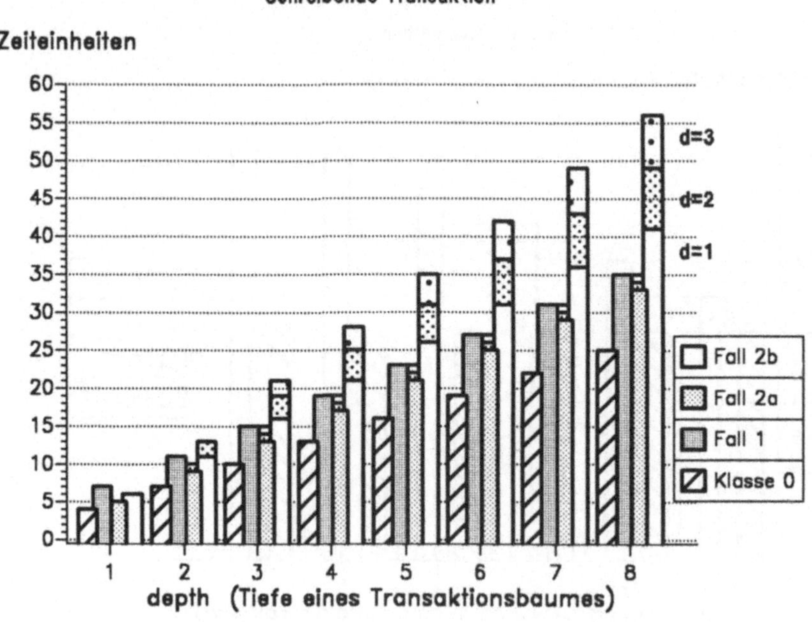

Abb. 51. Vergleich der zeitlichen Verzögerung für schreibende Transaktionen

gende Werte von *depth*. Fall 2b weist nur bei kleinen Werten für *d* und *depth* ein günstiges Verhalten auf. Bei größeren Werten für diese Variablen ist ein sehr steiler Anstieg des Nachrichtenaufkommens zu erkennen.

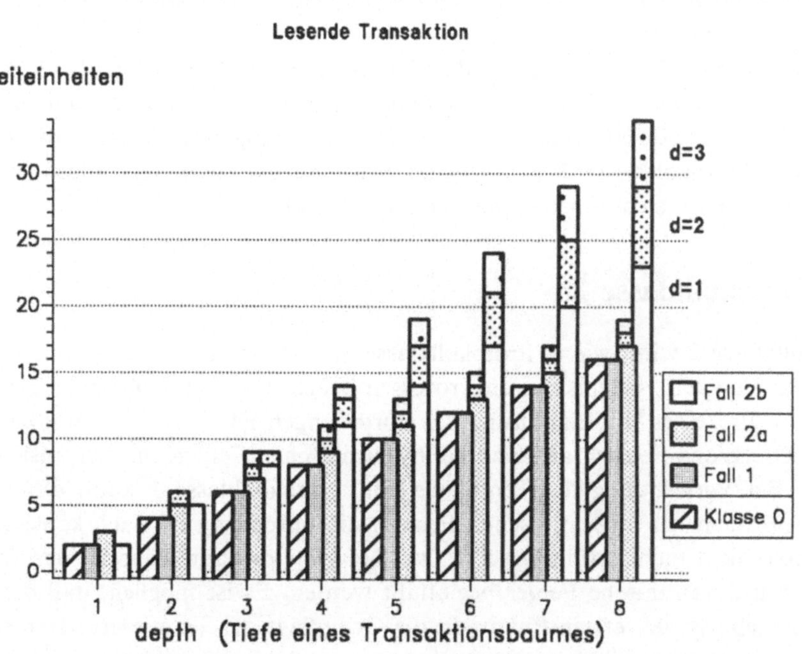

Abb. 52. Vergleich der zeitlichen Verzögerung für lesende Transaktionen

Zum Abschluß dieser quantitativen Betrachtungen sollen die gewonnenen Ergebnisse zusammengefaßt werden. Fall 1 verhält sich sehr gut bei Lese-Transaktionen. Das Nachrichtenaufkommen und die zeitliche Verzögerung entspricht der Protokollklasse 0. Weiterhin spricht für den Fall 1, daß die Nominierung des Koordinators nur für jede Transaktions-Sequenz notwendig ist und nicht für jede einzelne Transaktion, wie es in 2a und 2b eintreten kann. Allerdings muß in Fall 1 ein zusätzlicher Prozeß etabliert werden. Bei Transaktionen die schreibende Zugriffe auf Daten enthalten, zeigt Fall 2a gegenüber Fall 1 leichte Vorteile sowohl bei dem Nachrichtenaufkommen als auch bei der zeitlichen Verzögerung, solange die Entfernung zwischen Initiator und Koordinator kleiner als 3 ist. Dies ist eine realistische Annahme, da in vielen Anwendungen ein Entry-Prozeß und damit ein potentieller Koordinator nicht sehr tief in dem Teilnehmer-Baum sitzen dürfte. Fall 2b hat gegenüber der Protokollklasse 0 den Vorteil, daß sowohl bei lesenden als auch bei schreibenden Transaktionen *d* Nachrichten weniger ausgetauscht werden müssen.

Allerdings kann sich in Fall 2b die zeitliche Verzögerung gegenüber den anderen beiden Alternativen erheblich verschlechtern. Das tritt besonders dann auf, wenn die Tiefe und die Entfernung zwischen Initiator und Koordinator wächst. Dieses Verhalten läßt sich darauf zurückführen, daß bei Fall 2b die erste Phase in mehreren (mindestens zwei) PREPARE-Bäumen sequentiell, also nicht parallel wie bei Fall 1 und 2a, abgewickelt wird.

Bedingt durch die Abhängigkeit des Protokollaufwands von der Struktur des Teilnehmer-Baumes kann keine eindeutig beste Alternative identifiziert werden. Wegen den möglicherweise auftretenden signifikanten Verzögerungen bei Fall 2b soll dieser in der Protokollklasse 2 nicht weiter betrachtet werden. Die folgenden Betrachtungen beziehen sich nur noch auf die Fälle 1 und 2a.

5.2.4. Protokollklasse 2

In Protokollklasse 2 wird, wie in Protokollklasse 1, eine verteilte Transaktion sowohl von sicheren als auch von unsicheren Prozessen bearbeitet. Protokollklasse 2 garantiert sicheren Prozessen die Einhaltung der Forderungen F1 und F2 sowohl bei permanenten Omissions-Fehlern als auch bei byzantinischen Fehlern in den unsicheren Prozessen. Bei Verwendung der Protokolle von Protokollklasse 1 kann durch das mögliche Auftreten von byzantinischen Fehlern die Forderung F2 nach konsistenter Terminierung nicht mehr erfüllt werden. Der Koordinator kann während der Terminierung durch byzantinische Fehler beeinflußt werden. Es ist möglich, daß die Abstimmungsergebnisse der ersten Phase, die die Grundlage der Terminierungsentscheidung des Koordinators bilden, nicht authentisch sind. Es können Abstimmungsergebnisse unbemerkt

- verfälscht,
- hinzugefügt oder
- unterdrückt werden.

Damit eine konsistente Terminierung der sicheren Prozesse gewährleistet ist, muß der Koordinator die Abstimmungsergebnisse der sicheren Prozesse kennen. Er kann sich wegen der möglichen byzantinischen Fehlern nicht auf Nachrichten von unsicheren Prozessen verlassen. Es genügt, wenn der Koordinator Kenntnis über die Abstimmungsergebnisse der Entry-Prozesse hat. Da Entry-Prozesse sichere Subhierarchien haben, können darin keine byzantinischen Fehler auftreten. So benötigt der Koordinator neben den Abstimmungsergebnissen seiner Sohn-Prozesse, die verfälscht sein können, die Abstimmungsergebnisse aller Entry-Prozesse, damit er eine korrekte Terminierungsentscheidung treffen kann. Dies kann dadurch erreicht werden, indem die Abstimmungsergebnisse der Entry-Prozesse in dem Terminierungs-Baum nach oben weitergereicht werden. Falls dabei in einem unsicheren Prozeß Abstimmungsergebnisse zweier Entry-Prozesse zusammenkommen, werden diese zu einer Menge vereinigt. Diese Menge wird gegebenenfalls auf anderen Prozessen mit weiteren Mengen vereinigt, bis die Menge der Abstimmungsergebnisse aller Entry-Prozesse beim Koordinator eintrifft.

Mit diesem Mechanismus ist allerdings noch nicht gewährleistet, daß die Elemente dieser Menge alle authentisch sind. So kann z.B. durch einen byzantinischen Fehler eine NO-VOTE-Nachricht in eine YES-VOTE-Nachricht umgewandelt werden. Dies würde den Koordinator zu einer falschen Entscheidung veranlassen. Unsichere Prozesse können zwar nicht daran gehindert werden, Nachrichten zu verfälschen (sonst wären es keine unsicheren Prozesse), aber es muß garantiert werden, daß der Koordinator unerlaubte Manipulationen entdeckt. Das wird durch das sogenannte *Token-Konzept* erreicht (siehe 5.2.4.2.). Als Token bezeichnet man dabei einen fälschungssicheren Teil einer Nachricht. Token können nur von sicheren Prozessen erzeugt werden. Wenn ein unsicherer Prozeß versucht, ein Token nachzumachen oder zu ändern, wird das von einem sicheren Prozeß festgestellt.

Das Problem der Verfälschung von Nachrichten besteht nicht nur während der ersten Phase, sondern genauso während der zweiten Phase der Terminierung. So könnten z.B. trotz einer richtigen Entscheidung des Koordinators unbemerkt ABORT-Nachrichten zu COMMIT-Nachrichten und umgekehrt verfälscht werden. Es muß allgemein sichergestellt sein, daß Terminierungsnachrichten zwischen sicheren Prozessen nicht unbemerkt verfälscht werden können. In unserem Modell muß das für die Kommunikation zwischen dem Koordinator und den Entry-Prozessen gelten. Daher enthalten auch COMMIT-Nachrichten und ABORT-Nachrichten fälschungssichere Token.

Durch das Token-Konzept ist ebenfalls garantiert, daß keine willkürlichen Abstimmungsergebnisse zu der Menge, die der Koordinator erhält, hinzugefügt werden können. Da ein unsicherer Prozeß nicht in der Lage ist, Token zu erzeugen, kann er auch keine falschen Token einschleusen.

Nun bleibt nur noch das oben erwähnte Problem der unbemerkt verlorengegangenen Abstimmungsergebnisse zu lösen. Der Koordinator stellt das Fehlen einer Vote-Nachricht fest, indem er überprüft, ob alle an einer TA beteiligten sicheren Prozesse auch an der Terminierung teilnehmen. Es genügt auch hier wieder, sich dabei auf die Entry-Prozesse zu beschränken, da die Teilnahme aller Entry-Prozesse die Teilnahme aller sicheren Prozesse impliziert. Um die Terminierung aller Entry-Prozesse zu kontrollieren, benötigt der Koordinator die Adressen aller an einer TA teilnehmenden Entry-Prozesse. Wenn nicht zufällig die Entry-Prozesse Söhne des Koordinators sind, kennt der Koordinator zu Beginn der TA ihre Adressen nicht. Daher ist es notwendig, daß sich die Entry-Knoten, bevor sie eine TA beginnen, bei dem Koordinator anmelden. Diese Nachricht darf nicht unbemerkt verlorengehen. Bei der ersten Phase der Terminierung angelangt, vergleicht der Koordinator die Menge der bei ihm angemeldeten Entry-Prozesse mit der Menge der terminierenden Entry-Prozesse, die er durch den oben beschriebenen Mechanismus erhält. Bei Nichtüberstimmung setzt er die Transaktion zurück. Diese Vorgehensweise wird *Buchhaltungskonzept* genannt und ist im nächsten Abschnitt ausführlich beschrieben.

5.2.4.1. Buchhaltungskonzept

Wie oben erläutert, ist es notwendig, eine buchführende Instanz zu haben, die überprüft, ob alle Entry-Prozesse, die an einer TA teilgenommen haben, auch an der Terminierung teilnehmen. Bei dieser Instanz müssen sich die Entry-Prozesse vor Beginn ihrer Teiltransaktion registrieren. Da aber der Koordinator-Prozeß erst zur Terminierungsphase bekannt sein muß (wie z.B. in Fall 2a), ist es sinnvoll, einen dedizierten *Buchhaltungs-Prozeß* zu haben, dessen Adresse sich nicht ändert. Das schließt nicht aus, daß bei einem ebenfalls dedizierten Koordinator-Prozeß (wie in z.B. in Fall 1) Buchhaltungs-Prozeß und Koordinator-Prozeß sich auf einem gemeinsamen Knoten befinden. Koordinator- und Buchhaltungs-Prozeß sind sicher und kommunizieren direkt miteinander. Ein Buchhaltungs-Prozeß verwaltet folgende Informationen:

- Kennung der aktuellen Transaktions-Sequenz (TS-Id),
- Kennung des aktuellen Transaktions-Zählers (TA-Zähler) und
- Adressen der an der aktuellen TA teilnehmenden Entry-Prozesse.

Ein Buchhaltungs-Prozeß kann mehrere parallel ablaufende Transaktions-Sequenzen verwalten. Die TS-Id wird vom Buchhaltungs-Prozeß kreiert und nach Beendigung wieder freigegeben. In der TS-Id ist die Adresse des Buchhalter-Prozesses enthalten. Damit haben die Entry-Prozesse die Möglichkeit, ihre Anmeldungs-Nachrichten direkt an den Buchhaltungs-Prozeß zu schicken. Der TA-Zähler hat initial den Wert 0. Aktualisiert wird der TA-Zähler und die Adreßmenge der teilnehmenden Entry-Prozesse durch die Anmeldungs-Nachricht REGISTER.

Das Protokoll des Buchhaltungs-Prozesses ist wesentlich davon beeinflußt, wie die Abmeldung der registrierten Entry-Prozesse erfolgt. Im folgenden werden zwei verschiedene Alternativen diskutiert: *Implizite Abmeldung* heißt, daß die Registrierung der Entry-Prozesse implizit bei Ende der Transaktion ohne zusätzlichen Nachrichtenaustausch gelöscht wird. *Explizite Abmeldung* heißt, daß registrierte Entry-Prozesse über das Ende einer Transaktion hinaus registriert bleiben und nur am Ende weiterer Transaktionen bei Nichtteilnahme sich explizit abmelden. Das hat zur Folge, daß eventuell der Buchhalter-Prozeß am Ende einer TA bei den registrierten Entry-Prozessen nachfragen muß, ob diese tatsächlich an der TA beteiligt waren.

Mit einer REGISTER-Nachricht registriert sich ein Entry-Prozeß vor Beginn einer Transaktion bei dem Buchhaltungs-Prozeß für die folgende Transaktion. Der Entry-Prozeß erwartet dann die Antwort des Buchhaltungs-Prozeß, die entweder ACCEPT oder REJECT lauten kann. In der REGISTER-Nachricht ist die Adresse des absendenden Entry-Knotens, sein TS-Id sowie der TA-Zähler enthalten. Falls die TS-Id dem Buchhaltungs-Prozeß nicht bekannt ist, antwortet er dem Entry-Prozeß mit einer REJECT-Nachricht, worauf dieser die TA abbricht. Andernfalls ist die Antwort des Buchhaltungs-Prozesses abhängig von dem Wert des TA-Zählers:

TA-Zähler des Entry-Prozesses > TA-Zähler des Buchhaltungs-Prozesses
Wenn der TA-Zähler, für den sich ein Entry-Prozeß mit REGISTER anmelden möchte, größer ist als der dem Buchhalter-Prozeß aktuell bekannte, dann bedeutet das, daß die vorherige TA terminiert wurde und eine neue TA begonnen wurde. Im Falle der impliziten Abmeldung werden nun alle bisher angemeldeten Entry-Prozesse gelöscht, und als neues erstes Element wird der betreffende Entry-Prozeß eingetragen. Bei der expliziten Abmeldung bleiben alle bisherigen Anmeldungen bestehen, und die Adresse des betreffenden Entry-Prozesses wird der Menge aller angemeldeten Prozesse hinzugefügt. Der Buchhaltungs-Prozeß antwortet mit ACCEPT.

TA-Zähler des Entry-Prozesses = TA-Zähler des Buchhaltungs-Prozesses
Falls der in der Nachricht enthaltene TA-Zähler derselbe wie der dem Buchhalter-Prozeß bekannte TA-Zähler ist, wird die zu registrierende Adresse des Entry-Prozesses zu der Menge der bisher registrierten Prozesse hinzugefügt. Der Buchhaltungs-Prozeß antwortet mit einer ACCEPT-Nachricht.

TA-Zähler des Entry-Prozesses < TA-Zähler des Buchhaltungs-Prozesses
Falls der in dem Registrierungswunsch enthaltene TA-Zähler kleiner ist als der dem Buchhalter-Prozeß bekannte, wurde die TA bereits beendet. Der Registrierungswunsch wird daraufhin mit einer REJECT-Nachricht abgelehnt.

Die erste Phase der Terminierung endet damit, daß der Koordinator die Abstimmungsergebnisse seiner Sohn-Prozesse und die darin enthaltene Menge der Abstimmungsergebnisse aller Entry-Prozesse erhält. Falls diese Abstimmungsergebnisse nur aus READ-VOTE-Nachrichten bestehen oder eine NO-VOTE-Nachricht enthalten, wird der Buchhaltungs-Prozeß nicht involviert. Nur wenn keine NO-VOTE- und mindestens eine YES-VOTE-Nachricht vorliegen, fragt der Koordinator beim Buchhaltungs-Prozeß mit einer CHECK-PARTICIPANTS-Nachricht an, ob die Adreßmenge der Entry-Prozesse mit der Menge der bei ihm registrierten Entry-Prozesse für die aktuelle TA übereinstimmt. Wenn dies der Fall ist, bekommt der Koordinator durch eine OK-Nachricht eine positive Antwort.

Falls sich diese Mengen unterscheiden, hängt die Verhaltensweise des Buchhaltungs-Prozesses davon ab, ob implizite oder explizite Abmeldung verwendet wird. Bei der impliziten Abmeldung sendet der Buchhaltungs-Prozeß einfach eine FAILED-Nachricht zurück, da er genau weiß, daß die Menge der ihm vorliegenden Anmeldungen korrekt ist. Die TA wird von dem Koordinator daraufhin abgebrochen. Bei der expliziten Abmeldung weiß der Buchhaltungs-Prozeß nur, daß die Menge der angemeldeten Entry-Prozesse eine Obermenge der teilnehmenden Prozesse ist. Daher muß der Buchhaltungs-Prozeß, falls er mehr Entry-Prozesse kennt als der Koordinator, bei genau diesen „überzähligen" Entry-Prozessen mit einer CHECK-INVOLVED-Nachricht nachfragen, ob sie an der TA beteiligt waren. Dies trifft dann zu, wenn TA-Zähler des Buchhaltungs-Prozesses, der in der CHECK-INVOLVED-Nachricht enthalten ist, jünger als der den Entry-Prozessen bekannten

TA-Count ist. In diesem Fall antwortet der betreffende Entry-Prozeß mit einer NO- oder NO-CR-Nachricht. NO bedeutet, daß der betreffende Entry-Prozeß mit Sicherheit nicht an der aktuellen Transaktion teilgenommen hat, da der ihm bekannte TA-Count älter ist als der nachgefragte. Er möchte auch weiterhin bei dem Buchhaltungsprozeß angemeldet bleiben. Die Bedeutung einer NO-CR-Nachricht (No, Cancel Registration) ist dieselbe wie die von NO, nur daß hier der Entry-Prozeß seine Registrierung bei dem Buchhaltungsprozeß löschen möchte. Dies ist dann sinnvoll, wenn die Entry-Prozesse über entsprechendes Anwendungswissen verfügen, um zu beurteilen, daß sie in der laufenden TS nicht mehr an Transaktionen teilnehmen werden. Dadurch werden weitere Nachfragen des Buchhalter-Prozesses bei diesen Entry-Prozessen eingespart. Falls alle nachgefragten Entry-Prozesse mit einer NO- oder NO-CR-Nachricht antworten, kann der Buchhaltungs-Prozeß die CHECK-PARTICIPANTS-Nachfrage des Koordinators mit OK positiv beantworten, da die Menge der terminierenden Entry-Prozesse korrekt ist. Andernfalls antworten die betreffenden Entry-Prozesse eine CHECK-INVOLVED-Nachfrage mit einer YES oder YES-CR-Nachricht. Mit einer YES-Nachricht teilt ein Entry-Prozeß einem nachfragenden Buchhaltungs-Prozeß mit, daß er an der Transaktion teilgenommen hat oder es nicht mehr genau weiß, weil die nachgefragte Transaktion für ihn schon beendet ist. D.h., daß der ihm bekannte TA-Count mit dem in der Nachricht enthaltene TA-Count übereinstimmt oder daß sein TA-Count größer ist als der mitgeschickte. Der Buchhaltungs-Prozeß, der diese Nachricht erhält, schickt dem nachfragenden Koordinator daraufhin eine FAILED-Nachricht. Der Entry-Prozeß bleibt auch weiterhin bei dem Buchhaltungsprozeß angemeldet. Die Bedeutung einer YES-CR-Nachricht ist dieselbe wie die von YES; zusätzlich möchte der Entry-Prozeß seine Registrierung bei dem Buchhaltungs-Prozeß löschen.

Nachfolgend sind nochmals alle für die Kommunikation zwischen dem Koordinator- und dem Buchhaltungs-Prozeß bzw. zwischen dem Buchhaltungs-Prozeß und den Entry-Prozessen neu eingeführten Nachrichtentypen aufgelistet:

- REGISTER (TS-Id, TA-Zähler, Entry-Prozeß-Adresse)
  Richtung: Entry-Prozeß → Buchhaltungs-Prozeß
  Damit registriert sich ein Entry-Prozeß vor Beginn einer Transaktion bei dem Buchhaltungs-Prozeß.
- ACCEPT
  Richtung: Buchhaltungs-Prozeß → Entry-Prozeß
  Mit dieser Nachricht bestätigt der Buchhaltungs-Prozeß einem Entry-Prozeß die ordnungsgemäße Anmeldung.
- REJECT
  Richtung: Buchhaltungs-Prozeß → Entry-Prozeß
  Mit dieser Nachricht lehnt der Buchhaltungs-Prozeß die Anmeldung eines Entry-Prozesses ab.
- CHECK-PARTICIPANTS (TS-Id, TA-Zähler, Entry-Prozeß-Adreßmenge)

Richtung: Koordinator-Prozeß → Buchhaltungs-Prozeß
Damit möchte der Koordinator überprüfen, ob seine Menge der Entry-Prozesse, die für seine aktuelle Transaktion im PREPARED-Zustand sind, mit der Menge des Buchhaltungs-Prozesses übereinstimmt.

- OK
  Richtung: Buchhaltungs-Prozeß → Koordinator-Prozeß
  Dies wird dem Koordinator-Prozeß geschickt, falls sein TA-Zähler und die Menge der Entry-Prozesse korrekt sind.
- FAILED
  Richtung: Buchhaltungs-Prozeß → Koordinator-Prozeß
  Dies wird dem Koordinator-Prozeß geschickt, falls entweder sein TA-Zähler oder seine Menge der Entry-Prozesse mit den Informationen des Buchhaltungs-Prozesses nicht übereinstimmen.

Die folgenden Nachrichtentypen werden bei der Verwendung der expliziten Abmeldung benötigt:

- CHECK-INVOLVED (TS-Id, TA-Zähler)
  Richtung: Buchhaltungs-Prozeß → Entry-Prozeß
  Diese Nachricht wird im Fall der expliziten Abmeldung der Entry-Prozesse verschickt, falls der Buchhalter-Prozeß mehr Entry-Prozesse kennt, als der Koordinator ihm in seiner CHECK-PARTICIPANTS-Nachricht mitteilt.
- NO
  Richtung: Entry-Prozeß → Buchhaltungs-Prozeß
  Hiermit teilt ein Entry-Prozeß einem nachfragenden Buchhaltungs-Prozeß mit, daß er nicht an der aktuellen Transaktion teilgenommen hat.
- NO-CR
  Richtung: Entry-Prozeß → Buchhaltungs-Prozeß
  Die Bedeutung dieser Nachricht ist dieselbe wie die von NO. Zusätzlich möchte der Entry-Prozeß seine Registrierung bei dem Buchhaltungs-Prozeß löschen.
- YES
  Richtung: Entry-Prozeß → Buchhaltungs-Prozeß
  Hiermit teilt ein Entry-Prozeß einem nachfragenden Buchhaltungs-Prozeß mit, daß er an der Transaktion teilgenommen hat.
- YES-CR
  Richtung: Entry-Prozeß → Buchhaltungs-Prozeß
  Die Bedeutung dieser Nachricht ist dieselbe wie die von YES. Zusätzlich möchte der Entry-Prozeß seine Registrierung bei dem Buchhaltungsprozeß löschen.

Abb. 53 auf Seite 144 stellt den Nachrichtenfluß für den Fall einer erfolgreichen Überprüfung durch den Buchhaltungs-Prozeß dar. Die Kommunikation findet zwischen dem Koordinator-Prozeß K und dem Buchhaltungs-Prozeß BU statt.

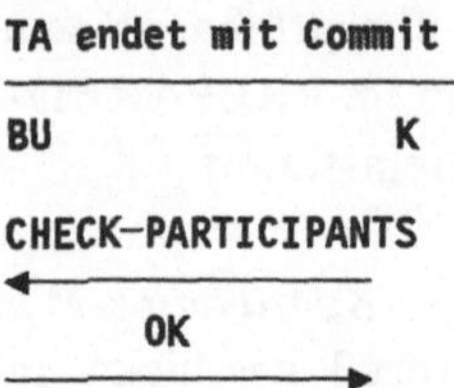

Abb. 53. Nachfrage des Koordinators beim Buchhalter-Prozeß

Ein Beispiel für eine Überprüfung mit negativem Ergebnis im Fall der expliziten Abmeldung ist in der Abb. 54 dargestellt. Der Buchhalter-Prozeß BU kennt im Gegensatz zum Koordinator K zusätzlich die Entry-Prozesse A und B und fragt deswegen bei ihnen nach, ob sie an der TA teilgenommen haben. Da Prozeß B teilgenommen hat, gibt BU an K eine negative Antwort zurück.

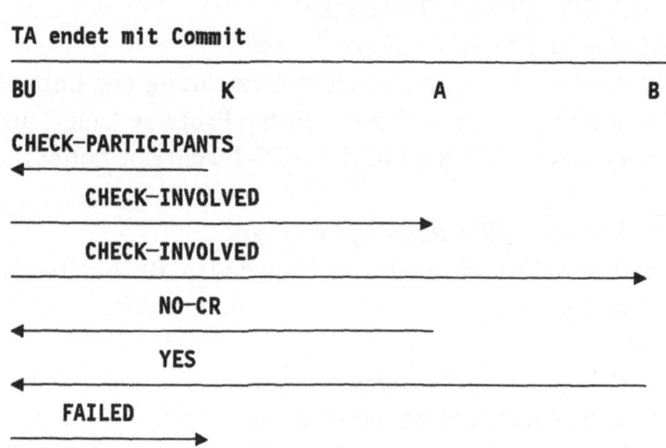

Abb. 54. Beispielhafter Nachrichtenfluß bei expliziter Abmeldung

Die beiden oben eingeführten Protokolle für den Buchhalter-Prozeß mit impliziter und expliziter Abmeldung sollen nun bezüglich ihres Aufwands verglichen werden. Man kann dabei zwei Extremfälle betrachten:

A: Die Menge der registrierten Entry-Prozesse bleibt innerhalb einer TS konstant.

B: Die Schnittmenge der Mengen der registrierten Entry-Prozesse von zwei aufeinanderfolgenden Transaktionen innerhalb einer TS ist leer.

Zusätzlich zu dem Aufwand, wie er für Protokollklasse 1 in Abschnitt 5.2.3.4. berechnet wurde, kommt hier noch der Aufwand für die Kommunikation zwischen Koordinator- und Buchhalter-Prozeß bzw. zwischen Buchhalter-Prozeß und den Entry-Prozessen hinzu. Der zeitliche Aufwand, der durch die Anmeldung der Entry-Prozesse bei dem Buchhalter-Prozeß entsteht, soll vernachlässigt werden, da die Transaktion trotz der Anmeldung parallel weiterlaufen kann. Der Zeitaufwand für die Überprüfung der Abstimmungsergebnisse beträgt bei der impliziten Abmeldung unabhängig, ob Fall A oder Fall B betrachtet wird, *2* Zeiteinheiten. Bei der expliziten Abmeldung erhält man für Fall A ebenfalls einen Aufwand von *2* Zeiteinheiten. In Fall B kommen, unter der in Abschnitt 5.2.3.4. gemachten Annahme, daß paralleles Senden mehrerer Nachrichten nicht teurer ist als das Senden einer einzelnen Nachricht, noch *2* Zeiteinheiten für die CHECK-INVOLVED-Nachrichten und die entsprechenden Anworten hinzu. Der zeitliche Aufwand für die Überprüfung der Abstimmungsergebnisse im Fall B der expliziten Abmeldung beträgt somit *4* Zeiteinheiten.

Für die Berechnung des Nachrichtenaufkommens werden zwei Variablen eingeführt: m sei die Anzahl der Transaktionen innerhalb einer TS, und n sei die Anzahl der Entry-Prozesse, die für alle Transaktionen konstant ist. Die folgende Tabelle zeigt die Anzahl der für die Realisierung des Buchhaltungskonzeptes zusätzlich benötigten Nachrichten. Diese zusätzlichen Nachrichten fallen bei der Kommunikation zwischen dem Buchhalter- und Koordinator-Prozeß bzw. zwischen dem Buchhalter-Prozeß und den Entry-Prozessen an. Es werden die beiden eingeführten Protokolle bezüglich der oben erwähnten Extremfälle A und B betrachtet. Es wird der Aufwand für schreibende Transaktionen mit dem für Lese-Transaktionen bzw. zurückgesetzte Transaktionen verglichen. Dabei werden die benötigten Nachrichten für die Anmeldung von den Nachrichten für die Überprüfung der Abstimmungsergebnisse unterschieden. Bei Lese-Transaktionen bzw. Transaktionen, die zurückgesetzt werden, ist keine Überprüfung notwendig, da die zweite Terminierungsphase entfällt.

Zusätzliche Nachrichten	Implizite Abmeldung		Explizite Abmeldung	
	Fall A	Fall B	Fall A	Fall B
Schreibende TA endet mit Commit				
Anmeldung	$2nm$	$2nm$	$2n$	$2nm$
Überprüfung	$2m$	$2m$	$2m$	$2m+2nm$
Lese-TA oder TA endet mit Abort				
Anmeldung	$2nm$	$2nm$	$2n$	$2nm$

Diese Tabelle läßt sich folgendermaßen interpretieren: Falls in aufeinanderfolgenden Transaktionen innerhalb einer TS häufig unterschiedliche Entry-Prozesse teilnehmen, ist die implizite Abmeldung besser. Falls allerdings in aufeinanderfolgenden Transaktionen innerhalb einer TS meist die gleichen Entry-Prozesse teilnehmen, ist die explizite Abmeldung günstiger. Es ist eine realistische Annahme, daß sich die Menge der registrierten Entry-Prozesse innerhalb einer TS über die Zeit nicht sehr verändert. Daher soll hier der expliziten Abmeldung der Vorzug gegeben werden.

5.2.4.2. Von Protokollklasse 1 zu Protokollklasse 2: Modifikationen im Protokoll

Hier sollen Modifikationen des Terminierungsprotokolls betrachtet werden, die gegenüber der Protokollklasse 1 notwendig werden.

Token-Konzept

Wie oben schon erwähnt, kann mit einem fälschungssicheren Teil einer Nachricht (Token) garantiert werden, daß manipulierte oder gefälschte Nachrichten entdeckt werden. Dies ist notwendig, um die Forderung F2 nach konsistenter Terminierung zu erfüllen. Eine Technik, mit der dies möglich ist, ist die Verschlüsselung von Nachrichten (Kryptographie). Es gibt unterschiedliche Methoden der Verschlüsselung. Es werden im allgemeinen Methoden mit privaten Schlüsseln (private key) von Methoden mit öffentlichen Schlüsseln (public-key) unterschieden [Davi81b]. Schlüssel werden benutzt, um Nachrichten zu codieren und zu decodieren. Die beiden genannten Verfahren unterscheiden sich in der Art der Verwendung von Schlüsseln. Verfahren mit privatem Schlüssel benutzen denselben geheimen Schlüssel sowohl für die Ver- als auch für die Entschlüsselung. Damit ist ein solches Verschlüsselungsverfahren symmetrisch, erlaubt also eine Kommunikation in beide Richtungen. Das Verfahren mit öffentlichen Schlüsseln benutzt dagegen zwei verschiedene Schlüssel, die jeweils für die Ver- und Entschlüsselung gebraucht werden. Verfahren mit öffentlichen Schlüsseln gehen im allgemeinen davon aus, daß es einen öffentlichen und einen geheimen Schlüssel gibt. Die Schlüssel werden so gewählt, daß eine Berechnung des geheimen Schlüssels aus der Kenntnis des öffentlichen Schlüssels praktisch unmöglich ist. Dabei hat beispielsweise der Sender einen geheimen, privaten Schlüssel, mit dem er Nachrichten verschlüsseln kann. Der Empfänger hat dann einen öffentlichen Schlüssel, der allgemein bekannt ist, mit dem er Nachrichten entschlüsselt. Damit könnten Nachrichten nur vom Sender verschlüsselt werden und von allen anderen Systemen, die über den öffentlichen Schlüssel verfügen, gelesen werden. Natürlich ist dieses Verfahren auch so einsetzbar, daß jedes System mit dem öffentlichen Schlüssel zu sendende Nachrichten verschlüsseln kann und nur ein bestimmter Empfänger, der den geheimen Schlüssel besitzt, die Nachricht entschlüsseln kann. Wie diese Beispiele zeigen, ist mit „public-key“-Verfahren nur eine asymmetrische Kommunikation möglich. Zur Kommunikation in die andere Richtung wird ein zusätzliches Schlüsselpaar benötigt.

Bei den Protokollen, die Kryptographie in Kommunikationsnetzen anwenden, unterscheidet man im allgemeinen zwei Klassen [Need78]. Die eine Protokollklasse dient zur Authentifizierung zweier Kommunikationspartner z.B. beim Verbindungsaufbau. Die andere Klasse möchte sicherstellen, daß empfangene Nachrichten exakt mit den abgesendeten Nachrichten übereinstimmen. Diese Protokolle werden *Signatur-Protokolle* genannt.

In dem Protokoll der Protokollklasse 2 werden, wie oben beschrieben, die Abstimmungsergebnisse der Entry-Prozesse von den unsicheren Prozessen im Terminierungs-Baum zum Koordinator weitergereicht. Damit keine Verfälschung durch byzantinische Fehler entsteht, geschieht dies in verschlüsselter Form. Entry-Prozesse formen aus ihren Abstimmungsergebnissen verschlüsselte Token, die sie als Teil ihrer Vote-Nachricht ihrem unsicheren Vater schicken. Das Abstimmungsergebnis eines Entry-Prozesses muß für seinen unsicheren Vater-Prozeß lesbar sein, damit dieser seine Abstimmungsentscheidung treffen kann. Dies wäre möglich, wenn das Token mit einem öffentlichen Schlüssel-Verfahren gebildet wird. Damit ist für den unsicheren Prozeß, der nur über den öffentlichen Schlüssel verfügt, das Token lesbar, aber nicht modifizierbar. Falls man nicht über öffentliche Schlüssel verfügt, muß das Abstimmungsergebnis redundant sowohl als Token, als auch als lesbare Information geschickt werden. Es sei hier nochmals betont, daß innerhalb des Token-Konzepts nur die Verschlüsselung von Nachrichten zur Terminierung einer Transaktion betrachtet wird. Die sichere Übertragung von anderen Nachrichten, wie z.B. Datenbankoperationen, wird dabei nicht berücksichtigt.

Zusätzliche Nachrichtentypen

Falls ein unsicherer Zwischen-Prozeß während der ersten Terminierungsphase von einem seiner Sohn-Prozesse ein positives und vom anderen ein negatives Abstimmungsergebnis erhält, würde er in Protokollklasse 1 ein negatives Abstimmungsergebnis nach oben senden und seinen mit YES-VOTE antwortenden Sohn-Prozessen durch ABORT-Nachrichten bereits den Abbruch der TA zu verstehen geben. In Protokollklasse 2 ist das nicht so einfach möglich, da auch die ABORT-Nachrichten fälschungssicher sein müssen und so nur von sicheren Prozessen als Token verschickt werden können. Da ein unsicherer Prozeß keine Token generieren kann, überläßt er das dem sicheren Koordinator, dem er allerdings irgendwie mitteilen muß, daß in seiner Subhierarchie zwar negativ abgestimmt wurde, jedoch mindestens ein Sohn-Prozeß mit YES-VOTE gestimmt hat, der noch auf ein Abort-Token wartet. Daher wird ein neuer Nachrichtentyp mit Namen NO-VOTE2 eingeführt, der genau in diesem Fall verwendet wird. Falls der Koordinator von seinen Sohn-Prozessen mindestens eine NO-VOTE- oder eine NO-VOTE2-Nachricht erhalten hat, sendet er ABORT-Nachrichten an alle Sohn-Prozesse, die eine YES-VOTE- oder eine NO-VOTE2-Nachricht geschickt haben. Falls aber keine NO-VOTE-, keine NO-VOTE2- und mindestens eine YES-VOTE-Nachricht erhalten wurde, heißt das für den Koordinator, daß er die TA erfolgreich beenden kann. Bevor er dies tut, muß er sich jedoch beim Buchhalter-Prozeß versichern, ob die Menge aller Entry-Prozesse, die er erhalten hat, mit der bei dem Buchhalter-Prozeß angemeldeten Menge von Entry-Prozessen übereinstimmt. Danach trifft der Koordinator seine endgültige Entscheidung und propagiert COMMIT- oder ABORT-Nachrichten, ebenfalls wieder mit Token, im Terminierungs-Baum nach unten.

Neben dem neuen Nachrichtentyp NO-VOTE2 ist ein weiterer Nachrichtentyp notwendig. In Protokollklasse 2 muß auch beim Zurücksetzen einer Transaktion eine Koordinatorverschiebung vorgenommen werden, da nur der sichere Koordinator in der Lage ist, ein authentisches Abort-Token zu generieren. Nachfolgend sind die beiden neuen Nachrichtentypen nochmals aufgelistet:

- NO-VOTE2
  Richtung: Initiator → Koordinator
  Mit dieser Nachricht teilen Zwischen-Prozesse ihrem Vater-Prozeß mit, daß bei der Abstimmung ihrer Sohn-Prozesse NO-VOTE- und gleichzeitig YES-VOTE- bzw. NO-VOTE2-Nachrichten vorkamen. Der Koordinator wird daraufhin veranlaßt, den mit NO-VOTE2 bzw. mit YES-VOTE abstimmenden Prozessen eine ABORT-Nachricht zu schicken.
- TRANSFER-ABORT (TS-Id, TA-Zähler)
  Richtung: Sohn-Prozeß → Vater-Prozeß
  Mit dieser Nachricht teilt der Initiator dem neuen Koordinator im Fall-1-Protokoll mit, daß er die erste Phase der Terminierung nicht erfolgreich abschließen

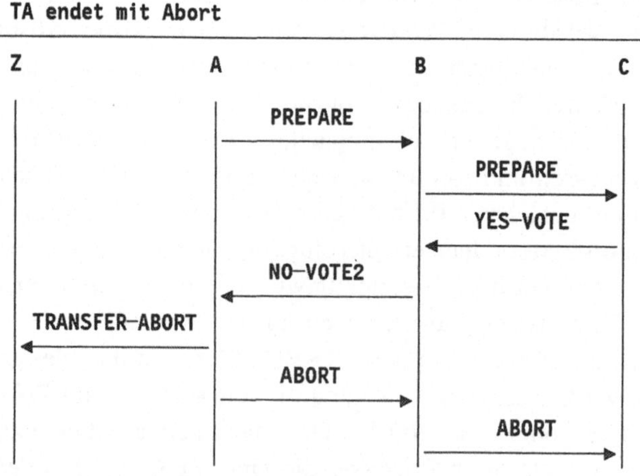

Abb. 55. Nachrichtenfluß in Fall 1 der Protokollklasse 2 (Abort)

konnte. Er beauftragt den Koordinator mit der Durchführung der zweiten Phase der Terminierung, um die TA zurückzusetzen.

Abb. 55 auf Seite 148 zeigt beispielhaft den Austausch der neu eingeführten Nachrichten. Es wird der Nachrichtenfluß bei Abbruch einer TA bei Verwendung des Fall-1-Protokolls dargestellt. Zwischen-Prozeß B beschließt hier, die TA zurückzusetzen. Da aber der Blatt-Prozeß C der PREPARE-Aufforderung positiv zugestimmt hat, muß B eine NO-VOTE2-Nachricht (und keine NO-VOTE-Nachricht) an A schicken. Dieser leitet dieses negative Abstimmungsergebnis an den Koordinator Z weiter, da nur dieser in der Lage ist, eine ABORT-Nachricht mit Token zu generieren, was dem positiv abstimmenden Prozeß C übermittelt werden muß.

In Abb. 56 ist der Nachrichtenfluß beim Zurücksetzen einer TA im Fall-2a-Protokoll dargestellt. Dabei beschließt Zwischen-Prozeß B, die TA zurückzusetzen, und schickt, da der Prozeß A der PREPARE-Aufforderung positiv zugestimmt hat, eine NO-VOTE2-Nachricht an C. Dieser ist, als sicherer Prozeß, in der Lage, ein ABORT-Nachricht mit Token zu generieren, welche dem positiv abstimmenden Prozeß A übermittelt wird.

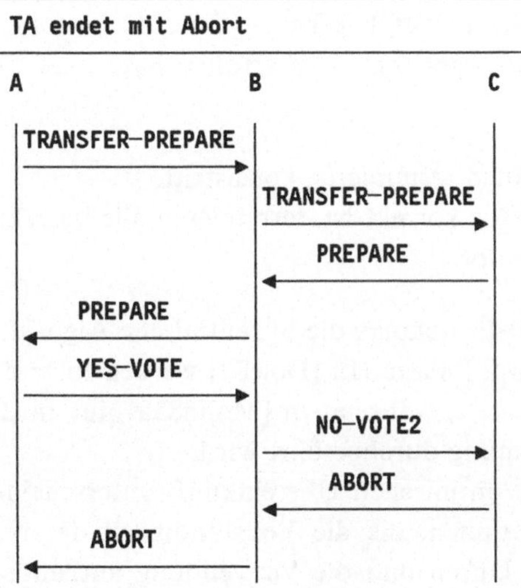

Abb. 56. Nachrichtenfluß in Fall 2a der Protokollklasse 2 (Abort)

5.2.4.3. Abgrenzung zu byzantinischen Algorithmen

Es gibt in der Literatur noch andere Verfahren, die sich ebenfalls mit der Konsistenz und Fehlertoleranz bei globalen Entscheidungen beschäftigen. Diese werden im allgemeinen als *Algorithmen zur byzantinischen Übereinstimmung* bezeichnet

[Lamp82, Dole82, Moha83a]. Der ausgefallene Name dieser Algorithmen stammt von einem militärischen Problem der sogenannten byzantinischen Generäle, das in [Lamp82] verwendet wird, um die Schwierigkeiten bei der allgemeinen Konsensfindung zwischen verteilten, teilweise unzuverlässigen Partnern zu erläutern. Abstrakt formuliert erreicht man durch byzantinische Übereinstimmung, daß für jede beliebige Verteilung von Entscheidungen bei den beteiligten Partnern und bei beliebig fehlerhaftem Verhalten von einer definierten Maximalanzahl von Partnern, die übrigen korrekten Partner nach endlich vielen Schritten einen Konsens erzielen.

Bei der Anwendung dieser Problematik auf verteilte Computersysteme kann man die Zielsetzung im allgemeinen etwas eingeschränkter formulieren. In verteilten Systemen ist es oft erwünscht, daß eine Menge von Knoten bezüglich des Inhaltes einer Nachricht, die von einem bestimmten Knoten ausgeht, übereinstimmt. Der Wertebereich dieser Nachricht kann meist auf binäre Werte abgebildet werden. Diese Variante von byzantinischen Algorithmen wird auch *reliable broadcast* genannt [Reis87]. Das *reliable broadcast*-Problem ist im besonderen bei der Terminierung von verteilten Transaktionen interessant. Innerhalb von Commit-Protokollen wird byzantinische Übereinkunft dazu benutzt, verteilte Transaktionen fehlertolerant zu beenden. Dadurch terminieren alle nicht fehlerhaften Knoten konsistent trotz beteiligter Knoten, die byzantinische Fehler begehen. [Garc86] formuliert zwei Bedingungen, die ein *reliable broadcast*-Algorithmus zu erfüllen hat. Auf Commit-Protokolle angewendet lauten diese:

B1: Alle korrekten Knoten terminieren konsistent.

B2: Falls der Koordinator korrekt ist, terminieren alle korrekten Teilnehmer konsistent zum Koordinator.

Solche verteilten Commit-Protokolle, die byzantinische Algorithmen enthalten, bestehen nach wie vor aus zwei Phasen. In [Dole82] werden in beiden Phasen byzantinische Algorithmen verwendet, während in [Moha83a] nur in der zweiten Phase byzantinische Übereinstimmung durchgeführt wird.

Algorithmen zur byzantinischen Übereinkunft unterscheiden sich untereinander in den getroffenen Annahmen, die die Vollständigkeit des Netzwerks, die Verfügbarkeit synchronisierter Uhren und die Verwendung authentischer Nachrichten betreffen. Viele Algorithmen gehen von einem vollständigen Netzwerk aus, was in unseren Protokollen nicht gefordert wird. In unseren Protokollen müssen im Normalfall keine Verbindungen zusätzlich zu den bereits im Transaktionsbaum bestehenden aufgebaut werden. Höchstens im Recovery-Fall können weitere Verbindungen zwischen Entry-Prozessen und Koordinator notwendig werden. Byzantinische Algorithmen setzen im allgemeinen sogenannte synchrone Netzwerke voraus, was bedeutet, daß eine feste obere Schranke für die Zeit zur Übertragung von Nachrichten sowie eine feste Toleranz für die relative Arbeitsgeschwindigkeit der beteiligten Knoten existiert [Reis87]. Auch diese Voraussetzungen gibt es in unseren Protokollen nicht.

Dagegen benutzen wir wie viele byzantinische Algorithmen auch authentische Nachrichten (Token-Konzept).

Byzantinische Algorithmen kennen nur korrekte oder fehlerhafte Knoten, wobei die letzteren beliebige Fehler machen dürfen. Unsere Protokolle haben dagegen ein feineres Fehlermodell (vgl. Abschnitt 3.2.). Wir unterteilen Knotenfehler in transiente Omissions-Fehler, permanente Omissions-Fehler und byzantinische Fehler. Weiterhin klassifizieren wir Knoten in sichere Knoten, auf denen höchstens transiente Omissions-Fehler passieren, und in unsichere Knoten, auf denen beliebige Fehler passieren können. In unserem Modell gibt es keine Knotenklasse, deren Knoten sich ausschließlich korrekt verhalten, wie es bei byzantinischen Algorithmen der Fall ist. Byzantinische Algorithmen garantieren konsistente Terminierung gemäß obigen Bedingungen B1 und B2 nur für korrekte Knoten. Wir dagegen garantieren Konsistenz für alle sicheren Knoten. Es kann bei uns also auf einem sicheren Knoten ein transienter Omissions-Fehler passieren, und der Knoten terminiert, nachdem er wieder funktionsfähig ist, konsistent zu den anderen sicheren Knoten. Im Falle, daß transiente Omissions-Fehler auftreten, würden unsere Protokolle allerdings solange blockiert bleiben, bis der fehlerhafte Knoten wieder korrekt funktioniert. Ein blockierende Situation kann bei byzantinischen Algorithmen nicht vorkommen, da das Protokoll trotz eines fehlerhaften Knotens weiterlaufen würde. Diese Eigenschaft wird aber durch ein vergleichsweise hohes Nachrichtenaufkommen und durch einen hohen zeitlichen Aufwand erkauft [Dwor83].

Allen byzantinischen Algorithmen ist gemeinsam, daß eine feste obere Schranke t für die maximale Anzahl der fehlerhaften Knoten vorhanden ist. Bei Algorithmen ohne Authentifizierung muß $t < n/3$ gelten, wobei n die Anzahl der beteiligten Knoten ist. Durch Authentifizierung entfällt diese Restriktion. Der Aufwand der einzelnen Algorithmen ist von t abhängig. So werden zur Erreichung von byzantinischer Übereinkunft beispielweise $O(nt)$ Nachrichten ohne Authentifizierung und $O(n+t^2)$ Nachrichten bei Algorithmen mit Authentifizierung benötigt [Dole83, Reis87].

Zusammenfassend kann gesagt werden, daß byzantinische Algorithmen zwar wie unsere Protokolle byzantinische Fehler tolerieren, aber i.a. wesentlich restriktivere Annahmen bezüglich der Vollständigkeit des Netzwerkes und der Verfügbarkeit synchronisierter Uhren machen. Konsistente Terminierung wird nicht wie bei unseren Protokollen für Knoten mit transienten Omissionsfehlern garantiert. Byzantinische Algorithmen sind allerdings im Gegensatz zu unseren Protokollen nicht blockierend. Dafür sind unsere Protokolle wesentlich effizienter.

5.3. ISO/OSI-Ansatz

In diesem Abschnitt werden die ISO/OSI-Ansätze zur Verwaltung verteilter Transaktionen erläutert. Die dadurch notwendigen Erweiterungen in der Architektur der

ISO/OSI-Anwendungsschicht sind im Abschnitt Verbindungsverwaltung angesprochen.

5.3.1. Verbindungsverwaltung

In Abschnitt 4.6. wurden Anwendungsinstanzen betrachtet, die nur eine Verbindung verwalten. Das ist ausreichend, wenn sich die von einer Anwendungsinstanz angebotenen Dienste nur auf eine Verbindung auswirken. Eine Anwendungsinstanz muß dann mehrere Verbindungen verwalten, wenn ein vom Benutzer nachgefragter Dienst der Anwendungsschicht sich auf mehrere Verbindungen auswirkt (siehe Abb. 57).

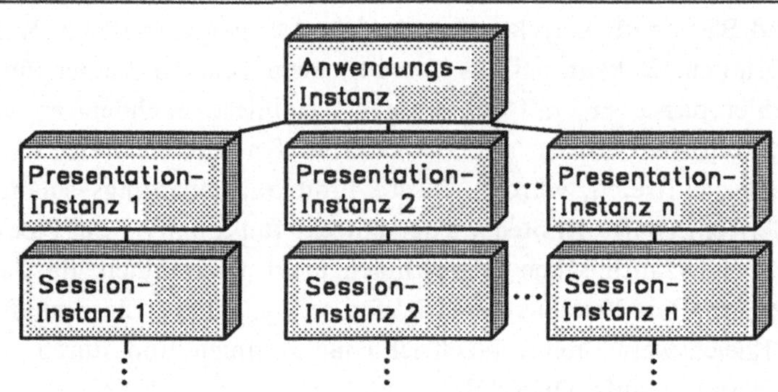

Abb. 57. Anwendungsinstanz mit mehreren Verbindungen

Falls der RDA ohne Transaktionsunterstützung benutzt wird (RDA-Basis-Anwendungskontext, siehe 5.3.2.3.) beziehen sich alle von einem RDA-Single Association Object (SAO) angebotenen Dienste auf genau eine Verbindung. Nichtsdestotrotz kann der Client mehrere Verbindungen zu mehreren Server unterhalten. Die Verwaltung dieser Verbindungen liegt dann in der Verantwortung des Client.

Anders verhält es sich, wenn eine RDA-Anwendung zur Transaktionsverwaltung das Dienstelement TP-ASE benutzt (RDA-TP-Anwendungskontext, siehe 5.3.2.2. und 5.3.2.3.). TP-ASE definiert Dienste, die ein Verschicken von mehreren Nachrichten auf mehreren Verbindungen bewirken. Dies sind insbesondere Dienste zur Terminierung von verteilten Transaktionen. Dadurch sind die dafür nötigen Buchhaltungs- und Koordinationsfunktionen nicht mehr Teil der Anwendung, sondern werden durch das TP-Dienstelement erbracht. Dies ist sinnvoll, da sich somit eine global korrekte Einhaltung des Protokolls gewährleisten läßt, was bei der Abwicklung durch die Anwendung nicht der Fall ist.

Strukturierung von Anwendungsinstanzen

Innerhalb einer Anwendungsinstanz, die mehrere Verbindungen kontrolliert, ist pro Verbindung ein SAO vorhanden (siehe Abb. 58). Jedes SAO benutzt unterschiedliche Inkarnationen von Presentation- und Session-Instanzen. Ein SAO ist, wie durch den Namen schon ausgedrückt, für die Koordination von genau einer Anwendungsverbindung zuständig. Im Multi-Server-Fall ist innerhalb einer Anwendungsinstanz eine Funktion notwendig, die die verschiedenen SAOs koordiniert. Diese Funktion wird *MACF (Multiple Association Coordination Function)* genannt. MACF kontrolliert entweder die Aktivitäten von allen oder nur von einer Teilmenge der Anwendungsverbindungen innerhalb einer Inkarnation einer Anwendungsinstanz (Application Entity Invocation).

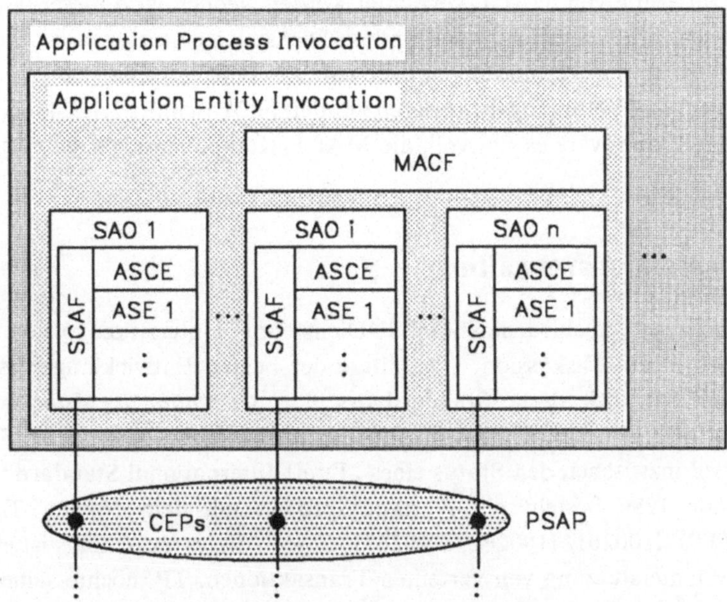

Abb. 58. Strukturierung von Anwendungsprozessen und Anwendungsinstanzen

Grundsätzlich sind bei Dienstelementen, die mehrere Verbindungen kontrollieren, zwei Strukturierungsmöglichkeiten innerhalb einer Anwendungsinstanz vorstellbar. Solche Dienstelemente können einerseits vollständig in der MACF-Komponente angesiedelt sein. Ein bei MACF vom Benutzer nachgefragter Dienst würde dann auf andere Dienste abgebildet und verteilt werden, die durch ein oder mehrere SAOs angeboten werden. Andererseits können Dienstelemente auch aufgespalten werden in einen Teil, der sich nur auf mehrere Verbindungen bezieht, und in einen Teil, der nur eine einzige Verbindung betrifft. Der erste Teil würde in der MACF-Komponente abgehandelt werden, während der zweite Teil in einem SAO durch SACF oder durch ein ASE erledigt wird. Die zuletzt genannte Art der Strukturierung ist in dem TP-Standardvorschlag der ISO vorgesehen, aber zum Zeitpunkt der Fertigstellung dieser Arbeit noch nicht hinreichend spezifiziert.

Wertung

In dem in dieser Arbeit diskutierten Datenbankfernzugriff, wie auch im ISO/OSI-RDA, werden mehrere Verbindungen (multi-peer) nur durch Transaktionsprotokolle verwaltet; alle anderen Protokolle sind zweiseitig (peer-to-peer). Da sich sonst keine anderen Protokolle auf mehrere Verbindungen beziehen, ist der einzige Bestandteil der MACF-Komponente das Transaktionsprotokoll. Somit kann auf eine weitergehende Strukturierung von MACF verzichtet werden. Jedoch wird dieser von der ISO verfolgte Ansatz problematisch, wenn andere Dienstelemente eingeführt werden, die ebenfalls mit mehreren Verbindungen arbeiten. Als Beispiel ließe sich ein Dienstelement vorstellen, das Verteilungstransparenz in dem in Abschnitt 2.1.3.4. eingeführten Sinne erbringt. Dann wäre es sinnvoll, die MACF-Komponente weiter zu strukturieren.

5.3.2. Transaktionsverwaltung

Zur Zeit sind zwei verschiedene ISO/OSI-Dienste zur Unterstützung von verteilten Transaktionen in der Diskussion. Die ältere der beiden Entwicklungen ist der seit 1984 in der ISO diskutierte Standardvorschlag *Commitment, Concurrency and Recovery*, im folgenden kurz CCR genannt [I86493, I86503]. CCR hat im Standardisierungsprozeß inzwischen den Status eines „Draft International Standard" erreicht.

Seit Ende 1986 besteht ein Normungsprojekt mit dem Namen *Transaction Processing* (TP) [I100261, I100262, I100263]. Zweck dieses Vorschlags ist ebenso wie bei CCR die Unterstützung von verteilten Transaktionen. TP möchte seinem Benutzer allerdings einen höherwertigen Dienst als CCR zur Verfügung stellen. CCR kann quasi als Grundfunktionalität angesehen werden, auf die TP aufsetzt bzw. die in TP enthalten ist, die aber dem Benutzer nicht sichtbar ist. TP ist zur Zeit noch im Status eines „Draft Proposal", wird aber von mehreren Seiten stark vorangetrieben. Trotzdem (oder gerade deswegen) gibt es heftige Diskussionen um technische Fragen, die wohl teilweise auch unternehmenspolitische Hintergründe haben. Der Standard wurde daher häufig und teilweise auch umfassend geändert, so daß die Beschreibung in dieser Arbeit nur einen Schnappschuß der Normungsarbeit wiedergeben kann. Wegen der Änderungsanfälligkeit der Standardvorschläge für TP und CCR wird hier bei deren Einführung auf nicht richtig etablierte Spezialitäten der derzeitigen Fassungen verzichtet.

Die ISO betrachtet in ihrem OSI-Kontext immer verteilte Transaktionen, auch wenn dies nicht explizit erwähnt wird. In einer verteilten Transaktion gibt es eine *Dienstbenutzer* genannte Instanz, die anwendungsspezifische Anteile ausführt. Alle verbleibenden Kommunikationsaufgaben werden vom *Diensterbringer* beigesteuert. In der Aufteilung der Aufgaben zwischen Dienstbenutzer und Diensterbringer unterscheiden sich CCR und TP [Beve89c].

5.3.2.1. Commitment, Concurrency and Recovery (CCR)

Die folgenden Ausführungen beziehen sich auf den Vorschlag [I98042, I98052] vom Dezember 1988. In CCR werden verteilte Transaktionen mit *atomic actions* bezeichnet. Diese werden in verschiedene Teiltransaktionen (*subtransactions*) unterteilt. Die Anordnung dieser Subtransaktionen geschieht hierarchisch in einem *Transaktionsbaum*. Die Wurzel des Baumes wird *Superior* und die davon kontrollierten Subtransaktionen werden *Subordinates* bezeichnet. Ein Subordinate kann selbst wieder Superior für ihm nachgeordnete Subtransaktionen sein (siehe Abb. 59).

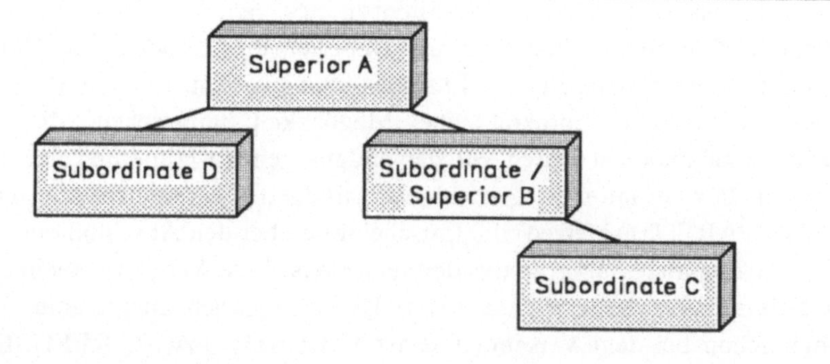

Abb. 59. CCR-Transaktionsbaum

Vor Beginn einer CCR-Transaktion müssen zwischen den beteiligten Superiors und Subordinates einer Transaktion bereits Assoziationen mit dem entsprechenden Kontext aufgebaut sein. Der Beginn einer Transaktion wird jedesmal explizit durch eine Nachricht mit Namen C-BEGIN angezeigt. Dieses Dienstprimitiv initiiert eine neue CCR-Transaktion bzw. definiert einen neuen Blattknoten in einem schon bestehenden Transaktionsbaum (Hinzunahme eines weiteren Subordinates). Mit C-BEGIN wird eine CCR-Beziehung zwischen zwei Anwendungsinstanzen über eine existierende Assoziation aufgebaut.

Zur Erhaltung der Atomarität unterstützt CCR ein 2PC-Protokoll, bei dem die Anwendung die Koordination aller an der verteilten Transaktion beteiligten Subordinates in eigener Verantwortung durchführen muß. In der ersten Phase zeigt der Initiator mit C-PREPARE an, daß er die Transaktion beenden möchte. Er sendet diese Nachricht an alle direkt benachbarten Subordinates. Falls diese ihrerseits Subordinates kontrollieren, wird das C-PREPARE weiter nach unten propagiert. Jeder Knoten des Transaktionsbaumes entscheidet nun für sich und in Abhängigkeit der Stimmen von eventuell vorhandenen Subordinates, ob seine Subtransaktion abgeschlossen werden kann oder nicht. Im ersten Fall teilt er seine Entscheidung dem Superior durch ein C-READY mit. Andernfalls erhält dieser ein C-REFUSE. Nachdem die Anwendung des Initiator-Knotens von allen Subordinates eine Antwort erhalten hat, entscheidet sie in der zweiten Phase, ob die Transaktion erfolgreich abgeschlossen werden kann (Ausgabe von C-COMMIT) oder zurückgesetzt werden muß (Ausgabe von C-ROLLBACK). Auch diese Dienstprimitive müssen wieder an jeden direkten Subordinate einzeln ausgegeben werden.

Der CCR-Standard unterscheidet zwei Arten von Daten, *gebundene Daten (bound data)* und *Transaktionsdaten (atomic action data)*. Gebundene Daten sind solche, die von der Anwendung während der Transaktionen manipuliert werden. Diese sind von einem Rücksetzen der Transaktion direkt betroffen. Beispiele hierfür sind während einer Transaktion geänderte Datenbanken. Transaktionsdaten beinhalten Metainformationen über die Transaktion wie z.B. Transaktionskennung, Zustand der Transaktion, Adressen der Subordinates, etc..

Beim 2PC-Protokoll bestimmt der Superior die Aktionen der Subordinates. Subordinates dürfen keine eigenen Entscheidungen treffen. In CCR wurde zusätzlich zum klassischen 2PC-Protokoll eine Möglichkeit vorgesehen, die von einem Subordinate gebundenen Daten vor der endgültigen Terminierung der Transaktion freizugeben. Der Initiator delegiert hierbei mittels des parametrisierten Dienstprimitivs C-PREPARE(Transferred) die Entscheidung über den Abschluß der Transaktion an einen bestimmten Subordinate, der seinerseits diese Verantwortlichkeit an einen seiner Subordinates weiterreichen kann. Der letztendlich ausgewählte Subordinate darf nun schon bei dem Versenden seiner C-READY bzw. C-REFUSE-Nachricht seine gebundenen Daten freigeben. Die Transaktionsdaten dürfen allerdings erst nach endgültiger Beendigung der Transaktion freigegeben werden.

Abb. 60 auf Seite 157 soll den Nachrichtenfluß innerhalb des CCR-Protokolls verdeutlichen. Es wird aus Darstellungsgründen ein linearer Teilbaum aus dem oben eingeführten Beispiel verwendet. In diesem Baum wird der Nachrichtenfluß zwischen den Knoten A, B und C gezeigt. Die linke Hälfte der Abbildung zeigt den Ablauf des Protokolls, falls eine Transaktion ordnungsgemäß mit Commit beendet wird, die rechte Hälfte zeigt einen Abbruch der Transaktion durch Knoten B.

Wertung

Auffällig im Vergleich zu dem in Protokollklasse 0 eingeführten Protokoll ist die explizite Initiierung der TA mit der Nachricht C-BEGIN. Damit ergibt sich im Vergleich zum PA-Protokoll eine zusätzliche Nachricht pro CCR-Beziehung (C-BEGIN.req). Daneben fällt ein zusätzlicher zeitlicher Aufwand durch das verzögerte

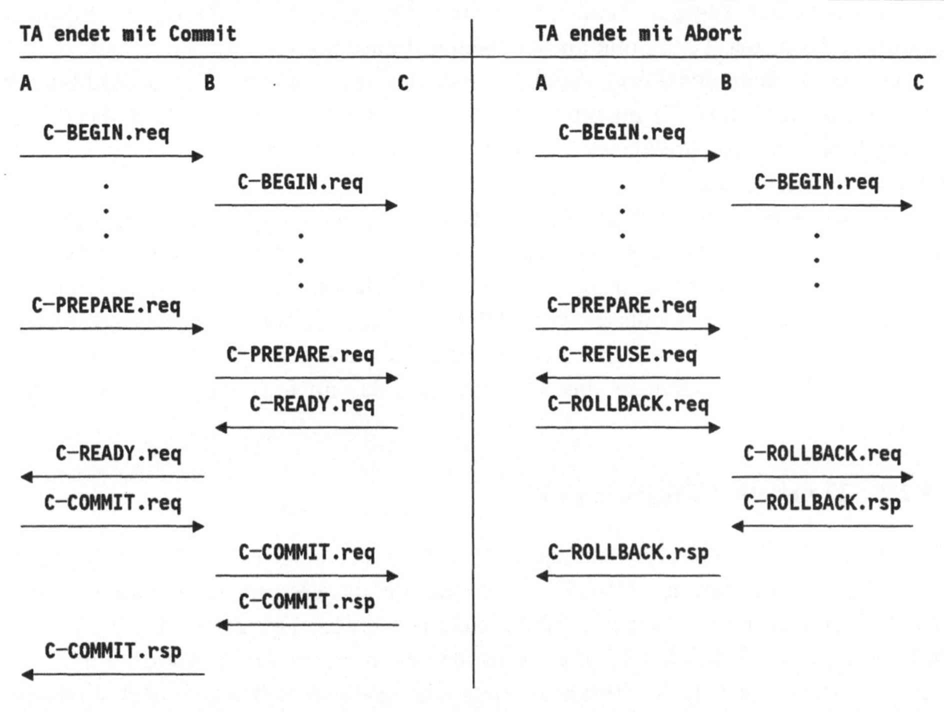

Abb. 60. Nachrichtenfluß im CCR-Protokoll

Versenden der Commit-Bestätigung (C-COMMIT.rsp) an. Im Gegensatz zum Fehlerklasse-0-Protokoll wird diese Bestätigung erst nach Eintreffen aller Bestätigungen der Subordinates an den Superior gesendet. Dadurch ist zwar gewährleistet, daß zum Zeitunkt, zu dem die Commit-Bestätigungen beim Koordinator eingetroffen sind, alle an der Transaktion beteiligten Subordinates die Transaktion beendet haben; der Koordinator kann aber auch erst dann wieder eine neue Transaktion beginnen. Der zeitliche Gesamtaufwand bis zur vollständigen Terminierung aller beteiligten Prozesse beträgt im CCR-Protokoll $4depth_0$ Zeiteinheiten (in der in 5.1.3. eingeführten Terminologie), falls die explizite Initiierung nicht mitgerechnet wird. Terminierungs- und Initiierungsphase zusammen ergeben eine Verzögerung von $5depth_0$ Zeiteinheiten. Demgegenüber stehen $3depth_0 + 1$ Zeiteinheiten Gesamtaufwand im PA-Protokoll. Außerdem ist hier für den Wurzel-Prozeß die Transaktion schon früher beendet (nämlich nach $2depth_0 + 2$ Zeiteinheiten) und nicht erst nach der Terminierung auf allen beteiligten Prozessen.

Signifikante Unterschiede entstehen auch durch die unterschiedliche Behandlung von Read-Only-Transaktionen in beiden Protokollen. Das CCR-Protokoll unterscheidet nur-lesende nicht von schreibenden Transaktionen. Dadurch werden Read-Only-Transaktionen wie üblich zweiphasig beendet. In unserem Protokoll der Protokollklasse 0 werden dagegen Read-Only-Prozesse nach der ersten Terminierungsphase erkannt und von der Teilnahme an der zweiten Phase befreit.

Die rechte Seite der obigen Abbildung stellt einen möglichen Protokollablauf bei dem Zurücksetzen einer Transaktion dar, veranlaßt durch den Prozeß B. Hierbei ist im Vergleich zur Protokollklasse 0 sowohl das Nachrichtenaufkommen als auch die zeitliche Verzögerung größer.

Das CCR-Protokoll gilt nur für die Beziehung eines Superiors zu genau einem Subordinate. Bei Beziehungen von einem Superior zu mehreren Subordinates sind Verteilungs- und Buchhaltungsfunktionen notwendig, die nicht Teil des Standards sind. Solche Funktionen müssen vom Dienstbenutzer selbst erbracht werden. Aus Gründen der Abstraktion, Sicherheit und Effizienz erscheint das nicht immer sinnvoll. Diesen Nachteil versucht das TP-Protokoll, das im folgenden vorgestellt wird, auszugleichen.

5.3.2.2. Transaction Processing (TP)

Der zweite von der ISO vorgeschlagene Standard zur verteilten Transaktionsverarbeitung heißt vollständig TP-ASE (Transaction Processing Application Service Element), soll aber hier kurz mit TP bezeichnet werden. Der größte Unterschied zu CCR besteht darin, daß bei TP die Kontrolle der in einem Transaktionsbaum involvierten Assoziationen in der Verantwortung des TP-Diensterbringers liegt. Insbesondere hat dieser nun auch die Verantwortung über die Terminierung der verteilten Transaktion und nicht mehr die Anwendung wie in CCR. Der TP-Diensterbringer kontrolliert, ob am Ende der ersten Phase des 2PC-Protokolls alle Subtransaktionen ihre Bereitschaft zur Beendigung der Transaktion angezeigt haben oder nicht, und fällt auf der Basis der ihm vorliegenden Informationen die Terminierungsentscheidung in eigener Verantwortung.

Zu den elementaren Diensten von TP zählt das Eröffnen und Beenden von *Dialogen* (TP-BEGIN-DIALOGUE und TP-END-DIALOGUE). Ein Dialog ist eine logische Verbindung zwischen zwei Kommunikationspartnern. Dialoge werden durch den Dienstbenutzer initiiert und durch den Diensterbringer verwaltet. Daneben gibt es ein spezielles Dienstprimitiv TP-DATA, das als Platzhalter für irgendwelche anderen ISO-Dienste dient.

Eine wichtige Eigenschaft eines Dialogs ist der Grad der Transaktionsunterstützung. Man unterscheidet den Fall, in dem die Terminierung von Transaktionen vom TP-Diensterbringer nicht unterstützt wird (Grad: none), von der vollständigen Unterstützung (Grad: commitment). Im ersten Fall ist der Dienstbenutzer für die Einhaltung aller Transaktionseigenschaften selbst verantwortlich. Es stehen ihm hierbei auch keine speziellen Dienstelemente zur Initiierung oder Terminierung von Transaktionen zur Verfügung. Beim zweiten Fall ist die Durchführung des Terminierungsprotokolls in der alleinigen Verantwortung des Diensterbringers. Hierbei stößt der Dienstbenutzer lediglich die Terminierung an der Wurzel des Transaktionsbaumes durch ein TP-COMMIT.request an. Dies bewirkt, daß alle Subordinates der Wurzel mit TP-COMMIT.indication benachrichtigt werden. Falls diese ihrerseits Subordinates besitzen, wird die Terminierungsabsicht mit TP-CONTINUE-COMMIT.request weiter nach unten propagiert. Von der Protokollseite her werden sowohl TP-COMMIT-Nachrichten als auch TP-CONTINUE-COMMIT-Nachrichten auf C-PREPARE Dienstelemente abgebildet. Die TP-Diensterbringer sammeln nun die darauf eingehenden C-READY-Nachrichten, und falls alle Subordinates mit C-READY geantwortet haben, wird dem Dienstbenutzer mit TP-COMMIT-RESULT.indication das erfolgreiche Ende der ersten Phase der Terminierung mitgeteilt. Mit dem Eintreffen von TP-COMMIT-RESULT.indication beim Dienstbenutzer werden vom Protokoll automatisch C-COMMIT.request-Nachrichten an allen Subordinates nach unten propagiert. Der Zeitpunkt, zu dem der Dienstbenutzer durch TP-DONE.request die Freigabe lokaler Ressourcen bestätigt, hat keine Auswirkungen auf das Versenden der C-COMMIT-Nachrichten. Mit Empfang der TP-COMMIT-COMPLETE-Nachricht weiß der Dienstbenutzer, daß auf allen Subordinates die Subtransaktionen ordnungsgemäß beendet sind.

Wertung

Die TP-COMMIT-RESULT-Nachricht läßt dem Dienstbenutzer keinerlei Einflußmöglichkeiten zwischen der ersten und zweiten Phase der Terminierung. Er kann von seiner Seite aus nicht mehr die Transaktion zurücksetzen (wie z.B. in CCR). Dies ist aber insofern wichtig, als der Dienstbenutzer auch seinerseits Daten innerhalb einer Transaktion manipulieren kann, die nicht vom Diensterbringer kontrolliert werden. Dies könnte für einige Anwendungsszenarien sinnvoll sein. Man stelle sich beispielsweise eine Anwendung vor, in der eine verteilten Transaktion sowohl in einem herstellerspezifischen Netz unterstützt durch Transaktionsprotokolle abläuft (z.B. in einem SNA-Netz) als auch über offene Netze und deren Protokolle Zugang zu anderen Ressourcen benötigt. In solch einer „hybriden" Anwendung hätte mindestens ein Knoten eine doppelte Funktion, nämlich einerseits Subordinate in dem SNA-Teil der Transaktion zu sein und andererseits TP-Dienstbenutzer in dem OSI-Teil der Transaktion. In diesem Fall muß der TP-Dienstbenutzer der darüberliegenden Nicht-OSI-Teiltransaktion ein zweiphasiges Terminierungsprotokoll anbieten können, da die Nicht-OSI-Teiltransaktion in der zweiten Phase entscheiden kann, die Transaktion abzubrechen.

Da TP auf CCR basiert, gelten die oben erwähnten Nachteile des CCR-Protokolls bezüglich seiner Leistungsmerkmale, wie z.B. die fehlende Read-Only-Optimierung, im selben Maße auch für TP.

5.3.2.3. RDA-Anwendungskontexte

Da RDA-Anwendungen verschiedene Anforderungen bezüglich der Transaktionsverarbeitung haben können, führt der RDA-Standard drei verschiedene Anwendungskontexte ein. Der erste Anwendungskontext ist der minimale Kontext für den RDA und heißt *RDA-Basis-Anwendungskontext*. Das SAO, das von diesem Kontext geformt wird, beinhaltet an ASEs nur ACSE und ROSE/RDA, aber kein ASE zur Transaktionsverwaltung. Dieser Kontext wird von Anwendungen benutzt, die keine Transaktionsunterstützung benötigen.

Der zweite Kontext ist der *RDA-CCR-Anwendungskontext*. Als Erweiterung zum RDA-Basis-Anwendungskontext beinhaltet dieser das CCR ASE. Eine RDA Transaktion wird als eine „Atomic Action" von CCR verwaltet. Dazu ruft die RDA-Anwendung CCR-Dienste in der im Kontext definierten Art und Weise auf.

Der dritte Kontext wird *RDA-TP-Anwendungskontext* genannt. Dieser formt ein SAO aus den ASEs ACSE, ROSE/RDA, CCR und TP. Eine RDA-Anwendung verfügt dadurch zur Transaktionsverwaltung über die Dienste von TP.

Wertung

Der RDA-Normungsvorschlag, wie er zum Zeitpunkt der Fertigstellung dieser Arbeit existierte, bietet keine explizite Unterstützung eines einphasigen Terminierungsprotokolls an (vgl. Abschnitt 4.6.4.). Eine Anwendung hat in diesem Fall keine Unterstützung seitens des Kommunikationssystems.

Für verteilte Transaktionen kann man zwischen dem CCR- und dem TP-Protokoll auswählen. TP stellt das höherwertige Protokoll dar, das die Anwendung von einigen Aufgaben entlastet. Auf die protokollspezifischen Nachteile wurde schon oben eingegangen.

Das größte Manko des derzeitigen RDA ist wohl, daß keine fehlertolerante Transaktionsunterstützung in dem in Abschnitt 5.2. eingeführten Sinne angeboten wird. Sowohl CCR als auch TP sind „konventionelle" Transaktionsprotokolle, bei denen permanente Omissions-Fehler und byzantinische Fehler blockierende bzw. inkonsistente Situationen hervorrufen können. Da solche Fehler gerade in offenen Netzen nicht auszuschließen sind, wäre die Standardisierung von Protokollen ähnlich der in 5.2.3. entwickelten Protokollklasse 1 und der in 5.2.4. entwickelten Protokollklasse 2 sehr sinnvoll.

6. Implementierung

Die im folgenden vorgestellte Implementierung ist in Zusammenarbeit mit der Forschungsgruppe „Verteilte Anwendungen" des Europäischen Zentrums für Netzwerkforschung der Firma IBM entstanden. Die Implementierung realisiert den ISO-RDA-Standard in derjenigen Version, wie er 1988 als zweite Arbeitsgrundlage (2nd Working Draft) vorlag. Der in der Programmiersprache „C" geschriebene Prototyp läuft auf IBM PS/2 Rechnern mit dem Betriebssystem OS/2 Extended Edition 1.1. Als Datenbanksystem wurde der Database Manager von OS/2 Extended Edition 1.1 verwendet, der den SAA-Richtlinien (Systems Application Architecture) der IBM für relationale Datenbanksysteme entspricht. In der ersten Version des Prototyps wird nur der RDA-Basis-Anwendungskontext (vgl. Abschnitt 5.2.2.3.) unterstützt. Zur Zeit der Fertigstellung dieser Arbeit wird gerade der RDA-CCR-Anwendungskontext realisiert. Im Kommunikationselement ist dies schon teilweise implementiert (z.B. in der SACF-Funktion), Client und Server müssen noch erweitert werden. Vorerst werden keine verteilten Transaktionen vom Kommunikationssystem unterstützt. Ein Client kann zwar grundsätzlich verschiedene Verbindungen zu verschiedenen Servern aufbauen, doch liegt die Kontrolle dieser Verbindungen dann in der Verantwortung des Client bzw. des Anwendungsprogramms und nicht in der des Kommunikationssystems. Abb. 61 auf Seite 162 zeigt die Software-Struktur des Prototyps, wie sie im folgenden besprochen wird. Der Client enthält ein Anwendungsprogramm (AP), das über eine spezielle Schnittstelle (API) sich der Dienste bedient, die durch das RDA-Kommunikationselement zur Verfügung gestellt werden. Das RDA-Kommunikationselement besteht aus den Dienstelementen ACSE, ROSE und später CCR, der sie integrierenden Funktion SACF, einer Betriebssystem-Einbettung (OSI-BSE), Schnittstellen zum Client/Server und den tieferen Schichten (Stubs) sowie einer Funktion, die diese Elemente in der richtigen Reihenfolge aktiviert und die Kommunikation zwischen diesen unterstützt (Scheduler/Router). Der Server wandelt die vom Kommunikationssystem empfangenen Dienstaufrufe in DBMS-Aufrufe um und schickt entsprechende Resultate über RDA-Dienste zurück.

Nachfolgend wird auf die Realisierung des Client, des Server und des RDA-Kommunikationselementes näher eingegangen.

6.1. Client

Der Client bedient sich zur Kommunikation mit dem Server der Dienste, die ihm durch das RDA-Kommunikationselement zur Verfügung gestellt werden. Der RDA-

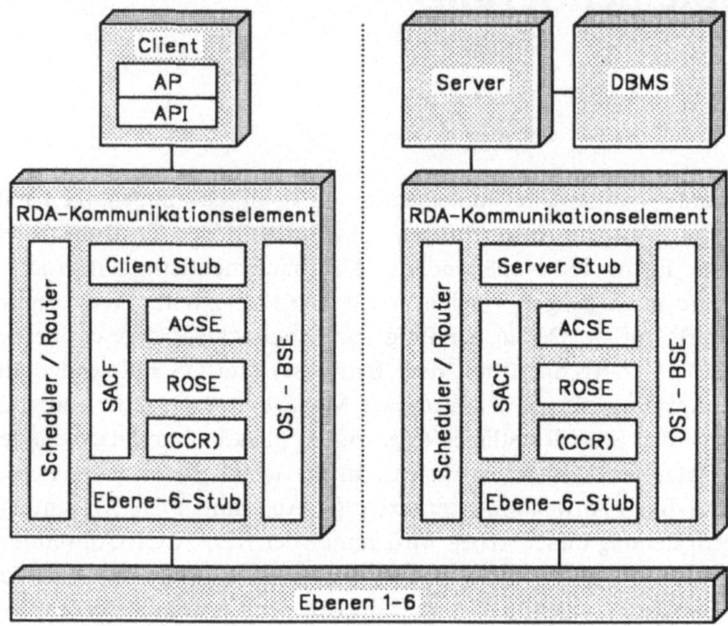

Abb. 61. RDA-Prototyp

Standard legt diese Dienste mit ihren Parametern und der dazugehörigen Semantik fest. Der Standard definiert nicht die Struktur des Client, da diese von der jeweiligen Anwendung abhängt. Die Anwendung, welche mit Hilfe des RDA auf entfernte Datenbestände zugreift, ist durch ein Anwendungsprogramm (AP) realisiert. Ein solches AP könnte beispielsweise direkt RDA-Dienste des RDA-Kommunikationselementes aufrufen. Damit wäre das AP speziell auf die Verwendung des RDA und auch auf die konkrete Implementierung des RDA zugeschnitten. Bei unserer Implementierung wurde versucht, das AP davon unabhängig zu machen, indem eine zusätzliche Komponente im Client eingeführt wurde, der sogenannte *API-Prozessor* (Application Program Interface). Dieser sitzt zwischen dem Anwendungsprogramm und dem RDA-Kommunikationselement und soll dem AP dadurch die Benutzung des RDA verbergen [Blum89] (siehe Abb. 62 auf Seite 163). Die durch den API-Prozessor realisierte Schnittstelle ist konform zu dem IBM-Standard SAA [SAA87]. SAA definiert eine Menge von Software-Schnittstellen, Konventionen und Protokollen, um unter anderem die Portabilität von Anwendungen zwischen verschiedenen IBM-Systemen zu gewährleisten. Durch diese Eigenschaft des API-Prozessors können Anwendungsprogramme unabhängig davon geschrieben werden, ob sie direkt auf lokale Datenbestände oder auf entfernte Datenbestände über RDA zugreifen. Darüberhin-

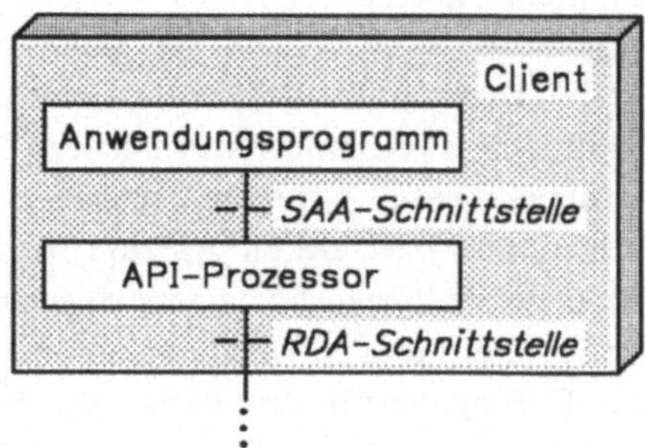

Abb. 62. Client-Struktur

aus kann der Ort des Server geändert werden, ohne daß dadurch das Anwendungsprogramm umgeschrieben werden muß (Ortstransparenz).

Nachfolgend wird detaillierter auf die Architektur des API-Prozessors eingegangen.

6.1.1. API-Prozessor

Der API-Prozessor ermöglicht einem Datenbank-Anwendungsprogramm, das eingebettete SQL-Kommandos enthält, mit Hilfe der RDA-Dienste auf entfernte Datenbanken zuzugreifen. Der API-Prozessor unterstützt den Teil des SAA-Standards, der den Zugriff auf relationale IBM-Datenbanken beschreibt. Der API-Prozessor verarbeitet nur *statisches* SQL und kein *dynamisches* SQL. Statisches SQL besteht aus SQL-Anweisungen, die in Anwendungsprogrammen eingebettet werden, so daß diese schon vor der Laufzeit des Anwendungsprogramms bestimmt sind. Dagegen bietet *dynamisches SQL* die Möglichkeit, zur Laufzeit des AP SQL-Anweisungen zu definieren, z.B. durch interaktive Eingabe des Benutzers. Die Beschränkung des API-Prozessors auf die Verarbeitung von statischem SQL ist darauf zurückzuführen, daß die RDA-Spezialisierung nur statisches SQL definiert. Dies ist auch sinnvoll, da der weitaus größte Teil der Datenbank-Anwendungsprogramme nur statisches SQL benutzt. Der API-Prozessor wird in folgende Teile untergliedert, auf die unten eingegangen wird:

- Präprozessor
- Binder
- Dialog-Verwaltung
- Ressourcen-Verwaltung
- Optimierer

Die SQL-Kommandos, die in das AP eingebettet sind, müssen von einem *Präprozessor* durch „C"-Programmtext mit Prozeduraufrufen ersetzt werden, da der „C"-Compiler SQL-Kommandos nicht verarbeiten kann. Falls das AP über den API-Prozessor und das RDA-Kommunikationselement entfernte Datenbestände ansprechen möchte, wird statt dem Precompiler des lokalen DBMS der Präprozessor des API-Prozessors aufgerufen. Dadurch werden die im AP enthaltenen SQL-Kommandos durch RDA-Operationen bzw. durch Aufrufe des API-Prozessors ersetzt. Der Präprozessor besteht im wesentlichen aus einem *Scanner*, einem *Parser* und einem *Code-Generator*. Der Scanner liest den Quelltext ein und zerlegt ihn in eine Folge von Grundsymbolen, die als Eingabe für den Parser dienen. Der Parser prüft die Korrektheit der Syntax und ruft bei richtiger Eingabe den Code-Generator auf. Der Code-Generator ersetzt schließlich die SQL-Anweisungen durch übersetzbare „C"-Anweisungen.

Wie in 2.3.4.2. erläutert, bietet der RDA zwei verschiedene Möglichkeiten, Datenbankoperationen auszuführen. Man kann entweder mit dem Dienst *R-ExecuteDBL* ein Kommando direkt ausführen oder mit *R-DefineDBL* und *R-InvokeDBL* ein Kommando definieren und dieses später aktivieren. Die direkte Ausführung eines Kommandos hat den Nachteil, daß jedesmal das volle Kommando mit allen Typen und Werten der Parameter übertragen werden muß. Durch die vorherige Definition eines Kommandos läßt sich dies vermeiden. Es kommt dabei jedoch der Verwaltungsaufwand auf der Server-Seite und der Kommunikationsaufwand für die Definition der Kommandos hinzu. Der Präprozessor muß bei jedem DBL-Kommando, welches er im Quelltext des Anwendungsprogramms findet, entscheiden, ob dieses direkt oder indirekt ausgeführt wird. Da jedoch nicht im vorneherein für jede Art von Anwendungsprogramm feststeht, welche Art der Ausführung für welche DBL-Kommandos am effizientesten ist, wurde ein *Profil* zur Steuerung des Präprozessors eingeführt. Damit läßt sich für jedes SQL-Kommando angeben, ob es direkt oder indirekt ausgeführt werden soll.

Zur Einbringung der vorzudefinierenden DBL-Kommandos auf der Server-Seite führt der *Binder* vor der Ausführung des eigentlichen Anwendungsprogramms eine explizite Binde-Phase durch. Hierzu wird eine Binde-Datei verwendet, in der alle zu definierenden SQL-Kommandos mit den dazugehörigen Parametern stehen. Diese Datei wird vom Präprozessor aus dem ursprünglichen Programmtext und den Informationen des Profils erzeugt. Die zu definierenden SQL-Kommandos werden mit dem RDA-Dienst *R-DefineDBL* zum Server geschickt. Als Antwort erhält der Client eine Kennung des betreffenden Kommandos (CommandHandle) zur späteren Referenzierung.

Abb. 63 auf Seite 165 zeigt den durch ein Profil gesteuerten Präprozessor, der aus dem ursprünglichen Programmtext mit eingebetteten statischen SQL-Kommandos einen modifizierten Programmtext mit „C"-Funktionsaufrufen statt SQL-Kommandos und eine Binde-Datei erzeugt. Aus dem modifizierten Programm-Code erhält man mit Hilfe des Compilers und Linkers ein ausführbares Programm.

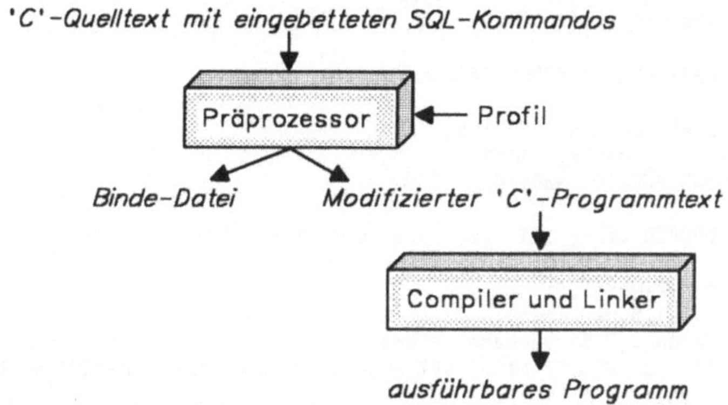

Abb. 63. Präprozessor

Um die Wirkungsweise des Präprozessors zu verdeutlichen, wird nachfolgend ein Programmstück eines Datenbank-Anwendungsprogramms mit eingebetteten SQL-Kommandos und das daraus vom Präprozessor erzeugte Programmstück, das reinen „C"-Code enthält, aufgezeigt. Der Quelltext enthält eine Fehlerbehandlung, eine Variablendefinition und ein UPDATE-Kommando.

```
EXEC SQL WHENEVER SQLERROR GOTO error;

EXEC SQL BEGIN DECLARE SECTION;
unsigned char new_code[6]="Mgr";
EXEC SQL END DECLARE SECTION;

EXEC SQL UPDATE STAFF SET JOB= :new_code WHERE CURRENT OF C1_JOBCODE;
```

Alle eingebetteten EXEC SQL-Kommandos werden vom Präprozessor auskommentiert. Zu Beginn der vom Präprozessor erzeugten Datei werden mit einem sogenannten INCLUDE-File Funktionsköpfe eingebettet, die die RDA-Dienste repräsentieren. Danach werden die für den Aufruf der RDA-Dienstschnittstelle notwendigen Variablen definiert. Es folgen Hilfsfunktionen, um Speicherplatz zu allokieren und Argumentwerte zu setzen. Dann wird der eigentliche RDA-Dienst, in diesem Falle *R-Execute*, aufgerufen. Der Präprozessor generiert hier einen Aufruf von *R-Execute* und nicht von *R-Define*, da im Profil das SQL-Kommando UPDATE als unmittelbar auszuführend und nicht als vorzudefinierend markiert wurde. Das nachfolgende Programmstück stellt die Ausgabe des Präprozessors dar, der als Eingabe obigen Quelltext hatte.

```
#include "RTLIB.H"
static char RTServerName[] = "dummy";
static char RTDatabaseName[] = "sample";
static int RTResult;

/* EXEC SQL WHENEVER SQLERROR GOTO error; */

/* EXEC SQL BEGIN DECLARE SECTION; */
unsigned char new_code[6]="Mgr";
/* EXEC SQL END DECLARE SECTION; */

/* EXEC SQL UPDATE STAFF SET JOB= :new_code WHERE CURRENT OF C1_JOBCODE; */
{
RTAllocateDefinitions(1,0);
RTSetArgument(0,1,6,new_code);
RTResult= RTExecute(RTServerName, RTDatabaseName,
          "EXEC SQL UPDATE STAFF SET JOB= :new_code WHERE CURRENT OF C1_JOBCODE",
          &sqlca);
if (RTResult) ERPrintMessage(1,RTresult,"","","");
if (sqlca.sqlcode < 0) goto error;
}
```

Die *Dialog-Verwaltung* erlaubt den Auf- und Abbau eines Dialogs zwischen Client und Server. Es können zu mehreren Servern gleichzeitig mehrere Dialoge unterhalten werden. Hierfür ist eine Abbildung zwischen den Dialogkennungen (dialogueId) und den Server-Namen notwendig.

Auf einem Server können innerhalb eines Dialoges mehrere Ressourcen geöffnet werden. Dieses wird durch die *Ressourcen-Verwaltung* unterstützt. Hierzu werden auf dem Client die Parameter *ResourceId* und *ResourceName* verwaltet.

Durch die Angabe eines Wiederholungszählers (repetitionCount) bei den RDA-Diensten *R-ExecuteDBL* und *R-InvokeDBL* können als Ergebnis mehrere Tupel bei dem Client ankommen. Solch ein Zähler ist sinnvoll, da sonst für jedes Tupel einer Tabelle eine Anfrage geschickt werden müßte. Allerdings sind die meisten Programmiersprachen nach wie vor nur in der Lage, ein Tupel auf einmal zu verarbeiten. Daher benötigt man den *Optimierer*, der eine genügend große Anzahl von Ergebnistupeln zwischenspeichern kann, und dem Anwendungsprogramm Tupel für Tupel zur Verfügung stellt. Dadurch wird das Nachrichtenaufkommen und die zeitliche Verzögerung minimiert, da einerseits nicht mehr Tupel für Tupel vom Client beim Server angefordert werden muß und andererseits auf die vom Optimierer gespeicherte Tupelmenge lokal zugegriffen werden kann. Diese Optimierung ist zunächst für nur-lesenden Zugriff konzipiert. In einer späteren Prototypversion soll auch schreibender Zugriff auf die im Optimierer zwischengespeicherte Tupelmenge möglich sein. Dabei ergeben sich allerdings verschiedene Probleme durch das Vorhandensein von zwei sich überlappenden Cursorn auf dem Client und Server. Darauf soll an dieser Stelle nicht weiter eingegangen werden. Man beachte, daß in dem Prototyp sowohl die Anwendung auf den Client als auch der Server auf das Datenbanksystem tupelorientiert zugreift. Darüberhinausgehende mengenorientierte Ansätze, die besonders für Ingenieuranwendungen interessant sind, werden beispielsweise in [Haer88] diskutiert.

6.2. Server

Der Server ist dafür verantwortlich, ankommende RDA-Dienstprimitive auf die Schnittstelle des konkreten DBMS abzubilden. Die Ergebnisse des DBMS-Zugriffs müssen danach wieder mittels RDA-Diensten an den Client zurückgeschickt werden. Je nachdem, inwieweit sich die DBMS-Schnittstelle von der RDA-Schnittstelle unterscheidet, muß der Server mehr oder weniger viele Anpassungen durchführen. Die beiden Schnittstellen können sich sowohl syntaktisch als auch in der Funktionalität unterscheiden. Ein Beispiel für eine syntaktische Anpassung wäre die Abbildung von DBMS-Fehler-Codes auf Belegungen von RDA-Fehlerparametern. Die Funktionalität muß dann angeglichen werden, wenn das DBMS einen RDA-Dienst wie z.B. das Vordefinieren von DBL-Kommandos nicht in vollem Umfang unterstützt.

Der Server benutzt den in dem Betriebssystem *OS/2 Extended Edition* integrierten *Database Manager*. Dieses Datenbanksystem, das weiterhin unter der Abkürzung *OS/2 EE DBM* referiert wird, besitzt eine SAA-konforme Programmierschnittstelle. Dadurch ist in der Zukunft eine leichte Portierbarkeit des Server-Codes auf andere IBM-Datenbanksysteme (z.B. auf SQL/DS oder DB2) gewährleistet.

Der Server-Teil des Prototyps zerfällt in mehrere sogenannte Manager. Jeder Manager hat eine spezifische Aufgabe. Dafür stellt er definierte Datentypen und dazugehörige Operationen zur Verfügung. Falls der Server mit einem anderen DBMS kooperieren soll, bleiben die Schnittstellen der Manager unberührt. Es werden nur innerhalb der Manager entsprechende Änderungen vorgenommen. Der Server enthält die folgenden Manager:

- Dialog-Manager
- Ressourcen-Manager
- Transaktions-Manager
- DBMS-Zugriffs-Manager

Der *Dialog-Manager* hat die Aufgabe, die beim Dialogaufbau vom Client vorgeschlagenen Parameter zu überprüfen, gegebenenfalls darüber zu verhandeln und diese beim erfolgreichen Aufbau zu speichern. Falls ein Dialog unterbrochen und später wieder fortgesetzt wird, muß der Dialog-Manager die damit verbundenen Parameter wieder zur Verfügung stellen.

Der *Ressourcen-Manager* verwaltet die von einem Client geöffneten Ressourcen. In der Prototypimplementierung wird eine RDA-Ressource auf eine OS/2 EE DBM-Datenbank abgebildet. Dafür macht der Ressourcen-Manager eine Zuordnung der RDA-Parameter *ResourceID* bzw. *ResourceName* zu dem Namen der konkreten Datenbank.

Der *Transaktions-Manager* ist in der ersten Version des Prototyps noch recht einfach, da noch keine verteilten Transaktionen unterstützt werden. Bisher protokolliert dieser nur den aktuellen Status der Transaktion und setzt beim Öffnen und Schließen einer Transaktion entsprechende DBMS-Kommandos ab. Eine Erweiterung um die in Kapitel 5 beschriebenen Protokolle zur Unterstützung verteilter Transaktionen in in Bearbeitung.

Der *DBMS-Zugriffs-Manager* ist der komplexeste Teil des Server. Er läßt sich folgendermaßen untergliedern:

- SQL-Konvertierung
- SQLDA-Verwaltung
- Zugriffsmodul-Verwaltung
- Definitions-Verwaltung

Die *SQL-Konvertierung* wandelt das vom RDA in der Spezialisierung definierte statische SQL in dynamisches SQL um, welches für den Zugriff auf den OS/2 EE DBM benutzt wird (siehe auch 6.1.1.). Wie oben erwähnt, ist die Verwendung von statischem SQL auf der RDA-Ebene sinnvoll, da der überwiegende Teil von Datenbank-Anwendungsprogrammen darauf basiert. Allerdings greift der Server nicht mit Hilfe der statischen SQL-Sprachschnittstelle auf das DBMS zu. Die Benutzung von statischem SQL setzt voraus, daß die DBL-Kommandos vor der Laufzeit des Anwendungsprogramms bestimmt sind. Der Server weiß allerdings nicht im voraus, welcher Client ihm welche DBL-Kommandos schickt. Falls der Server auf das DBMS über statisches SQL zugreifen würde, müßten zu Beginn eines RDA-Dialogs alle darin vorkommenden DBL-Kommandos dem Server übermittelt werden. Dieser müßte dann neu precompiliert, compiliert und gebunden werden, um den RDA-Dialog durchführen zu können. Da dies nicht praktikabel ist, benutzen wir dynamisches SQL, um auf das DBMS zuzugreifen. Noch besser wäre erweitertes dynamisches SQL (extended dynamic SQL), wie es in SQL/DS unter VM/CMS verfügbar ist [SQLDS]. Damit wäre der Server in der Lage, die Zugriffsmodule selbst zu verwalten. Sie könnten benannt werden, ihre Lebensdauer wäre frei bestimmbar und sie wären von mehreren Servern gemeinsam benutzbar. Diese erweiterte Schnittstelle ist im OS/2 EE DBM nicht für ein Anwendungsprogramm verfügbar.

Die *SQLDA-Verwaltung* ist verantwortlich für die Allokation und Belegung der für das dynamische SQL notwendigen Variablen in einem Bereich namens *SQLDA* (SQL Data Area) [SAA87]. Dazu erfolgt eine Abbildung zwischen den RDA-Typen bzw. Werten und den Belegungen der SQLDA.

Wie in 2.3.4.2. erläutert, können Datenbankoperationen mit Hilfe des RDA-Dienstes *R-DefineDBL* vordefiniert, mit *R-InvokeDBL* vordefinierte Kommandos ausgeführt und mit *R-Drop* vordefinierte Kommandos gelöscht werden. Zur Verwaltung dieser vordefinierten Datenbankoperationen gibt es den *Zugriffsmodul-Manager* und den *Definitions-Mananger*. Alle DBL-Kommandos, die mit dem RDA-

Dienst *R-Define* vordefiniert werden sollen, werden dem Definitions-Manager übergeben. Dieser übersetzt sie, je nach Typ des DBL-Kommandos, probehalber vor, um etwaige syntaktische Fehler zu entdecken. Danach werden alle mit *R-Define* geschickten DBL-Kommandos in einer vom Definitions-Manager verwalteten Tabelle in einer vom DBMS-Vorübersetzer akzeptierten Form gespeichert. Dies ist notwendig, da Zugriffsmodule des DBMS für den Fall des dynamischen SQL nur eine Transaktion lang leben. Der RDA läßt aber zu, daß mit *R-Define* definierte DBL-Kommandos in mehreren Transaktionen eines Dialoges ausgeführt werden können. Daher ist es eventuell nötig, DBL-Kommandos, für die kein Zugriffsmodul mehr existiert, mit Hilfe der Definitionstabelle erneut vorzuübersetzen. Falls aber innerhalb einer Transaktion ein vordefiniertes DBL-Kommando mehrmals ausgeführt wird, ist nur beim ersten Mal eine Vorübersetzung notwendig. Die Vorübersetzung und die Verwaltung der Zugriffsmodule geschieht dabei mit Hilfe des Zugriffsmodul-Managers.

Etwas umständlich ist die Handhabung von den cursor-orientierten DBL-Kommandos *Declare Cursor, Open, Fetch* und *Close.* Ein *Cursor* ist ein Zeiger auf eine bestimmte Zeile einer relationalen Tabelle. Über diesen Zeiger ist es möglich, eine bestimmte Zeile zu lesen, zu löschen oder einzufügen. Damit wird mit der mengenorientierten Sprache SQL eine tupelorientierte Verarbeitung möglich, wie sie durch viele Programmiersprachen erwünscht ist. Da bei diesen DBL-Kommandos der Cursor-Name nicht parametrisierbar ist, muß im Server eine bestimmte Anzahl dieser Kommandos mit festen Cursor-Namen definiert werden. Darauf werden die vom Client geschickten Cursor-Kommandos mit vom Client vergebenen Cursor-Namen abgebildet. Somit kann nur eine maximale Anzahl von Cursor gleichzeitig geöffnet werden.

6.3. RDA-Kommunikationselement

6.3.1. Spezifikation und Implementierung mit PASS

Als erster Schritt einer Implementierung des RDA und als Voraussetzung für eine maschinelle Unterstützung dient eine formale Spezifikation mit Hilfe der Spezifikationssprache PASS. PASS (Parallel Activities Specification Scheme) ist eine Methode zur formalen Spezifikation eines Systems von parallelen Prozessen wie z.B. Prozeßsteuerungssysteme oder OSI-Kommunikationsprotokolle [Flei87a]. Diese Technik wurde an der Universität Erlangen-Nürnberg entwickelt und am Europäischen Zentrum für Netzwerkforschung (ENC) der IBM erweitert und mit Werkzeugen unterstützt.

Grundlagen

Der Entwickler von OSI-Software wird durch PASS in einer disziplinierten Art und Weise von der Protokollbeschreibung eines Normdokumentes bis hin zum lauffähigen Programm geleitet. PASS ist ein Zwischenschritt von der abstrakten Beschreibung des Standards zum fertigen Programm-Code. Diese zusätzliche Verfeinerungsstufe ist sinnvoll, da die Protokollbeschreibung eines Normdokumentes oft nur quasi-formal ist und manche Punkte, teilweise aus historischen Gründen, nur als erklärender Text angefügt sind. Der Detaillierungsgrad der PASS-Beschreibung ist hoch genug, um daraus automatisch Programm-Code zu erzeugen. Die Rolle von PASS bei der Entwicklung von OSI-Software zeigt die Abb. 64.

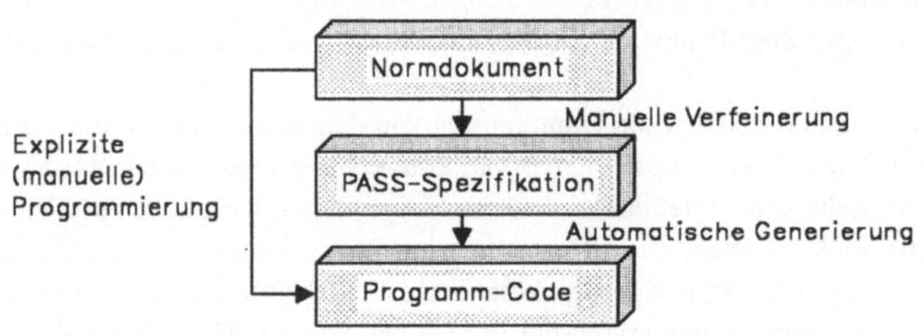

Abb. 64. PASS im OSI-Software-Entwicklungsprozeß

PASS betrachtet ein Kommunikationssystem als ein System von Prozessen, welche mit Hilfe von Nachrichten kommunizieren. Jeder Prozeß hat einen eindeutigen Namen. Die Anzahl der Prozesse innerhalb eines Systems ist konstant. Eine Nachricht besteht aus einem Nachrichtennamen und Parametern.

Eine Prozeßbeschreibung besteht in PASS aus:

- einem Eingabe-Pool,
- einem PASS-Graphen und
- den PASS-Graph-Verfeinerungen.

Mit Hilfe des *Eingabe-Pool*-Konzepts kann die Art der Synchronisation bei dem Nachrichtenaustausch zwischen PASS-Prozessen definiert werden. Es wird dabei festgelegt, wieviele Nachrichten im Eingabe-Pool gespeichert werden können. Darüberhinaus kann die Maximalanzahl von Nachrichten eines bestimmten Prozesses oder eines bestimmten Typs spezifiziert werden.

Der *PASS-Graph* definiert die Reihenfolgebedingungen, die innerhalb des Protokolls einzuhalten sind. Dies wird in PASS durch einen *erweiterten endlichen Automaten* modelliert. Endliche Automaten sind über eine Zustandsmenge, einem Eingabe- und Ausgabealphabet definiert und beschreiben anhand von Zustandsübergängen das Ein- und Ausgabeverhalten eines Prozesses [Hopc69]. Erweiterte endliche Automaten bieten darüberhinaus noch die Möglichkeit, durch Variablen Zustände zu modellieren. Ein PASS-Graph besteht aus Knoten und gerichteten Kanten, die den Zuständen bzw. den Zustandsübergängen eines erweiterten endlichen Automaten entsprechen. Es werden zwei verschiedene Arten von Kommunikationsknoten (Sende- und Empfangsknoten) und zwei Arten von internen Knoten (interne Funktion und interne Operation) unterschieden. Ein *Sendeknoten* entspricht einem Zustand, in dem ein Prozeß eine Nachricht zu einem anderen Prozeß senden möchte. Dies kann synchron oder asynchron erfolgen. Für eine asynchrone, nicht blockierende Kommunikation muß ein Eingabe-Pool einer bestimmten Größe (Anzahl der Speicherplätze > 0) in PASS erklärt werden. Bei einem Eingabe-Pool der Größe 0 wird synchron kommuniziert. Von einem Sendeknoten können eine oder mehrere Kanten ausgehen, die mit der zu sendenden Nachricht bzw. den alternativ zu sendenden Nachrichten inklusive des Namens des Empfängerprozesses markiert werden. Abhängig von der gesendeten Nachricht wird ein Zustandsübergang gemacht. Außerdem können Prioritätsrelationen zur bevorzugten Behandlung von Nachrichten angegeben werden. Falls in einem festgelegten Zeitintervall kein Senden möglich ist (falls z.B. der Eingabe-Pool voll ist), können Timeout-Übergange benutzt werden. Mit einem *Empfangsknoten* wird ein Zustand beschrieben, in dem ein Prozeß auf eine Nachricht von ei-

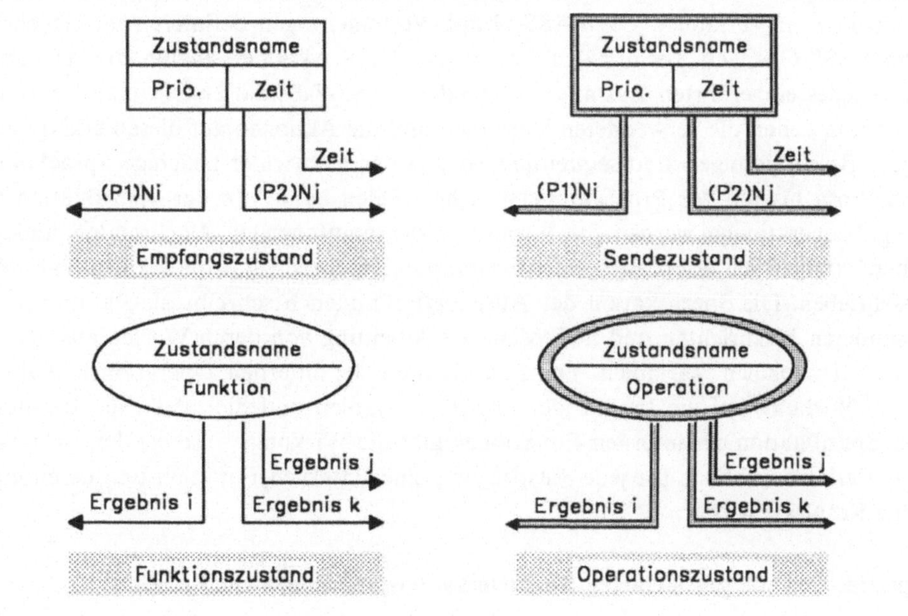

Abb. 65. Zustandstypen in PASS

nem anderen Prozeß wartet. Falls die erwartete Nachricht eintrifft bzw. im Wartebereich vorliegt, wird ein Übergang zum ausgewiesenen Folgezustand ausgeführt. Falls mehrere verschiedene Nachrichten eintreffen können, gehen mehrere Kanten von dem Empfangsknoten ab. Diese können mit Prioritäten versehen sein. Auch hier kann durch Angabe einer maximal zu wartenden Zeitdauer ein längerfristiges Blokkieren vermieden werden. Eine *interne Funktion* entspricht einem Prozeßzustand, in dem der Inhalt einer lokalen Variablen abgefragt wird. Da PASS auf einem erweiterten endlichen Automaten basiert, wird es durch eine interne Funktion ermöglicht, Transitionen von lokalen Variablen abhängig zu machen. Es kann z.B. nach dem Empfangen einer Nachricht erforderlich sein, abhängig von deren Inhalt, unterschiedliche Zustandsübergänge zu machen. In dem Zustand eines Prozesses, der im PASS-Graph durch eine *interne Operation* ausgedrückt wird, werden lokalen Variablen Werte zugewiesen. Operationen ändern also Werte lokaler Variablen, während Funktionen diese nur abfragen. Abhängig von dem Ergebnis der ausgeführten Operation (z.B. „Operation erfolgreich“ oder „Operation nicht erfolgreich“), geht der Prozeß in den Folgezustand über, zu dem die betreffende Kante führt. Wie interne Funktionen, sind interne Operationen deterministisch, so daß keine Prioritätsrelationen und Timeout-Intervalle notwendig sind. Abb. 65 auf Seite 171 zeigt die graphische Repräsentation der vier erläuterten Zustandstypen.

Die Beschreibung der Tätigkeiten in den einzelnen PASS-Zuständen (Sendefunktionen, Empfangsoperationen, interne Funktionen und Operationen) heißt *PASS-Graph-Verfeinerungen.* Dazu gehört auch die Definition der jeweils verwendeten lokalen Variablen. Die PASS-Graph-Verfeinerungen definieren im Gegensatz zum PASS-Graphen, der nur den Ablauf der PASS-Aktionen angibt, die Wirkungsweise jedes eingeführten Zustands. Für jeden PASS-Zustand erstellt man Spezifikationen, in denen die verwendeten Variablen und die Aktionen auf diesen erklärt sind. Diese Beschreibungen sind sequentiell, so daß der Entwickler beliebige Sprachmittel von Prosa bis hin zur Programmiersprache wählen kann. In der Spezifikation der Eingabeoperationen werden die Parameter der empfangenen Nachrichten und die Auswirkungen des Empfangs einer bestimmten Nachricht auf die lokalen Variablen beschrieben. Die Spezifikation der Ausgabefunktionen beschreibt die Parameter der gesendeten Nachrichten und außerdem die Ableitung von deren Werten aus den Inhalten der lokalen Variablen. Die Spezifikation der internen Operationen definiert deren Wirkung auf die Inhalte der lokalen Variablen und die möglichen Resultate. Die Spezifikation der internen Funktionen gibt die Wirkungsweise bei dem Abfragen von Variableninhalten für jede Ausprägung einer internen Funktion und deren mögliche Resultate wieder.

Spezifikation von geschichteten Kommunikationsprotokollen mit PASS

Wie in Abschnitt 2.3.4.1. erläutert, gliedert sich das ISO/OSI-Referenzmodell in einzelne Schichten, wobei jede Schicht wiederum in Protokollinstanzen unterteilt ist. Eine Instanz bedient sich der Dienste der darunterliegenden Schicht, um mit ihrer Partnerinstanz zu kommunizieren. Diese Dienste werden in Form von Dienstprimitiven angeboten. Der Dienstbenutzer und der Diensterbringer tauschen über Dienstzugangspunkte Nachrichten aus. Dieses Konzept, Instanzen zu adressieren, nennt man „N-mapping“. Die Implementierung dieses N-mapping läßt das Referenzmodell völlig offen.

In PASS entspricht einer Instanz ein Prozeß und einem Dienstprimitiv eine Nachricht. Das N-mapping wird von einem Schichtenverwalter erledigt, welcher im Sinne von PASS ein Prozeß ist. Alle zu einer Schicht geschickten Nachrichten werden von dem Verwaltungsprozeß empfangen, der die Informationen über das N-mapping besitzt. Mit Hilfe dieser Informationen und der Kenntnis des benutzten Dienstzugangspunktes leitet der Verwaltungsprozeß die Nachricht zur betreffenden Instanz weiter. Die Instanzen selbst müssen also nichts über das N-mapping wissen.

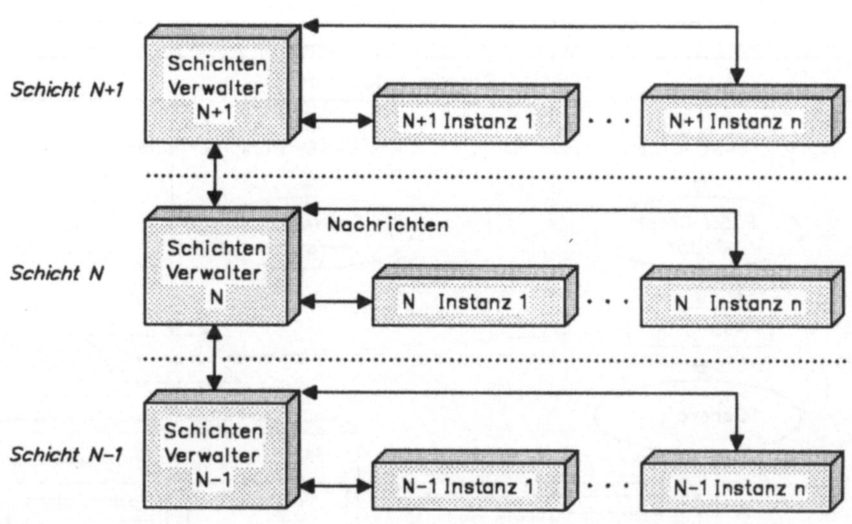

Abb. 66. PASS-Kommunikationsstruktur in geschichteten Protokollen

PASS-Werkzeuge

Die Spezifikation und die Implementierung von Protokollen mit Hilfe von PASS wird von zwei Werkzeugen unterstützt [Papp88, Flei89a, Flei89b]:

- einem PASS-Graph-Editor und
- einem PASS-Code-Generator.

Der PASS-Graph-Editor PATE (PASS Transition Editor) dient zur Eingabe von PASS-Graphen. Neben einer graphischen und einer zeilenorientierten Benutzereingabe bietet PATE verschiedene graphentheoretische Plausibilitätsprüfungen an, welche einen korrekten PASS-Graphen garantieren. In einem Optimierungsschritt können identische Übergangssequenzen entfernt werden.

Der PASS-Code-Generator PACO ist ein Werkzeug, das die Implementierung eines in PASS spezifizierten Prozesses unterstützt. Aus der mit PATE erstellten Spezifikation wird mit PACO Code für den Eingabe-Pool, den PASS-Graphen und die PASS-Graph-Verfeinerungen generiert. Bei der Generierung von Programm-Code für die Realisierung eines PASS-Graphen sind zwei Ansätze verfolgt worden:

- Die code-gesteuerte Repräsentation bildet den PASS-Graphen vollständig in Programm-Code ab. Für jeden PASS-Zustand wird ein eigenes Programmstück generiert, zu dem bei der Abarbeitung des Graphen verzweigt wird [Papp86].

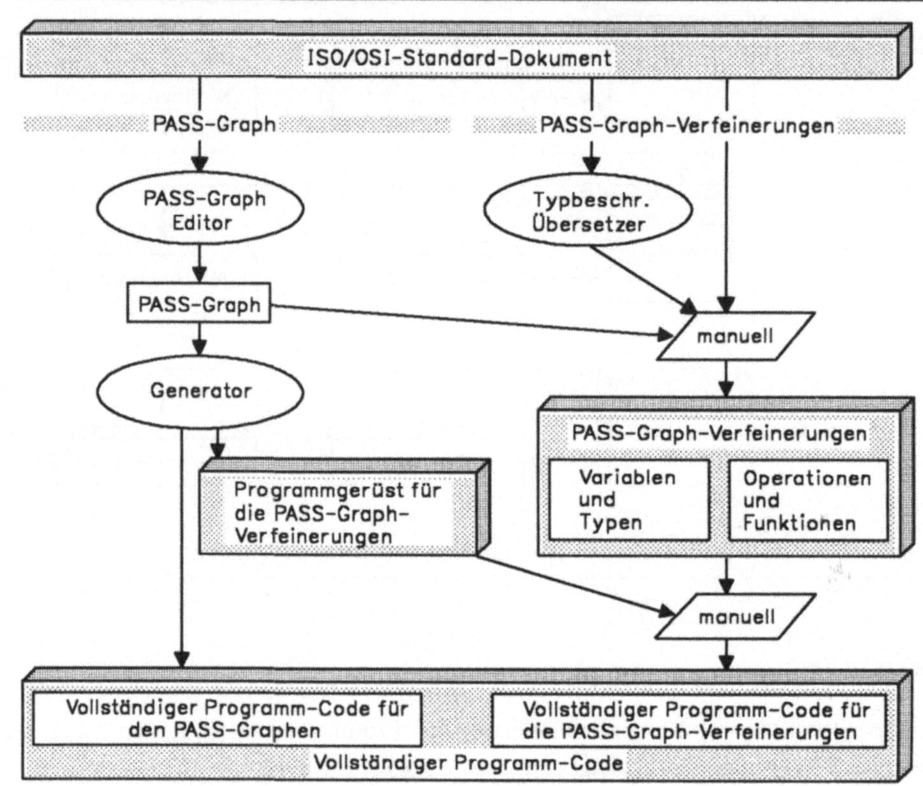

Abb. 67. Implementierung von OSI-Software mit PASS und entsprechenden Werkzeugen

- Die daten-gesteuerte Repräsentation bildet den Graphen in eine Datenstruktur ab, die zur Laufzeit interpretiert wird [Urbs87].

Da die PASS-Graph-Verfeinerungen die Semantik des PASS-Graphen erweitern, können diese aus dem PASS-Graph nicht automatisch generiert werden. PACO erzeugt daher lediglich Funktionsköpfe für die spezifizierten PASS-Zustände. Die dazugehörigen Rümpfe und Variablen müssen vom Implementierer manuell ergänzt werden.

PASS-Graph-Verfeinerungen enthalten die Definitionen der Datenstrukturen für die Protokolldateneinheiten. Die ISO-Standards der Anwendungsschicht spezifizieren ihre Protokolldateneinheiten mit Hilfe der Typbeschreibungssprache ASN.1. Unter Verwendung eines Werkzeuges zur Übersetzung von Typbeschreibungen (siehe auch Abschnitt 4.4.) können aus derartigen ASN.1-Strukturen „C"-Datenstrukturen erzeugt werden [Beve89b].

Abb. 67 auf Seite 174 zeigt den Implementierungsvorgang ausgehend von einem OSI-Kommunikationsstandard bis hin zum fertigen Programm-Code.

OSI-Betriebssystemerweiterung

Software für offene Netze ist System-Software und keine Anwendungs-Software. Trotzdem soll OSI-Software ihrem Wesen nach auf ganz unterschiedlichen Systemarchitekturen lauffähig sein. OSI-Software benutzt üblicherweise sehr spezifische Systemfunktionen und muß daher an verschiedene Umgebungen angepaßt werden.

Ein Ansatz, der diesen Widerspruch auflöst und Portabilität gewährleistet, ist eine gleichartige Erweiterung aller speziellen Betriebssysteme, durch welche jeweils die Eigenheiten der speziellen Betriebssysteme der OSI-Software verborgen bleiben [Flei87b]. Die OSI-Software, in Abb. 68 durch die sieben Schichten symbolisiert, kommuniziert dann in allen Systemen nur noch mit der immer gleichartigen OSI-Betriebssystemerweiterung (OSI-BSE).

Die Funktionen dieser Erweiterung umfassen die Verwaltung von Nachrichtenpuffern und Timern sowie Bildschirmein- und -ausgabe. Die OSI-Software benötigt

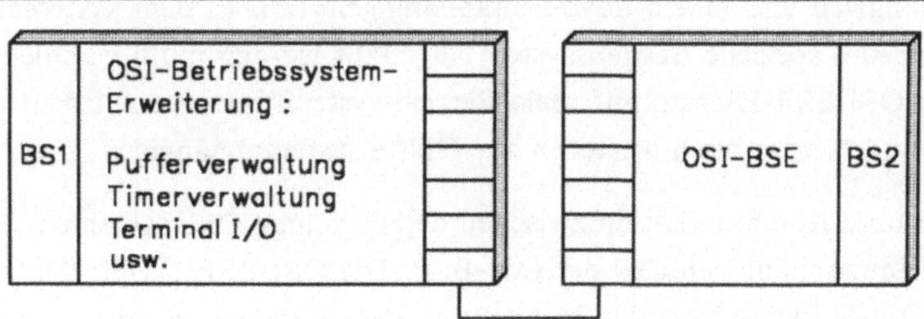

Abb. 68. Maskieren von Betriebssystemen

dadurch keine direkten Dienste des realen Betriebssystems mehr. Die realen Betriebssysteme können sich dadurch auf den beiden Kommunikationsseiten unterscheiden, und trotzdem kann die verwendete OSI-Software identisch sein. Dies setzt natürlich die Beschränkung auf Standardprogrammiersprachen bei der Implementierung der OSI-Software voraus.

Abb. 69 zeigt die Einbindung der für den RDA notwendigen OSI-Software in eine erweiterte Betriebssystemumgebung detaillierter.

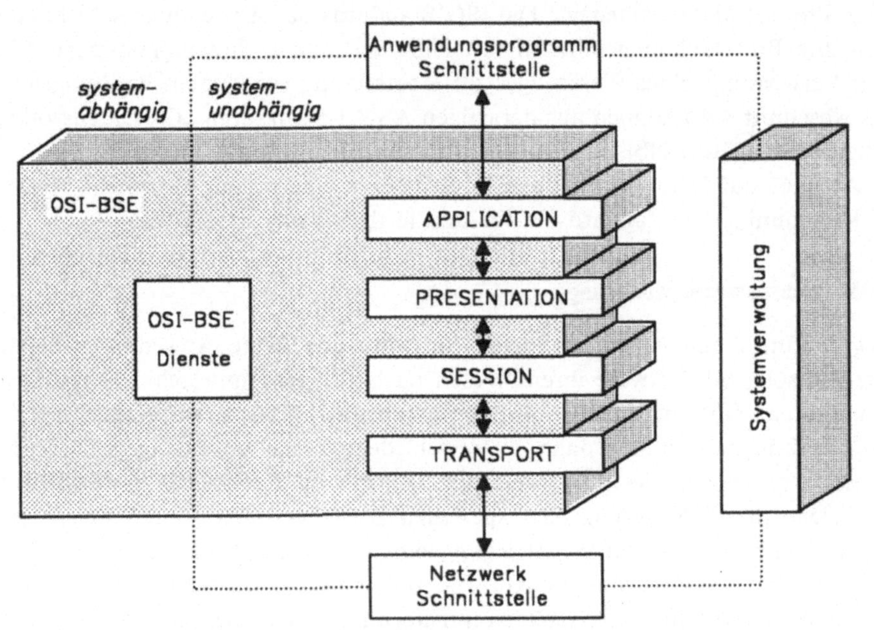

Abb. 69. OSI-Software in einer erweiterten Betriebssystemumgebung

Die OSI-Betriebssystemerweiterung besteht aus einem von dem jeweiligen Betriebssystem abhängigen und einem davon unabhängigen Teil. In dem systemabhängigen Teil, der an jedes spezielle Betriebssystem angepaßt werden muß, geschieht die Umsetzung der OSI-BSE-Dienste auf reale Betriebssystemfunktionen. Ebenso sind Anwendungs- und Netzwerkschnittstellen zur Hälfte systemabhängig.

Die gesamte Kommunikation zwischen den einzelnen OSI-Schichten liegt jedoch in dem systemunabhängigen Teil der OSI-BSE. Die OSI-BSE befreit den Implementierer von OSI-Software von der Verwaltung des N-mappings, dem Erstellen von Nachrichtentransportfunktionen, etc. Der implementierungstechnische Kommunikationspartner einer Schicht ist nicht die darunter- bzw. darüberliegende Schicht, sondern ausschließlich die OSI-BSE. Diese sorgt dann auch für die Zwischenspeicherung und den Weitertransport der Nachrichten.

Die Systemverwaltung, die wiederum aus einem systemabhängigen und einem systemunabhängigen Teil besteht, erlaubt es, das Gesamtsystem zu beobachten und zu steuern.

6.3.2. RDA-Anwendungsinstanz

Wie in Abschnitt 2.3.4.2. bereits erläutert, basiert der durch eine RDA-Anwendungsinstanz bereitgestellte Dienst auf den Diensten der *Application Service Elements* (ASEs) ACSE, ROSE und CCR bzw. TP. Die Koordinierung und Konfiguration der einzelnen Dienstelemente wird durch die RDA-*Single Association Control Function* (SACF) realisiert. Die Aufgaben der RDA-SACF erstrecken sich auf folgende Bereiche [Beck89]:

- Abbildung von RDA-Diensten auf Dienste von ASEs unter Beibehaltung der ursprünglichen Reihenfolge
- Realisierung dienstelementübergreifender Reihenfolgebedingungen
- Einschränkung dienstelementinterner Reihenfolgebedingungen
- Behandlung dienstelementübergreifender Fehlersituationen

In Übereinstimmung mit der ISO/OSI-Architektur für Schicht 7 wird die durch den RDA bereitgestellte Funktionalität unter Verwendung der Dienste realisiert, die von den Dienstelementen ACSE, ROSE und CCR (im folgenden Basisdienstelemente genannt) angeboten werden. Hierzu ist es notwendig, die RDA-Dienstprimitive auf die entsprechenden Dienstprimitive der Basisdienstelemente abzubilden und eine korrekte Belegung der Parameter der Dienstprimitive vorzunehmen. Besitzt ein Dienstprimitiv sogenannte *generische* Parameter (vgl. Abschnitt 4.3.1.), so ist die SACF für eine korrekte Instantiierung verantwortlich. Dies trifft beispielsweise auf die Abbildung von Datenbankoperationen auf ROSE-Dienstprimitive zu. Da die Abbildung der RDA-Dienste auf die Dienste der Dienstelemente für den RDA-Dienstbenutzer, d.h. für die Anwendung, transparent ist, hat die SACF das Weiterleiten der RDA-Dienstprimitive an die entsprechenden Basisdienstelemente und das Weiterleiten der dort generierten Dienstprimitive an die Darstellungsschicht vorzunehmen. Hierbei hat die SACF zu gewährleisten, daß von der jeweiligen Anwendung initiierte Dienstprimitive in der gleichen Reihenfolge beim Kommunikationspartner angezeigt werden, wie sie vom Initiator abgeschickt wurden. Die SACF hat also bei der Abbildung der Dienstprimitive aufeinander darauf zu achten, daß die ursprüngliche Reihenfolge der Dienstprimitive erhalten bleibt.

Die erlaubte Reihenfolge für die Ausführung von RDA-Dienstprimitiven ist einerseits durch die erlaubte Ausführungsreihenfolge der Dienstprimitive innerhalb der einzelnen Basisdienstelemente bestimmt, andererseits sind zusätzlich dienstelementübergreifende Reihenfolgebedingungen festzulegen, die die Reihenfolge zwischen den Dienstprimitiven verschiedener Dienstelemente festlegen. Darüberhinaus müssen gewisse dienstelementinterne Reihenfolgebedingungen weiter eingeschränkt werden, um die Funktionalität des RDA modellieren zu können.

Durch die Konfiguration mehrerer Dienstelemente zu einer RDA-Anwendungsinstanz können Fehlersituationen auftreten, die nur innerhalb eines Dienstelementes angezeigt werden, aber dennoch Einfluß auf die übrigen Dienstelemente haben. Als Beispiel sei hier der Verbindungsabbruch durch den Diensterbringer genannt, der dem ACSE-Dienstelement angezeigt wird, nicht jedoch dem CCR. Nach einem Verbindungsabbruch ist es aber notwendig, auch den CCR von dem Verbindungsabbruch zu informieren, um eine möglicherweise geöffnete Transaktion resynchronisieren zu können.

Realisierung der Reihenfolgebedingungen

Die Realisierung der dienstelementübergreifenden und dienstelementinternen Reihenfolgebedingungen geschieht mit Hilfe von PASS. Die SACF-Komponente des Prototyps implementiert den RDA-CCR-Kontext und besteht demnach aus einer Komposition der Dienstelemente ACSE, ROSE und CCR. Jedes dieser Protokolle spezifiziert interne Reihenfolgebedingungen. Diese werden durch die SACF gemäß der RDA-Protokollspezifikation eingeschränkt. Dies ist notwendig, da beispielweise nur der Client Verbindungen auf- und abbauen bzw. Transaktionen initiieren kann. Diese Asymmetrie ist in den Reihenfolgebedingungen von ACSE bzw. CCR nicht vorhanden und wird erst durch die RDA-SACF eingeführt. Darüberhinaus realisiert SACF dienstelementübergreifende Reihenfolgebedingungen. Die RDA-SACF ist z.B. verantwortlich, daß eine Verbindung nur dann abgebaut werden kann (ACSE), wenn keine Transaktion mehr offen ist (CCR).

Die *Upper Layer Architecture* zur Strukturierung der ISO/OSI-Anwendungsebene (vgl. Abschnitt 4.2.2.) führt Dienstelemente wie z.B. ACSE, ROSE und CCR als Bausteine ein, mit deren Hilfe Anwendungsdienste wie z.B. der RDA durch eine SACF-Funktion konfiguriert werden können. Jedes der Dienstelemente ACSE, ROSE und CCR realisiert eigene interne Reihenfolgebedingungen, die in dem jeweiligen Standard definiert sind. Durch die Verbindung dieser Dienstelemente durch die SACF und die Einführung von SACF-Reihenfolgebedingungen in der oben gezeigten Art und Weise ergibt sich ein hoher Grad an Redundanz, da in der SACF und den jeweiligen ASEs teilweise identische Reihenfolgeüberprüfungen stattfinden. Um dieses zu vermeiden, können zwei verschiedene Strategien bei der Realisierung der SACF-Reihenfolgebedingungen verfolgt werden:

1. Integration der Dienstelemente in SACF
2. *Dienstabstraktion* in SACF

Bei der ersten Vorgehensweise kehrt man von der Struktur einer Anwendungsinstanz, wie sie in der *Upper Layer Architecture* der ISO vorgeschlagen wird, ab und realisiert eine Anwendungsinstanz als monolithischen Block, in dem SACF und alle ASEs ineinander aufgehen. Damit entfallen redundante Reihenfolgeüberprüfungen. Allerdings verliert man dadurch die modulare Software-Struktur, womit die Wiederverwendbarkeit von implementierten ASEs nicht mehr gegeben ist.

Die zweite der oben erwähnten Alternativen wird in [Beck89] als *Dienstabstraktion* eingeführt und ist im aktuellen RDA-Prototyp implementiert. Dabei reduziert man die SACF-Reihenfolgeüberprüfungen um solche Bedingungen, die schon in den ASEs existieren und die nicht Bestandteil der SACF-Spezifikation sind. Dabei sind allerdings gewisse Regeln einzuhalten, um Konflikte bei dem Zusammenwirken mehrerer Reihenfolgeüberprüfungen zu vermeiden.

Schnittstelle zur PASS-Welt

Die RDA-Anwendungsinstanz wird in der beschriebenen Art und Weise mit PASS realisiert. Der Client und Server sind nicht in PASS realisiert. Man kann auch nicht generell davon ausgehen, daß die Schichten unter der Anwendungsebene in PASS realisiert sind. Daher muß eine Schnittstelle zwischen der PASS-Welt und der Nicht-PASS-Welt existieren. Diese Schnittstelle wird *Stub* genannt. Der Stub ist ein hybrider Prozeß, d.h., er verhält sich gegenüber der PASS-Welt wie ein ganz normaler PASS-Prozeß. Andere PASS-Prozesse kommunizieren mit ihm, wie in PASS üblich, über einen Eingabe-Pool. Andererseits stellt ein Stub für die Nicht-PASS-Welt eine prozedurale „C“-Schnittstelle zur Verfügung, über die Client, Server und eventuell die Schicht 6 auf ihre gewohnte Art mit der RDA-Anwendungsinstanz kommunizieren können.

Da üblicherweise (z.B. aus Speicherschutzgründen) der Client bzw. Server und das Kommunikationssystem in unterschiedlichen Betriebssystemprozessen realisiert sind, hat der Stub zusätzlich dafür zu sorgen, daß die Parameter einfach und effizient übergeben werden können. Zu diesem Zweck ist es sinnvoll, die gesamten Parameter auf zusammenhängenden Speicher abzubilden.

Die RDA-Anwendungsinstanz des Prototyps besteht somit aus den PASS-Prozessen SACF, ACSE, ROSE, CCR und den Stubs. Um die Synchronisation und Kommunikation zwischen diesen PASS-Prozessen zu unterstützen, werden ein *Scheduler* und ein *Router* eingeführt. Der *Scheduler* koordiniert die Aktivierungsreihenfolge der einzelnen PASS-Prozesse. Der *Router* realisiert den Nachrichtenaustausch zwischen den einzelnen PASS-Prozessen, d.h., er schreibt die zu sendenden Nachrichten in den Eingabe-Pool des als Empfänger angegebenen Prozesses.

Bei der ersten Verarbeitungsweise [illegible] der Server oder Agent [illegible] wie [illegible] vorgeschlagen wird, ist [illegible] diese [illegible] möglich [illegible] SACF und [illegible] Damit [illegible] [illegible] Wiederverwendbarkeit [illegible] nicht mehr gegeben ist.

Die Zweite [illegible] Variante der Prozess-Zerlegung [illegible] reduziert man die SACF [illegible] ASE [illegible] [illegible] beim Transaktionsprozess [illegible] Rückmeldebestätigungen zu verarbeiten.

Schnittstelle zur PASS-Welt

Die RDA-Anwendungsinstanz wird in der [illegible] Art und Weise mit PASS realisiert. Die Client- und Server-Seite sind [illegible] PASS realisiert. Man kann auch davon ausgehen, dass die Kommunikation zwischen der Anwendung und der PASS-Welt [illegible] der PASS-Welt und der Form PASS-Welt existiert. Diese Schnittstelle wird [illegible] der PASS-Welt [illegible] PASS-Vorgänge [illegible] [illegible]

[illegible] das Kommunikations-Management [illegible] Zu diesem Zweck ist es sinnvoll, die gesamten [illegible] Kommunikation [illegible]

Die RDA-Anwendungsinstanz [illegible] PASS-Prozessen SACF, ACSE, RDASE, CCR und [illegible] die Synchronisation und Kommunikation [illegible] PASS-Prozesse [illegible] [illegible] zwischen den [illegible]

7. Zusammenfassung und Ausblick

In der vorliegenden Arbeit wurden Anforderungen und Realisierungsmöglichkeiten für eine auf dem Client/Server-Modell basierende Kommunikationsunterstützung für den Datenbankfernzugriff in offenen Netzen erarbeitet. Als Basis für die Anforderungsanalyse diente eine Klassifikation der Kommunikationseigenschaften bestehender Systeme. Dafür wurde ein eigenes Modell entwickelt, mit welchem die Kommunikation in verteilten Datenbanksystemen, föderativen Datenbanksystemen, verteilten Transaktionssystemen und im RDA dargestellt wurde.

Um den entwickelten RDA möglichst allgemein einsetzen zu können, erfolgt die Kommunikation gemäß des Client/Server-Modells. Durch die Asymmetrie dieses Modells haben die kommunizierenden Systeme klar definierte Rollen, wodurch sich das Kommunikationsverhalten komplexer, verteilter Anwendungen einfacher modellieren läßt. Die Entwicklung des RDA-Kommunikationselementes erfolgte zweistufig, für den Einzel-Server-RDA, in dem ein Client mit genau einem Server kommuniziert, und für den Multi-Server-RDA, in dem ein Client mit mehreren Server kommuniziert. Im Einzel-Server-Fall wurde die Diskussion in vier Problemkreise gegliedert, die sich jeweils mit der Verbindungsverwaltung, dem Transfer von Datenbankoperationen, der Unterstützung der Datenrepräsentation und der Transaktionsverwaltung beschäftigen. Im Abschnitt Verbindungsverwaltung wurde das Dialog-Konzept eingeführt, durch dessen Realisierung anwendungsspezifische Zustände trotz eines Verbindungsabbaus gespeichert bleiben. Die Dienste zur Übermittlung von Datenbankoperationen wurden generisch gestaltet, wodurch sie unabhängig von der konkreten Datenbanksprache sind. Es wurden Dienste zur unmittelbaren Ausführung von Datenbankoperationen sowie zur Definition und zum Aufruf der vordefinierten Operationen spezifiziert. Im Abschnitt über die Datenrepräsentation wurde insbesondere auf RDA-spezifische Probleme bei der Übertragung und Transformation von Variablen, die in Datenbankoperationen enthalten sind, eingegangen. Beim RDA muß nämlich dem Empfänger die Typbeschreibung dieser Variablen zur Ausführungszeit bekannt gemacht werden. Hierfür wurden zwei Lösungen diskutiert, und zwar die Übertragung der Typbeschreibungen als Nachrichtenparameterwerte und die Erweiterung der Typbeschreibungssprache. Für die Transaktionsverwaltung in der Einzel-Server-Umgebung wurde ein einphasiges Commit-Protokoll eingeführt.

Im Multi-Server-Fall wurde die Verwaltung von verteilten Transaktionen in offenen Netzen untersucht. In offenen Netzen gelten nicht die sonst üblichen Annahmen, daß ein fehlerhaftes System nach endlich langer Zeit wieder korrekt funktioniert, und daß sich ein System „fail-stop“ verhält. Daher wurden neuartige Protokolle entwickelt, die permanente Fehler und selbst beliebige, sogenannte „byzantinische“ Fehler tolerieren. Diese Protokolle basieren auf einer baumartigen Prozeßhierarchie. Die an einer Transaktion beteiligten Prozesse wurden in sichere und unsichere Prozesse unterteilt, wobei die ersteren den konventionellen, oben erwähnten Annahmen genügen, während die letzteren permanente oder byzantinische Fehler machen können. Die entworfenen Protokolle garantieren allen sicheren Systemen, trotz beteiligter, eventuell fehlerhafter unsicherer Systeme, eine konsistente Terminierung einer Transaktion in endlicher Zeit. Es wurden aufeinander aufbauend drei Klassen von Protokollen vorgestellt, die jeweils unterschiedliche Fehlerarten tolerieren können. Um einer blockierenden Situation durch permanent fehlerhafte Systeme zu entgehen, wurden drei verschiedene Protokolle zum Transfer des „Commitment“-Koordinators von einem unsicheren zu einem sicheren Prozeß eingeführt. Diese Protokolle unterscheiden sich ihrer Effizienz, abhängig von der gegebenen Baumstruktur. Allen drei Protokollen ist gemeinsam, daß sie auf dem „Presumed-Abort“-Prinzip beruhen, und daß sie den „Read-Only“-Fall optimieren. Um eine konsistente Terminierung einer Transaktion trotz beteiligter byzantinischer Systeme zu garantieren, wurde das Buchhalter-Konzept und das Token-Konzept eingeführt. In einer Leistungsanalyse wurden die Protokolle untereinander bezüglich des Nachrichtenaufkommens und des zeitlichen Aufwands verglichen. Den eigenen Vorschlägen für die Verbindungsverwaltung, den Transfer von Datenbankoperationen, die Unterstützung der Datenrepräsentation und die Transaktionsverwaltung wurden jeweils die ISO/OSI-Ansätze gegenübergestellt.

Zum Schluß wurde eine prototypische Implementierung des ISO/OSI-RDA-Kommunikationselementes sowie des Client und des Server vorgestellt. Dabei wurde insbesondere auf die Realisierung von Kommunikationsprotokollen mit Hilfe der formalen Spezifikationssprache PASS und den darauf aufbauenden Software-Entwicklungswerkzeugen eingegangen.

An dieser Stelle soll noch kurz auf einige Möglichkeiten zur Weiterentwicklung des RDA eingegangen werden. Eine interessante Idee zur Weiterentwicklung, die direkt an diese Arbeit anknüpft, wäre die Optimierung der Transaktionsprotokolle. Bei dem Leistungsvergleich der drei eingeführten Protokolle zeigte sich eine Abhängigkeit von der Struktur des Transaktionsbaumes bzw. des Terminierungsbaumes. Die unterschiedlichen Protokolle sind jeweils bei unterschiedlichen Baumstrukturen am effizientesten. Es läßt sich für eine gegebene Baumstruktur eine optimale Protokollvariante angeben. Der Aufwand zur Terminierung einer Transaktion ließe sich optimieren, indem das Protokoll in Abhängigkeit von der Baumstruktur dynamisch ausgewählt wird. Zur Selektion des optimalen Protokolls muß eine Optimierungsinstanz die aktuelle Baumstruktur kennen. Die Informationen über die Baumstruktur könnten während der Durchführung der Transaktion gesammelt werden. Mit diesen Informationen und einer Vorschrift zur Errechnung der Komplexität kann eine Optimierungsinstanz eine passende Protokollvariante auswählen.

Mittelfristig muß der RDA weiterentwickelt werden, um neue Anwendungsklassen unterstützen zu können. Neue Anforderungen kommen sicherlich durch die Einführung anderer Transaktionsmodelle. Vielversprechende Entwicklungsmöglichkeiten zeichnen sich hier bei Konzepten wie Sagas oder langlebigen Transaktionen ab.

Die Forschung auf dem Gebiet der Rechnernetze macht gegenwärtig besonders große Fortschritte im Bereich der Hochgeschwindigkeitsnetze. Während man vor einigen Jahren noch von Megabit/Sekunde-Geschwindigkeiten schwärmte, scheint heute schon der Gigabit- und Terrabit-Bereich in nicht allzu großer Ferne zu sein. Solche Hochgeschwindigkeitsnetze stellen einerseits neue Anforderungen an die Kommunikationssoftware und Kommunikationsprotokolle, ermöglichen aber andererseits neuartige Anwendungen. Die heutige Kommunikations-Software auf den heutigen Rechnern ist nicht für den Transport solch riesiger Datenmengen vorgesehen. Das siebenschichtige ISO/OSI-Modell mit seiner komplexen Anwendungsschicht ist sicherlich zur Modellierung eines klassischen Datenkommunikationsvorgangs geeignet. Eine Implementierung, die mit Hochgeschwindigkeitsnetzen arbeitet, wird aber wahrscheinlich nicht nach dieser strengen Schichtenhierarchie strukturiert sein.

Stellvertretend für neue Anwendungen, die durch den Einsatz von Hochgeschwindigkeitsnetzen möglich werden, sollen hier Multi-Media-Anwendungen genannt werden. In Multi-Media-Anwendungen werden sowohl Texte, Graphiken und Bilder als auch Audio- und Video-Daten verarbeitet. Viele Ideen für Multi-Media-Anwendungen (es gibt noch sehr wenige existierende Systeme) legen verteilte Szenarien mit Multi-Media-Datenbanken zugrunde. Das bedeutet, daß man auch hier einen Mechanismus zum Datenbankfernzugriff benötigt. Allerdings muß dieser „Multi-Media-RDA“ völlig neuen Anforderungen genügen. In datenbankgestützten, verteilten Multi-Media-Anwendungen wird man sich beispielsweise mit neuartigen Datenobjekten, Datenbanksprachen und Synchronisationsmechanismen zwischen verschiedenen Datenobjekten (z.B. Synchronisation von Audio- und Video-Daten) beschäftigen müssen [Hehm89, Salm89, Stei89].

Dieser Ausblick soll zeigen, daß auch in Zukunft der Datenbankzugriff in offenen Rechnernetzen ein zentrales Thema bleiben wird.

Anhang

Dieser Anhang enthält die in Abschnitt 5.2. verbal beschriebenen Protokolle zur Verwaltung von Multi-Server-Transaktionen in einer Pseudo-Code-Notation. Diese Art der Darstellung soll dem Leser zum besseren Verständnis und Nachvollziehen der Algorithmen dienen. Die dabei verwendeten Ausdrücke werden im folgenden kurz erläutert. Die Kommandos *send* und *wait* werden zur Interprozeßkommunikation benutzt. Das Kommando *send <msg> to <processes>* bewirkt, daß der ausführende Prozeß eine bestimmte Nachricht an einen oder mehrere Prozesse schickt. Eine Nachricht ist ein Element der Menge aller möglichen Nachrichten, nämlich {*PREPARE, YES-VOTE, READ-VOTE, NO-VOTE, NO-VOTE2, COMMIT, ABORT, TRANSFER-COMMIT, TRANSFER-COMMIT-RO, TRANSFER-PREPARE, DECISION-INQUIRY, REGISTER, ACCEPT, REJECT, CHECK-PARTICIPANTS, YES, YES-CR, NO, NO-CR, OK, FAILED* }. Der Empfänger der Nachricht kann einerseits ein einzelner Prozeß sein, wie z.B. der Vater-Prozeß des sendenden Prozesses in einem Teilnehmer-Baum (*superior*) oder der Absender der letzten empfangenen Nachricht (*sender*). Als Empfänger einer Nachricht kann aber auch eine Prozeßmenge angegeben sein, wie die Menge aller Nachfolger eines Prozesses im Teilnehmer-Baum (*subordinates*) oder die Menge aller Entry-Prozesse (*entry processes*) in einem Teilnehmer-Baum. Neben diesem einmaligen Senden einer Nachricht ist auch das periodische Senden einer Nachricht mit dem Kommando *send periodically <msg> to <processes>* möglich. Das Senden einer Nachricht wird hierbei solange wiederholt, bis die im darauffolgenden Wartekommando spezifizierte Nachricht eintrifft. Mit einem Wartekommando (*wait for <msgs> from <processes>*) wird auf eine oder mehrere Nachrichten des angegebenen Typs von einem oder mehreren Prozessen gewartet. Einem Wartekommando folgt stets eine Fehlerbehandlung. Falls in dem Prozeß, von dem eine Nachricht erwartet wird, ein Fehler auftritt, greift das Fehlerbehandlungskommando (*on failure during waiting: <failure_procedure>*). Es wird dann die spezifizierte Fehlerprozedur ausgeführt. Diese Fehlerprozeduren sind ebenfalls algorithmisch beschrieben.

Es werden aber auch Aufrufe von Prozeduren verwendet, die nicht weiter spezifiert sind. Darunter finden sich Prozeduren zum „vergessen“ einer bestimmten erfolgreich beendeten Transaktion (*forget(T)*), zum Rücksetzen der Auswirkungen einer noch nicht beendeten Transaktion (*undo(T)*) und zum Archivieren eines Transaktionskontextes (*archive(T)*). Darüberhinaus gibt es Timer-Prozeduren (*start_timer, timeout*) und eine Prozedur zum Ändern der Teilnehmer-Baumstruktur (*change_tree_structure*). Die Umstrukturierung des Teilnehmer-Baumes wird bei den

Fall-2a- und Fall-2b-Protokollen erforderlich und geschieht analog der Beschreibungen in den Abschnitten 5.2.3.1. und 5.2.3.2.

Daneben findet man noch übliche Konstrukte wie *if* .. *then* ... *else* oder Variablenzuweisungen (:=). Der Wechsel von Transaktionszuständen wird mit dem Symbol → angezeigt. In den betrachteten Protokollen gibt es die Transaktionszustände *IDLE, PREPARED* und *COMMITTING.*

Algorithmen der Protokollklasse 0

Als erstes wird der Algorithmus der Protokollklasse 0, das 2PC-Protokoll in der „Presumed Abort"-Variante, spezifiziert. Es werden jeweils die Algorithmen für einen Wurzel-Prozeß, für einen Zwischen- und einen Blatt-Prozeß angegeben. Die Vorschriften für Zwischen- und Blatt-Prozeß werden dabei in einer zusammengefaßten Darstellung präsentiert. Das bietet sich hierbei an, da das Protokoll eines Blatt-Prozesses eine Untermenge des Protokolls eines Zwischen-Prozesses ist. Welche Zeile der Vorschrift jeweils für welchen Prozeß-Typ gültig ist, kann man den beiden linken Spalten der Tabelle entnehmen.

2PC-Protokoll - Presumed Abort

2PC-Protokoll - Presumed Abort *Wurzel-Prozeß*

/* Phase 1: */
send PREPARE to subordinates
wait for YES-VOTE/READ-VOTE/NO-VOTE from subordinates
    on failure during waiting: failure_procedure_2
if (all votes are READ-VOTE) then
    forget(T)
else if (at least one vote is NO-VOTE) then
    decision:=abort
else /* no NO-VOTE and at least one YES-VOTE */ {
    →COMMITTING
    decision:=commit }

/* Phase 2: */
if (decision=commit) then {
    send COMMIT to subordinates having YES-VOTEd
    wait for ACK from subordinates
        on failure during waiting: failure_procedure_3
    →IDLE
    forget(T) }
else /* ABORT */ {
    send ABORT to subordinates having YES-VOTEd
    undo(T) }

Z	B	**2PC-Protokoll - Presumed Abort** *Zwischen-Prozeß (Z), Blatt-Prozeß (B)*
		/* Phase 1: */
X	X	wait for PREPARE from superior
X	X	on failure during waiting: failure_procedure_1
X		send PREPARE to subordinates
X		wait for YES-VOTE/READ-VOTE/NO-VOTE from subordinates
X		on failure during waiting: failure_procedure_2
X	X	if (all votes are READ-VOTE) then {
X	X	send READ-VOTE to superior
X	X	forget(T) }
X	X	else if (at least one vote is NO-VOTE) then {
X		send ABORT to subordinates having YES-VOTEd
X	X	send NO-VOTE to superior
X	X	undo(T) }
X	X	else /* no NO-VOTE and at least one YES-VOTE */ {
X	X	→PREPARED
X	X	send YES-VOTE to superior }
		/* Phase 2: */
X	X	wait for COMMIT/ABORT from superior
X	X	on failure during waiting: failure_procedure_3
X	X	if (COMMIT received) then {
X		→COMMITTING
	X	→IDLE
X	X	send ACK to superior
X		send COMMIT to subordinates having YES-VOTEd
X		wait for ACK from subordinates
X		on failure during waiting: failure_procedure_3
X		→IDLE
X	X	forget(T) }
X	X	else /* ABORT */ {
X	X	→IDLE
X		send ABORT to subordinates having YES-VOTEd
X	X	undo(T) }

Algorithmen der Protokollklasse 1

Bei den Algorithmen der Protokollklasse 1 wird das PA-Protokoll zunächst zu dem zugrundeliegenden Basisprotokoll der Protokollklassen 1 und 2, dem *generischen 2PC-Protokoll* abgewandelt. Der Unterschied zwischen generischem 2PC- und PA-Protokoll besteht in der Verzögerung der ACK-Nachricht bei einem Zwischen-Knoten (siehe Abschnitt 5.2.3.). Falls ein bestimmter Algorithmus auf einem vorher spezifizierten Algorithmus aufbaut, wird nicht mehr der ganze Pseudo-Code wiederholt, sondern nur ein Verweis auf den betreffenden Teil in einem Kommentar angegeben.

Generisches 2PC-Protokoll

```
Generisches 2PC-Protokoll
Wurzel-Prozeß

/* äquivalent zum Presumed-Abort-Protokoll */
```

```
Generisches 2PC-Protokoll
Zwischen-Prozeß

/* Phase 1 äquivalent zur Phase 1 des Presumed-Abort-Protokolls */

/* Phase 2: */
wait for COMMIT/ABORT from superior
    on failure during waiting: failure_procedure_3
if (COMMIT received) then {
    →COMMITTING
    send COMMIT to subordinates having YES-VOTEd
    wait for ACK from subordinates
        on failure during waiting: failure_procedure_3
    →IDLE
    send ACK to superior
    forget(T) }
else /* ABORT */ {
    →IDLE
    send ABORT to subordinates having YES-VOTEd
    undo(T) }
```

```
Generisches 2PC-Protokoll
Blatt-Prozeß

/* äquivalent zum Presumed-Abort-Protokoll */
```

Fall 1: Koordinatorverschiebung zu einem dedizierten Prozeß

In Fall 1 der Protokollklasse 1 wird zusätzlich zu den Algorithmen eines Wurzel-, Zwischen- und Blatt-Prozesses auch der Algorithmus eines in Fall 1 eingeführten Terminierungs-Prozesses spezifiziert.

```
Fall 1
Wurzel-Prozeß

/* Phase 1 äquivalent zur Phase 1 des generischen 2PC-Protokolls */

/* Transfer Phase: */
→PREPARED
superior:=termination process
send TRANSFER-COMMIT to superior

/* Phase 2 äquivalent zur Phase 2 des generischen 2PC-Protokolls */
```

Fall 1 *Zwischen-Prozeß*
`/* äquivalent zum generischen 2PC-Protokoll */`

Fall 1 *Blatt-Prozeß*
`/* äquivalent zum generischen 2PC-Protokoll */`

Fall 1
Zusätzlicher Terminierungs-Prozeß

```
wait for TRANSFER-COMMIT from initiator
    on failure during waiting: failure_procedure_1
if (T is not already terminated) then {
    →COMMITTING
    send COMMIT to initiator
    wait for ack from initiator
        on failure during waiting: failure_procedure_3
    →IDLE
    forget(T) }
else
    send ABORT to initiator
```

Fall 2a: Koordinatorverschiebung zu einem Entry-Prozeß vor Phase 1

Im Fall 2a der Protokollklasse 1 unterscheiden sich die Algorithmen von den Zwischen- bzw. Blatt-Prozessen, die auf dem Transfer-Pfad liegen, von jenen Prozessen, die nicht auf dem Transferpfad liegen.

Fall 2a
Wurzel-Prozeß

```
/* Vor Phase 1: */
send TRANSFER-PREPARE to subordinate on transfer path
change_tree_structure
```
```
/* Phase 1 äquivalent zur Phase 1 des generischen 2PC-Protokolls */
```
```
/* Phase 2 äquivalent zur Phase 2 des generischen 2PC-Protokolls */
```

Fall 2a *Zwischen-Prozeß nicht auf Transfer-Pfad*
`/* äquivalent zum generischen 2PC-Protokoll */`

Fall 2a *Blatt-Prozeß nicht auf Transfer-Pfad*
`/* äquivalent zum generischen 2PC-Protokoll */`

Z_t	B_t	**Fall 2a** *Zwischen-Prozeß auf Transfer-Pfad (Z_t)* *Blatt-Prozeß auf Transfer-Pfad (B_t)*
		/* Vor Phase 1: */
X	X	wait for TRANSFER-PREPARE from superior
X	X	on failure during waiting: failure_procedure_1
X		if (current process≠entry process) /* not new coordinator */ then
X		send TRANSFER-PREPARE to subordinate on transfer path
X	X	change_tree_structure
		/* Phase 1 äquivalent zur Phase 1 des generischen 2PC-Protokolls */
		/* Phase 2 äquivalent zur Phase 2 des generischen 2PC-Protokolls */

Fall 2b: Koordinatorverschiebung zu einem Entry-Prozeß in Phase 1

Bei Fall 2b der Protokollklasse 1 unterscheidet man wie bei Fall 2a die Algorithmen der Zwischen- und Blatt-Prozesse, die auf dem Transfer-Pfad liegen, von denen, die nicht auf dem Transfer-Pfad liegen.

W	Z_t	B_t	**Fall 2b** *Wurzel-Prozeß (W), Zwischen-Prozeß auf Transfer-Pfad (Z_t)* *Blatt-Prozeß auf Transfer-Pfad (B_t)*
			/* Phase 1: */
	X	X	wait for TRANSFER-COMMIT/TRANSFER-COMMIT-RO from superior
	X	X	on failure during waiting: failure_procedure_1
X	X		send PREPARE to subordinates which are not on transfer path
X	X		wait for YES-VOTE/READ-VOTE/NO-VOTE from subordinates
X	X		on failure during waiting: failure_procedure_2
X	X	X	if all votes are READ-VOTE then {
X	X		send TRANSFER-COMMIT-RO to subordinate on transfer path
X	X	X	forget(T) }
X	X	X	else if at least one vote is NO-VOTE then
X	X		if (current process≠entry process) then {
X	X		send ABORT to subordinates having YES-VOTEd
X	X		send ABORT to subordinate on transfer path }
	X	X	else /*new coordinator */ {
	X	X	decision:=abort
	X	X	change_tree_structure }
X	X	X	else if /* no NO-VOTE and at least one YES-VOTE */
X	X		if (current process≠entry process) then {
X	X		→PREPARED
X	X		send TRANSFER-COMMIT to subordinate on transfer path
X	X		change_tree_structure }
	X	X	else /*new coordinator */ {
	X	X	→COMMITTING
	X	X	decision:=commit
	X	X	change_tree_structure }
			/* Phase 2 äquivalent zur Phase 2 des generischen 2PC-Protokolls */

Fall 2b *Zwischen-Prozeß nicht auf Transfer-Pfad*
/* äquivalent zum generischen 2PC-Protokoll */

Fall 2b *Blatt-Prozeß nicht auf Transfer-Pfad*
/* äquivalent zum generischen 2PC-Protokoll */

Recovery-Protokolle für Fälle 1, 2a, 2b

In diesem Abschnitt werden die *Failure_Procedures 1* bis *3* spezifiziert, die im Falle eines Fehlers ausgeführt werden. *Failure_Procedure 1* bzw. *2* werden von Prozessen aufgerufen, die einen Fehler auf benachbarten Prozessen festgestellt haben, während sie selbst noch im *IDLE*-Zustand sind. *Failure_Procedure 3* wird von Prozessen aufgerufen wird, die sich im *PREPARED*- bzw. im *COMMITTING*-Zustand befinden. In der *Failure_Procedure 3* wird die Kontrolle zum Recovery-Prozeß transferiert, dessen Protokoll ebenfalls nachfolgend definiert ist. Die vom Recovery-Prozeß aufgerufene Prozedur *recover* wird im Anschluß daran beschrieben. Dabei sind wiederum die Protokolle eines Wurzel-, Zwischen- und eines Blatt-Prozesses zusammengefaßt.

Failure_Procedure_1
undo(T)

Failure_Procedure_2
send ABORT to subordinates having YES-VOTEd send NO-VOTE to superior undo(T)

Failure_Procedure_3
transfer control to Recovery-Prozeß

W	Z	B	**Recovery-Prozeß** *Wurzel-Prozeß (W), Zwischen-Prozeß (Z), Blatt-Prozeß (B)*
X	X	X	`if (restart) then {`
X	X	X	`    analyze_log`
X	X	X	`    for each T on log do`
X	X	X	`        recover(T) }`
X	X	X	`if (control transferred) then`
X	X	X	`    recover(T)`
X	X		`if (DECISION-INQUIRY(T) received) then {`
X	X		`    if (state(T)=IDLE) then {`
X			`        if (sender = trusted process) then`
X	X		`            send ABORT to sender`
X			`        else /* sender = non-trusted process */`
X			`            if (state of archived transaction T = COMMITTING) then`
X			`                send COMMIT to sender`
X			`            else`
X			`                send ABORT to sender }`
	X		`    else if (state(T)=PREPARED) then`
	X		`        /* ignore query */`
	X		`        /* i.e.: defer answer until committing */`
X	X		`    else /* state(T)=COMMITTING */ {`
X	X		`        send COMMIT to sender`
X	X		`        wait for ACK from sender`
X	X		`            on failure during waiting: failure_procedure_3`
X	X		`        →IDLE`
	X		`        send ACK to superior`
X	X		`        forget(T) } }`

W	Z	B	**Recovery-Prozeß - Procedure Recover(T)** *Wurzel-Prozeß (W), Zwischen-Prozeß (Z), Blatt-Prozeß (B)*
	X	X	if (state(T)=PREPARED) then {
	X	X	if (current process = entry process) or
	X	X	(current process = non-trusted process) then
	X	X	send periodically DECISION-INQUIRY to coordinator
	X	X	else
	X	X	send periodically DECISION-INQUIRY to superior
	X	X	wait for COMMIT/ABORT from superior/coordinator
	X	X	on failure during waiting: failure_procedure_3
	X	X	if (msg=COMMIT) then {
	X		→COMMITTING
	X		send COMMIT to subordinates having YES-VOTEd
	X		wait for ACK from subordinates
	X		on failure during waiting: failure_procedure_3
	X	X	→IDLE
	X	X	send ACK to superior/coordinator
	X	X	forget(T) }
	X	X	else /* ABORT */ {
	X	X	→IDLE
	X		send ABORT to subordinates having YES-VOTEd
	X	X	undo(T) } }
X	X		else /* (state(T)=COMMITTING */ {
X	X		start_timer
X	X		send periodically COMMIT to subordinates having not yet ACKnowledged
X	X		wait for ACK from subordinates having not yet ACKnowledged
X	X		on failure of trusted subordinates during waiting:
X	X		failure_procedure_3
X	X		if during waiting (timeout and
X	X		(msg is outstanding from non-trusted process)) then {
X	X		terminate waiting
X			archive(T)
X			send periodically COMMIT to entry processes
X			wait for ACK from entry processes
X			on failure during waiting: failure_procedure_3 }
X	X		→IDLE
	X		send ACK to superior
X	X		forget(T) }

Algorithmen der Protokollklasse 2

Dieser Abschnitt enthält die in der Protokollklasse 2 zusätzlich eingeführten Protokolle des Buchhalter-Prozesses. Wie in Abschnitt 5.2.4.1. beschrieben, unterscheidet man den Fall der expliziten Abmeldung von dem Fall der impliziten Abmeldung beim Buchhalter.

Buchhalter-Protokolle

Buchhalter-Prozeß - Explizite Abmeldung

```
if (REGISTER(T, sender) received) then {
    if (T > disabled_t) then {
       registered_processes := registered_processes + sender
       send ACCEPT(T) to sender }
    else
       send REJECT(T) to sender }
else if (CHECK-PARTICIPANTS(T, entry_processes, coordinator) received) then {
    disabled_t := T
    non_participants := registered_processes - entry_processes
    if (non_participants = empty set) then
       send OK(T) to coordinator }
    else {
       send CHECK-INVOLVED(T) to non_participants
       wait for YES/YES-CR/NO/NO-CR from non_participants
       for all received msgs do
           if (NO-CR received) or (YES-CR received) received then
               registered_processes := registered_processes - sender
       if (all received msgs are NO or NO-CR) then
           send OK(T) to coordinator
       else
           send FAILED(T) to coordinator }
```

Buchhalter-Prozeß - Implizite Abmeldung

```
if (REGISTER(T, sender) received) then {
    if ((T = current_t) and not registration_disabled) then {
       registered_processes := registered_processes + sender
       send ACCEPT(T) to sender }
    else if (T > current_t) then {
       current_t := T
       registration_disabled := false
       registered_processes := sender
       send ACCEPT(T) to sender }
    else /* T already terminated */
       send REJECT(T) to sender }
else if (CHECK_PARTICIPANTS(T, entry_processes, coordinator) received) then {
    registration_disabled := true
    if ((T = current_t) and (registered_processes = entry processes) then
       send OK(T) to coordinator
    else
       send FAILED(T) to coordinator }
```

Literaturverzeichnis

[Acke82] **R.D. Acker, P.H. Seaman:** *Modelling Distributed Processing across CICS/VS Sites.* IBM Systems Journal, 21:4, 1982.

[Alon87] **R. Alonso, H. Garcia-Molina, K. Salem:** *Concurrency Control and Recovery for Global Procedures in Federated Database Systems.* IEEE Data Engineering, 10:3, pp. 5-11, 1987.

[ANSI75] **ANSI:** *Interim Report 75-02-08* ANSI/X3/SPARC, Study Group on Data Base Management Systems, 1975.

[Baye84] **R. Bayer, K. Elhardt, W. Kießling, D. Killar:** *Verteilte Datenbanksysteme, Eine Übersicht über den heutigen Entwicklungsstand.* Informatik-Spektrum, 7:1, S. 1-19, 1984.

[Beck89] **D. Becker:** *Datenbankfernzugriff in Rechnernetzen: Entwicklung einer ISO/RDA-Komponente und Untersuchung ihrer Integrationsmöglichkeiten in das MUSE-Multidatenbanksystem.* Diplomarbeit, Universität Dortmund, Fachbereich Informatik, 1989.

[Bern80a] **P.A. Bernstein, D.W. Shipman, J.B. Rothnie :** *Concurrency Control in a System for Distributed Databases (SDD-1).* ACM Trans. Database Syst., 5:1, 1980.

[Bern80b] **P.A. Bernstein, D.W. Shipman:** *The Correctness of Concurrency Control Mechanism in a System for Distributed Databases (SDD-1).* ACM Trans. Database Syst., 5:1, 1980.

[Bern87] **P.A. Bernstein, V. Hadzilacos, N. Goodman:** *Concurrency Control and Recovery in Database Systems.* Addison-Wesley, 1987.

[Beve87] **M. Bever, A. Fleischmann:** *Ein Konfigurationskonzept für die Anwendungsebene des ISO Referenzmodells für offene (Büro-) Systeme.* GI-17. Jahrestagung, Informatik-Fachberichte 156, Springer-Verlag, 1987.

[Beve89a] **M. Bever:** *OSI Application Layer - Entwicklungsstand und Tendenzen.* Tutorium: Kommunikation in verteilten Systemen, Deutsche Informatik Akademie, 1989.

[Beve89b] **M. Bever, M. Zimmermann:** *Data Translation in Heterogeneous Networks.* In: P.J. Kühn (Hrsg.): Proc. ITG/GI-Fachtagung, Informatik-Fachberichte 205, Springer-Verlag, S. 430-447, 1989.

[Beve89c] **M. Bever, M. Feldhoffer, S. Pappe:** *OSI Services for Transaction Processing.* In: D. Gawlick, M. Haynie, A. Reuter (Eds.): Proc. 2nd Internat. Workshop on High Performance Transaction Systems, Lecture Notes in Computer Science 359, Springer-Verlag, pp. 2-19, 1989.

[Blas87] **A. Blaser, M. Jarke, H. Lehmann, G. Müller:** *Datenbanksprachen und Datenbankbenutzung.* In: P. Lockemann, J. Schmidt (Hrsg.): Datenbank-Handbuch, Springer-Verlag, S. 559-635, 1987.

[Blum89] **W. Blum:** *Entwurf und Implementierung eines SQL-Präprozessors für RDA.* Diplomarbeit, Fachhochschule für Technik Mannheim, Studiengang Informatik, 1989.

[Bray82] **O.H. Bray:** *Distributed Database Management Systems.* Lexington, 1982.

[CCITT80] **CCITT:** *Data Communication Networks, Service and Facilities, Terminal Equipment and Interfaces Recommodations X.21 - X.29.* Yellow Book, Vol. VIII, 1980.

[Ceri84] **S. Ceri, G. Pelagatti:** *Distributed Databases - Principles and Systems.* McGraw-Hill, 1984.

[Cham76] **D. Chamberlin:** *Relational Data Base Management Systems.* ACM Computing Surveys, 8, pp. 43-66, 1976.

[CICS87a] **IBM:** *Customer Information Control System / Virtual Storage (CIVS/VS), General Information.* IBM, GC33-0155, 1987.

[CICS87b] **IBM:** *Customer Information Control System / Virtual Storage (CIVS/VS), Intercommunication Guide.* IBM, SC33-0519, 1987.

[Cris84] **F. Cristian, H. Aghili, R. Strong:** *Atomic Broadcast: From Simple Message Diffusion to Byzantine Agreement.* IBM Research Report, RJ 4540, 12/10/84.

[Date81] **C.J. Date:** *An Introduction to Data Base Systems.* Addison-Wesley, 1981.

[Davi81a] **D.W. Davies, R.W. Watson:** *Distributed Systems - Architecture and Implementation, (Hierarchy, Chapter 6).* Lecture Notes in Computer Science 105, Springer-Verlag, pp. 94-138, 1981.

[Davi81b] **D.W. Davies:** *Distributed Systems - Architecture and Implementation, (Protection, Chapter 10).* Lecture Notes in Computer Science 105, Springer-Verlag, pp. 211-246, 1981.

[DECNET] **DEC:** *DECNET General Description.* Digital Equipment Corporation, AA-K179A-TK.

[Deen82] **S.M. Deen:** *Distributed Databases - An Introduction.* Proc. 2. Internat. Symposium on Distributed Data Bases, North-Holland, pp. 239-246, 1982.

[Dole82] **D. Dolev, H.R. Strong:** *Distributed Commit with Bounded Waiting.* IBM Research Report, RJ3417, 4/4/82.

[Dole83] **D. Dolev, H.R. Strong:** *Authenticated Algorithms for Byzantine Agreement.* Society for Industrial and Applied Mathematics, 12:4, pp. 656-666, 1983.

[Dwor83] **C. Dwork, D. Skeen:** *The Inherent Cost of Nonblocking Commitment.* Proc. ACM Symp. on PODC, pp. 1-11, 1983.

[Effe86] **W. Effelsberg, A. Fleischmann:** *Das ISO-Referenzmodell für offene Systeme und seine sieben Schichten.* Informatik-Spektrum, 9:5, 1986.

[Effe87] **W. Effelsberg:** *Datenbankzugriff in Rechnernetzen.* Informationstechnik, 29:3, S.140-153, 1987.

[Eswa76] **K. Eswaran:** *On the Notions of Consistency and Predicate Locks in a Relationale Database System.* Communications of the ACM, 19:11, 1976.

[Ferr83] **A. Ferrier, C. Stangret:** *Heterogeneity in the Distributed Database Management System SIRIUS-DELTA.* Proc. 8th VLDB, 1983.

[Flei87a] **A. Fleischmann:** *PASS - Parallel Activities Specification Scheme.* IBM - ENC Technical Report, No. 43.8715, Heidelberg, 1987.

[Flei87b] **A. Fleischmann, S.T. Chin, W. Effelsberg:** *Specification and Implementation of an ISO Session Layer.* IBM Systems Journal, No. 3, 1987.

[Flei89a] **A. Fleischmann, S. Pappe, K. Urbschat, T. Kunz:** *A Toolkit for Specifying and Implementing Communication Protocols.* In: K. Boyanov, R. Angelinov (Eds.): Proc. IFIP 88, North-Holland, pp.119-128, 1989.

[Flei89b] **A. Fleischmann, M. Bever, S. Pappe, K. Urbschat, T. Kunz:** *Development of Communication Software using the PASS Technology.* In: J. Raviv (Ed.): Proc. ICCC 88, North-Holland, 1989.

[Garc86] **H. Garcia-Molina, F. Pittelli, S. Davidson:** *Applications of Byzantine Agreement in Database Systems.* ACM Trans. Database Syst., 11:1, pp. 27-47, 1986.

[Garc87a] **H. Garcia-Molina, K. Salem:** *Sagas.* Proc. ACM SIGMOD, pp. 249-259, 1987.

[Garc87b] **H. Garcia-Molina, R.K. Abbott:** *Reliable Distributed Database Management.* Proceedings of the IEEE, 75:5, pp. 601-620, 1987.

[Glig83] **V.D. Gligor, E. Fong:** *Distributed Database Management Systems: An Architectural Perspective.* Journal of Telecommunication Networks, 2:3, 1983.

[Goer85] **K. Görgen, H. Koch, G. Schulze, B. Struif, K. Truöl:** *Grundlagen der Kommunikations-Technolgie; ISO-Architektur offener Kommunikationssysteme.* Springer-Verlag, 1985.

[Good81] **N. Goodman, P.A. Bernstein, E. Wong, C.L. Reeve, J.B. Rothnie:** *Query Processing in SDD-1: A System for Distributed Databases.* ACM Trans. Database Syst., 6:4, 1981.

[Gray78] **J. Gray:** *Notes on Database Operating Systems.* Operating Systems: An Advanced Course, Lecture Notes in Computer Science 60, Springer-Verlag, pp. 393-481, 1978.

[Gray86] **J. Gray:** *An Approach to Decentralized Computer Systems.* IEEE Trans. Softw. Eng., 12:6, pp. 684-692, 1986.

[Gray87] **J. Gray, M. Anderton:** *Distributed Computer Systems: Four Case Studies.* Proceedings of the IEEE, 75:5, pp. 719-726, 1987.

[Haas82] **L.M. Haas, P.G. Selinger, E. Bertino, D. Daniels, B. Linsay, G. Lohman, Y. Masunaga, C. Mohan, P. Ng, P. Wilms, R. Yost:** *R*: A*

Research Project on Distributed Relational DBMS. Data Engineering, 5:4, pp. 28-32, 1982.

[Haas83] **L.M. Haas, C. Mohan:** *A Distributed Deadlock Detection Algorithm for a resource-based System.* IBM Research Report, RJ 3765, 1/25/83.

[Haer78] **T. Härder:** *Implementierung von Datenbanksystemen.* Hanser Verlag, 1978.

[Haer83] **T. Härder, A. Reuter:** *Principles of Transaction-Oriented Database Recovery.* ACM Computing Surveys, 15:4, 1983.

[Haer85] **T. Härder, A. Reuter:** *Architektur von Datenbanksysteme für Non-Standard-Anwendungen.* Proc. GI-Fachtagung für Datenbanken in Büro, Technik und Wissenschaft, Informatik-Fachberichte 94, Springer-Verlag, S. 253-286, 1985.

[Haer86] **T. Härder:** *Datenbanksysteme I.* Vorlesungsskriptum, Universität Kaiserlautern, 1986.

[Haer87] **T. Härder, K. Rothermel:** *Concepts for Transaction Recovery in Nested Transactions.* Proc. ACM SIGMOD, pp. 239-248, 1987.

[Haer88] **T. Härder, C. Hübel, K. Meyer-Wegener, B. Mitschang:** *Processing and transaction concepts for cooperation of engineering workstations and a database server.* Data & Knowledge Engineering, North-Holland, 3, pp. 87-107, 1988.

[Hehm89] **D. Hehmann, M. Salmony, H. Stüttgen:** *High Speed Transport Systems for Multi Media Applications.* IBM - ENC Technical Report, No. 43.8903, Heidelberg, 1989.

[Heim85] **D. Heimbigner, D. McLeod:** *A Federated Architecure for Information Management.* ACM Trans. Office Inf. Syst., 13:3, pp. 253-278, 1985.

[Heim87] **D. Heimbigner:** *A Federated System for Software Management.* IEEE Data Engineering, 10:3, pp. 5-11, 1987.

[Held75] **G. Held, M. Stonebraker, E. Wong:** *INGRES - A Relational Data Base System.* Proc. AFIPS Nat. Comp. Conf., 44, pp. 409-416, 1975.

[Hopc69] **J. Hopcroft, J. Ullman:** *Formal Languages and their Relation to Automata.* Addison-Wesley, 1969.

[I7498] **ISO:** *Information Processing Systems - Open Systems Interconnection - Basic Reference Model.* International Standard ISO 7498.

[I8072] **ISO:** *Information Processing Systems - Open Systems Interconnection - Transport Service Definition.* International Standard ISO 8072.

[I8073] **ISO:** *Information Processing Systems - Open Systems Interconnection - Connection Oriented Transport Protocol Specification.* International Standard ISO 8073.

[I8326] **ISO:** *Information Processing Systems - Open Systems Interconnection - Basic Connection Oriented Session Service Definition.* International Standard ISO 8326.

[I8327] **ISO:** *Information Processing Systems - Open Systems Interconnection - Basic Connection Oriented Session Protocol Definition.* International Standard ISO 8327.

[I86492] **ISO:** *Information Processing Systems - Open Systems Interconnection - Service Definition for Common Application Service Elements - Part 2: Association Control.* Draft International Standard ISO 8649/2.

[I86502] **ISO:** *Information Processing Systems - Open Systems Interconnection - Protocol Specification for Common Application Service Elements - Part 2: Association Control.* Draft International Standard ISO 8650/2.

[I8822] **ISO:** *Information Processing Systems - Open Systems Interconnection - Basic Connection Oriented Presentation Service Definition.* Draft International Standard ISO 8822.

[I8823] **ISO:** *Information Processing Systems - Open Systems Interconnection - Basic Connection Oriented Presentation Protocol Definition.* Draft International Standard ISO 8823.

[I8824] **ISO:** *Information Processing Systems - Open Systems Interconnection - Specification for Abstract Syntax Notation One (ASN.1).* Draft International Standard ISO 8824.

[I8825] **ISO:** *Information Processing Systems - Open Systems Interconnection - Basic Encoding Rules for Abstract Syntax Notation One (ASN.1).* Draft International Standard ISO 8825.

[I90661] **ISO:** *Information Processing Systems - Text Processing - MOTIS Reliable Transfer - Part 1: Model and Service Definition.* Draft Proposal ISO 9066/1.

[I90662] **ISO:** *Information Processing Systems - Text Processing - MOTIS Reliable Transfer - Part 2: Protocol Specification.* Draft Proposal ISO 9066/2.

[I90721] **ISO:** *Information Processing Systems - Text Communication - Remote Operations - Part 1: Model, Notation and Service Definition.* Draft International Standard ISO 9072-1.

[I90722] **ISO:** *Information Processing Systems - Text Communication - Remote Operations - Part 2: Protocol Specification.* Draft International Standard ISO 9072-2.

[I9075] **ISO:** *Information Processing Systems - Database Language - SQL.* International Standard ISO 9075.

[I9545] **ISO:** *Information Processing Systems - Open Systems Interconnection - Application Layer Structure.* International Standard ISO 9545.

[I9579] **ISO:** *Information Processing Systems - Open Systems Interconnection - Remote Database Access.* Draft Proposal ISO 9579.

[I98042] **ISO:** *Information Processing Systems - Open Systems Interconnection - Definition of Common Application Service Elements - Commitment, Concurrency and Recovery.* Draft International Standard ISO9804/2.

[I98052] **ISO:** *Information Processing Systems - Open Systems Interconnection - Specification of Protocols for Common Application Service Elements - Commitment, Concurrency and Recovery.* Draft International Standard ISO 9805/2.

[I100261] **ISO:** *Information Processing Systems - Open Systems Interconnection - Distributed Transaction Processing - Part 1: Model.* Draft Proposal ISO 10026/1.

[I100262] **ISO:** *Information Processing Systems - Open Systems Interconnection - Distributed Transaction Processing - Part 2: Service Definition.* Draft Proposal ISO 10026/2.

[I100263] **ISO:** *Information Processing Systems - Open Systems Interconnection - Distributed Transaction Processing - Part 3: Protocol Specification.* Draft Proposal ISO 10026/3.

[ISQL2] **ISO:** *Information Processing Systems - Database Language - SQL2.* Working Draft.

[Kohl81] **W. Kohler:** *A Survey of Techniques for Synchronisation and Recovery in Decentralized Computer Systems.* ACM Computing Surveys, 13:2, 1981.

[Lamp81] **B.W. Lampson:** *Distributed Systems - Architecture and Implementation, (Atomic Transactions, Chapter 11).* Lecture Notes in Computer Science 105, Springer-Verlag, pp. 246-266, 1981.

[Lamp82] **L. Lamport, R. Shostak, M. Pease:** *The Byzantine Generals Problem.* ACM Trans. Program. Lang. Syst., 4:3, pp. 382-401, 1982.

[Land82] **T. Landers, R.L. Rosenberg:** *An Overview of MULTIBASE.* Proc. 2nd Internat. Symp. on Distributed Databases, Nort-Holland, pp. 153-184, 1982.

[Lars85] **J.A. Larson:** *Tutorial on Distributed Database Management Systems.* IEEE Computer Society, 1985.

[Lind81] **B. Lindsay:** *Object Naming and Catalog Management for a Distributed Manager.* Proc. 2nd Internat. Conf. on Distributed Computing Systems, pp. 31-40, 1981.

[Lind84] **B. Lindsay, L. Haas, C. Mohan, P. Wilms, R. Yost:** *Computation and Communication in R*: A Distributed Database Manager.* ACM Trans. Comp. Syst., 2:1, pp. 24-38, 1984.

[Lohm84] **G. Lohman, L. Mohan, L. Haas, B. Lindsay, P. Selinger, P. Wilms:** *Query Processing in R*.* IBM Research Report, RJ 4272, 4/23/84.

[Mark87] **L. Mark, N. Roussopoulos:** *Information Interchange between Self-Describing Databases. Federated Database Systems.* IEEE Data Engineering, 10:3, pp. 53-59, 1987.

[Mayn86] **A.J. Mayne:** *Linked Local Area Networks.* John Wiley & Sons, 1986.

[Meye87] **K. Meyer-Wegener:** *Transaktionssysteme - verteilte Verarbeitung und verteilte Datenhaltung.* Informationstechnik 3/1987.

[Meye88] **K. Meyer-Wegener:** *Transaktionssysteme - Funktionsumfang, Realisierungsmöglichkeiten, Leistungsverhalten.* Leitfäden der angewandten Informatik, Teubner, 1988.

[Moha83a] **C. Mohan, H.R. Strong, S. Finkelstein:** *Method for Distributed Transaction Commit and Recovery Using Byzantine Agreement within Clusters of Processors.* Proc. 2nd ACM SIGACT/SIGOPS Symposium on Principles of Distributed Computing, 1983.

[Moha83b] **C. Mohan, B. Lindsay:** *Efficient Commit Protocols for the Tree of Process Model of Distributed Transactions.* IBM Research Report, RJ 3881, 6/2/83.

[Moha86] **C. Mohan, B. Lindsay, R. Obermarck:** *Transaction Management in the R* Distributed Database Management System.* ACM Trans. Database Syst., 11:4, pp. 378-396, 1986.

[Moss81] **J. Moss:** *Nested Transactions: An Approach to Reliable Distributed Computing.* Dissertation, Massachusetts Institute of Technologie, 1981.

[Need78] **R.M. Needham, M.D. Schroeder:** *Using Encryption for Authentication in Large Networks of Computers.* Communications of the ACM, 21:12, pp. 210-216, 1978.

[Ober82] **R. Obermarck:** *Distributed Deadlock Detection Algorithm.* ACM Trans. Database Syst., 7:2, 1982.

[Papp86] **S. Pappe:** *Anwendung einer Implementierungstechnik für Kommunikationsprotokolle auf das ISO-Kommunikationssteuerungs-Protokoll.* Diplomarbeit, Universität Karlsruhe, Institut für Angewandte Informatik und Formale Beschreibungsverfahren, 1986.

[Papp87a] **S. Pappe, H.-L. Heil, W. Effelsberg, W. Lamersdorf:** *Datenbankzugriff in offenen Rechnernetzen.* In: H.-J. Schek, G. Schlageter (Hrsg.): Proc. GI-Fachtagung für Datenbanken in Büro, Technik und Wissenschaft, Informatik-Fachberichte 136, Springer-Verlag, S.375-389, 1987.

[Papp87b] **S. Pappe, W. Effelsberg, W. Lamersdorf:** *Database Access in Open Systems.* In: G. Müller, R. Blanc (Eds.): Proc. IBM Europe Institute on Networking in Open Systems, Lecture Notes in Computer Science 248, Springer-Verlag, pp.148-164, 1987.

[Papp88] **S. Pappe, W. Lamersdorf, W. Effelsberg:** *Specification and Implementation of a Standard for Remote Database Access.* In: J. Nehmer (Ed.): Proc. Workshop on Experiences in Distributed Systems, Lecture Notes in Computer Science 309, Springer-Verlag, pp. 253-270, 1988.

[Rahm87] **E. Rahm:** *Synchronisation in Mehrrechner-Datenbanksystemen.* Dissertation, Fachbereich Informatik, Universität Kaiserslautern, 1987.

[Reis87] **R. Reischuk:** *Konsistenz und Fehlertoleranz in Verteilten Systemen - Das Problem der Byzantinischen Generäle.* Proc. 17. GI-Jahrestagung, Informatik-Fachberichte 156, Springer-Verlag, S. 65-81, 1987.

[Roth80] **J.B. Rothnie, Jr., P.A. Bernstein, S. Fox, N. Goodman, M. Hammer, T.A. Landers, C. Reeve, D.W. Shipman, E. Wong:** *Introduction to a System for Distributed Databases (SDD-1).* ACM Trans. Database Syst., 5:1, 1980.

[Roth87] **K. Rothermel:** *Kommunikationskonzepte für verteilte transaktionsorientierte Systeme.* Informatik-Fachberichte 145, Springer-Verlag, 1987.

[SAA87] **IBM:** *Systems Application Architecture, Common Programming Interface, Database Reference.* IBM, SC26-4348, 1987.

[Salm89] **M. Salmony, D. Shepherd:** *Extending OSI to Support Synchronisation Required by Multimedia Applications.* IBM - ENC Technical Report, No. 43.8904, Heidelberg, 1989.

[Schl83] **R.D. Schlichting, F.B. Schneider:** *Fail-Stop Processors: An Approach to Designing Fault-Tolerant Computing Systems.* ACM Trans. Comput. Syst., 1:3, pp. 222-238, 1983.

[SNA85] **IBM:** *Systems Network Architecture Concepts and Products.* IBM Corporation, GC30-3072, 1985.

[SQLDS] **IBM:** *SQL/Data System, Application Programming for VM/System Product.* Order No. SH24-5068.

[Stal84] **W. Stallings:** *Local Networks.* Macmillan, 1984.

[Stei89] **R. Steinmetz:** *Synchronization Properties in Multimedia Systems.* IBM - ENC Technical Report, No. 43.8906, Heidelberg, 1989.

[Ston79] **M. Stonebraker:** *Concurrency and Consistency of Multiple Copies in Distributed INGRES.* IEEE Trans. Softw. Eng., 5:3, 1979.

[Svob85] **L. Svòbodova:** *Client/Server Model of Distributed Processing.* Proc. GI-NTG, Informatik-Fachberichte 95, Springer-Verlag, 1985.

[Tane81] **A. Tanenbaum:** *Computer Networks:* Prentice Hall, 1981.

[Thom79] **R.H. Thomas:** *A Majority Consensus Approach to Concurrency Control for Multiple Copy Databases.* ACM Trans. Database Syst., 4:2, 1979.

[Tiet81] **M. Tietz, M Gießler:** *CCITT-Empfehlungen der V-Serie und X-Serie Band 1, Datenvermittlung - Internationale Standards.* R.v. Becker's Verlag, 1981.

[Urbs87] **K. Urbschat:** *Vergleich zweier Implementierungstechniken von OSI-Kommunikationsprotokollen.* Diplomarbeit, Fachhochschule für Technik Mannheim, Studiengang Informatik, 1987.

[Wats81] **R.W. Watson:** *Distributed Systems - Architecture and Implementation, (Distributed System Architecture Model, Chapter 2).* Lecture Notes in Computer Science 105, Springer-Verlag, pp. 10-44, 1981.

[Will81] **R. Williams, P. Daniels, L. Haas, G. Lapis, B. Lindsay, P. Ng, R. Obermarck, P. Selinger, A. Walker, P. Wilms, R. Yost:** *R*: An Overview of the Architecture.* IBM Research Report, RJ 3325, 12/2/81.

[Zimm87] **M. Zimmermann:** *Ein Darstellungsdienst zur Unterstützung der Informationsdarstellung in offenen Kommunikationssystemen.* Diplomarbeit, Fakultät für Informatik, Universität Karlsruhe, 1987.